ESSAI

SUR LES

CAVERNES A OSSEMENTS

ET SUR LES

CAUSES QUI LES Y ONT ACCUMULÉS.

CET OUVRAGE

A ÉTÉ COURONNÉ PAR LA SOCIÉTÉ HOLLANDAISE DES SCIENCES DE HARLEM,

DANS LA SÉANCE ANNUELLE DU 23 MAI 1833.

Un phénomène géologique général qui se reproduit partout avec les mêmes faits, ne peut dépendre que d'une cause dont l'action a été aussi constante qu'universelle : tel semble avoir été le remplissage des cavernes des terrains calcaires.

LYON. — IMPRIMERIE DE G. ROSSARY,
Rue Saint-Dominique, 1.

ESSAI

SUR LES

CAVERNES A OSSEMENTS

ET SUR LES

CAUSES QUI LES Y ONT ACCUMULÉS,

PAR

MARCEL DE SERRES,

CONSEILLER ET PROFESSEUR DE MINÉRALOGIE ET DE GÉOLOGIE
À LA FACULTÉ DES SCIENCES DE MONTPELLIER,
CHEVALIER DE LA LÉGION-D'HONNEUR, ETC.

—

TROISIÈME ÉDITION,

REVUE ET CONSIDÉRABLEMENT AUGMENTÉE.

PARIS,

J. B. BAILLIÈRE, — GERMER BAILLIÈRE,
Rue de l'École-de-Médecine.

LYON,

CH. SAVY JEUNE, LIBRAIRE-ÉDITEUR, QUAI DES CÉLESTINS, 5.

MONTPELLIER,

CASTEL, LIBRAIRE; — SÉVALLE, LIBRAIRE.

—

1838.

À Monsieur

Alexandre Brongniart,

PROFESSEUR DE MINÉRALOGIE
AU MUSÉUM D'HISTOIRE NATURELLE DE PARIS, MEMBRE
DE L'ACADÉMIE DES SCIENCES, ETC.

———◦◦◦———

Monsieur et illustre Maître,

Un ouvrage destiné à faire comprendre les causes qui
ont accumulé un si grand nombre de débris d'animaux,
dans les fentes verticales et longitudinales des rochers
calcaires, vous appartenait en quelque sorte, à vous, qui
avez si bien dévoilé les relations de ces phénomèmes. A
ce titre, je me plais à vous l'offrir ; mais il en est un autre

pour moi, et ce titre est bien plus doux, c'est celui de la reconnaissance et de l'amitié.

Permettez donc à votre ancien élève d'inscrire votre nom à la tête d'un ouvrage que vous avez inspiré, et de rendre ainsi hommage à vos savantes leçons. Voyez-y du moins une bien faible expression de tous ses sentiments pour vous.

MARCEL DE SERRES.

Montpellier, juillet 1858.

AVIS DE L'ÉDITEUR.

L'ouvrage que nous publions aujourd'hui, couronné par la société hollandaise des sciences de Harlem, le 23 mai 1835, est déjà à sa troisième édition. La première a été publiée à Harlem, vers la fin de décembre 1835, et la seconde a paru à Montpellier, dans le même mois de 1836. Un pareil succès nous en fait espérer un non moins grand pour la nouvelle édition que nous livrons maintenant à l'attention de ceux qui s'intéressent au progrès des sciences naturelles.

Nous devons d'autant plus nous en flatter, que cette édition a reçu de nombreuses corrections et de nouveaux accroissements. Ces accroissements sont dus aux recherches auxquelles s'est livré d'une manière constante l'auteur de ce traité, afin de lui donner tout le degré de perfection dont il est susceptible.

Parmi les additions importantes faites à cette édition, on remarquera sans doute le chapitre où l'auteur traite la question de savoir si les races de l'ancien monde peuvent être considérées comme les souches desquelles seraient provenues nos espèces actuelles. M. Marcel de Serres s'est prononcé de la manière la plus forte pour la négative, adoptant, à cet égard, l'opinion de son illustre

a

maître Cuvier, ainsi que celles qui antérieurement
avaient été professées par les grands naturalistes des
temps modernes, Linné et Buffon.

Il nous paraît également que le chapitre où l'auteur
traite des causes qui maintiennent certaines cavités
souterraines dans une température élevée, mérite une
attention aussi sérieuse que celui où il compare les animaux des terrains marins tertiaires supérieurs, avec la
population dont les débris se montrent ensevelis dans
les cavernes à ossements.

Énoncer de pareilles questions, c'est assez en faire
sentir l'importance et leur liaison avec un travail qui
résume, d'une manière aussi précise que lucide, toutes les
observations relatives à un phénomène aussi remarquable
que celui de la formation des cavernes des terrains
calcaires, et des causes qui ont accumulé dans certaines
d'entre elles un grand nombre d'animaux aussi différents
par leur organisation que par leurs mœurs et leurs
habitudes.

INTRODUCTION.

La société hollandaise des sciences de Harlem, ayant proposé en 1833 et 1834 la question de savoir à quelle cause sont dus le creusement des cavernes des terrains calcaires, et le nombre réellement extraordinaire d'animaux, qui dans un grand nombre d'entre elles s'y trouvent entassés, nous avons fait tous nos efforts pour soulever une partie du voile qui couvre ce singulier phénomène, et éclairer autant qu'il nous a été possible une question qu'une société célèbre a jugée avec raison digne de quelque intérêt. L'ouvrage qu'on va lire a reçu l'assentiment de cette société : puisse-t-il obtenir aussi le suffrage des naturalistes et des géologues auxquels il est particulièrement destiné!

Il est pourtant un point de l'histoire des cavernes à ossements sur lequel les géologues seront peut-être surpris que nous n'ayons point porté notre attention. Ce point est relatif à la date diverse des terrains clastiques ou des dépôts qui ont comblé ces cavités en tout ou en partie. Parmi ces terrains, les uns paraissent y avoir été entraînés d'une manière assez tumultueuse; les autres, au contraire, semblent s'être déposés d'une manière successive et graduelle pendant un espace de temps plus ou moins considérable. Ainsi, le remplissage des fentes des terrains calcaires peut bien avoir eu lieu dans la même période géologique; mais certainement il n'a pas été produit partout d'une manière simultanée et par le fait d'une seule et même inondation Du moins, il résulte de l'ensemble des observations fondées sur la diversité de nature des graviers diluviens et des débris organiques qui y ont été entraînés, que le remplissage des cavernes s'est effectué à des intervalles inégaux.

Mais quel espace de temps s'est-il écoulé entre le remplissage de telle caverne ou de telle fente, et celui de telle autre? C'est ce qu'il est bien difficile d'assigner. Aussi, faute d'avoir aucune donnée précise pour arriver à une pareille détermination, nous avons préféré énumérer, sans aucune distinction d'âge, les divers débris organiques que l'on découvre dans les cavernes et les brèches osseuses.

En effet, s'il est facile d'apprécier l'âge des divers dépôts stratifiés, même indépendamment des restes des corps organisés qu'ils renferment, il en est pas ainsi des dépôts diluviens plus ou moins pulvérulents. La difficulté est ici d'autant plus grande, que ces derniers se présentent à peu près généralement avec les mêmes circonstances ou avec des circonstances analogues, et qu'ils ne sont jamais recouverts par aucune autre formation. Il ne reste donc plus que ces corps organisés pour servir de chronomètres, à l'effet d'évaluer cet intervalle.

Il s'agit donc de savoir jusqu'à quel point les restes de la vie des temps d'autrefois peuvent être utiles pour une

pareille mesure. Si le rapport ou la dissemblance de ces
restes organiques avec nos espèces vivantes était un caractère sûr et certain pour apprécier leur âge relatif, rien
ne serait plus simple que de l'apprécier à l'aide d'un pareil chronomètre. Mais il est loin d'en être ainsi, puisqu'il est démontré maintenant qu'un certain nombre des
espèces qui ont vécu pendant la période historique, et
même depuis des temps peu éloignés de nous, ont entièrement disparu de dessus la surface de la terre, et que,
parmi ces espèces, il en est plusieurs qui se trouvent dans
des terrains plus anciens que les dépôts diluviens. Dès
lors, la ressemblance ou la dissimilitude des espèces fossiles ou humatiles ne peut, à elle seule, nous donner la
date ou nous traduire l'époque à laquelle les unes ou les
autres ont été ensevelies.

A défaut de ce chronomètre ou de ce mode d'appréciation pour juger de l'ancienneté relative des restes des
corps vivants, voyons si les divers degrés d'altération de
ces corps ne pourront pas mieux nous servir de guide.
D'après ce que l'on observe dans l'ensemble des terrains
antérieurs aux dépôts diluviens, la conservation des débris organiques semble avoir plutôt dépendu des circonstances de leurs dépôts que de l'ancienneté de leur ensevelissement. Ce fait est trop vulgaire et d'une observation
trop générale pour que nous ayons besoin d'y insister plus
long-temps. Cependant on a supposé que, bien que la
conservation de ces débris dépendît plutôt des circonstances de leur gisement que de leur ancienneté, néanmoins, par leur long séjour dans la terre, ils avaient généralement subi une altération toute particulière, qui leur
avait donné la faculté d'attirer puissamment l'humidité et
de happer fortement à la langue. Ainsi aux yeux de plu-

eurs géologues, les corps organisés qui jouiraient de la
culté de happer à la langue seraient fossiles, en sorte que
ur eux les caractères de la fossilité seraient uniquement
rnis par l'avidité plus ou moins grande qu'ils auraient
tractée pour l'eau dans l'intérieur de la terre. On sait
rtant que des os de notre époque jouissent de cette faculté tout aussi bien que ceux des temps géologiques, et que
d'un autre côté, ceux qui ont séjourné dans l'intérieur des
sables marins tertiaires et qui appartiennent à la même
époque, la possèdent beaucoup moins que les os qui ont été
ensevelis dans des dépôts argileux de la période quaternaire. Or, si l'on s'en tenait à ce seul caractère, il faudrait
en conclure que les ossements des terrains tertiaires sont
moins anciens que ceux des terrains quaternaires, ce qui
serait, comme on le sent aisément, de toute absurdité.

D'ailleurs, il est aisé de juger combien peuvent être variées les circonstances qui rendent un corps avide d'eau,
puisqu'elles sont souvent tout à fait indépendantes de
l'espace de temps pendant lequel elles ont exercé leur
action.

L'altération d'un corps organisé ne pouvant nous apprendre la date depuis laquelle elle a commencé à s'opérer,
ou, pour mieux dire, celle de leur ensevelissement, il
s'agit de savoir si la pétrification que certains de ces corps
ont éprouvée ne pourrait pas nous la donner. D'abord, la
pétrification ou la substitution de la matière inorganique
à la matière organisée, n'a presque jamais eu lieu pour les
débris dont nous cherchons à apprécier la date relative,
peut-être parce que ces débris ne se sont pas trouvés dans
les cavités souterraines dans des circonstances propres à
l'effectuer, c'est-à-dire, sous des masses d'eau plus ou
moins considérables. Ainsi, en supposant que la pétrifica-

tion d'un corps organisé pût nous annoncer qu'il appartient réellement aux temps géologiques, elle ne pourrait nous servir pour la détermination des restes des corps vivants dont les circonstances de gisement n'ont pas permis qu'elle eût lieu.

Il y a plus; la pétrification, de même que l'altération d'un corps organisé, ne peut rien nous dire sur sa date : car les coquilles des mollusques qui périssent actuellement dans le sein des mers, s'y pétrifient de la même manière qu'elles l'ont fait dans le bassin de l'ancienne mer pendant l'époque géologique. Il paraît en être de même des ossements ; du moins des os de notre époque, qui, après un séjour plus ou moins prolongé dans le sein des mers actuelles, se montrent, lorsqu'ils sont rejetés sur les rivages, plus solides, plus denses et plus chargés de matière calcaire que dans l'état frais. Ainsi, la pétrification des débris des corps vivants a lieu maintenant comme dans les temps géologiques, toutes les fois que ces corps se trouvent dans des circonstances propres à l'opérer, c'est-à-dire, sous des masses d'eau considérables. Des faits nombreux l'attestent assez, et l'on ne perdra certainement pas de vue que les graines de *chara* qui végètent dans les lacs d'Ecosse s'y pétrifient, comme celles qui ont jadis vécu dans les temps géologiques pendant l'époque tertiaire.

Ce n'est donc point sur les caractères dont nous venons d'apprécier la valeur, que l'on pourrait s'appuyer pour distinguer les différentes époques de remplissage des cavités souterraines; on le pourrait tout au plus, en considérant l'ensemble des populations qui s'y montrent ensevelies, et les comparant avec les créations plus anciennes et la création actuelle. Ainsi, toutes celles dans lesquelles on observe des espèces qui avaient déjà paru dans la pé-

riode tertiaire, semblent, par toutes les circonstances qui
les accompagnent, plus anciennes que celles dans lesquelles
abondent des races analogues à nos espèces vivantes,
comme aussi celles qui n'offrent que des animaux totalement inconnus dans la nature actuelle. Du reste, ce ne
devrait jamais être sur quelques espèces isolées qu'il faudrait fixer l'époque du remplissage des cavités ou des fentes
de nos rochers; mais seulement d'après les caractères généraux et l'ensemble de la population dont on y découvre
les débris.

Une circonstance essentielle pourrait encore entrer
comme élément dans cette détermination : c'est la température nécessaire à l'existence des différents animaux ensevelis dans telle ou telle cavité. La température de la
surface de la terre ayant été plus considérable dans les
temps géologiques, et s'étant successivement abaissée
jusqu'à l'époque où elle est arrivée à son état actuel, il
s'ensuit que plus les animaux avaient besoin de chaleur,
et par exemple, d'une température analogue à celle qui
règne maintenant sous les tropiques, plus ils doivent, ce
semble, se rapporter à une époque ancienne. Ainsi,
sous ce point de vue, l'époque du remplissage des cavernes où l'on observe des éléphants, des rhinocéros, des
lions, des tigres et des hyènes, doit être antérieure à
celle des cavités où l'on ne rencontre que des lièvres, des
lapins, des chevaux, des cerfs et des bœufs, dont les
races diffèrent peu de nos races vivantes, ou leur sont
tout à fait analogues.

Enfin, les plus récemment remplies sont probablement
celles où l'on découvre des ossements humains et des produits de notre industrie, confondus avec des animaux dont
les espèces sont éteintes, ou semblables à nos races ac-

tuelles. La présence de l'homme, et surtout celle des
produits des arts encore à leur berceau, annonce la nouveauté de la dispersion des limons avec lesquels ils ont été
entraînés, surtout lorsqu'on les compare avec les mêmes
terrains clastiques dans lesquels on n'en découvre aucune
trace, mais uniquement des animaux dont on cherche en
vain les analogues sur cette terre qu'ils ont aussi habitée.

Ces événements sont si récents, que, d'après les observations de M. Schmerling, on rencontre, dans les cavernes de la Belgique, des ossements humains de la race
éthiopienne, mêlés et confondus à des débris d'animaux
dont les races semblent tout à fait perdues (1). Ainsi, à
l'époque du remplissage des cavernes, non seulement
l'homme aurait existé, mais les grandes variétés de l'espèce humaine auraient déjà été produites.

Peut-être ceux qui rejettent l'unité de l'espèce humaine
voudront-ils invoquer ce fait en faveur de leur système ;
car il semble prouver que les diverses races de notre espèce remontent à la plus haute antiquité. Mais, tout en
admettant que cette conclusion soit exacte, on ne doit pas
perdre de vue que la question de l'unité du genre humain
dépend, avant tout, du sens que l'on attache au mot *espèce*. Si on la considère comme la réunion de tous les individus susceptibles de se reproduire et de se perpétuer
d'une manière indéfinie, il est évident que, d'après cette
définition, il n'y a qu'une seule espèce d'homme; car tous.
à quelque race qu'ils appartiennent, peuvent produire des

(1) Cette observation confirme, du reste, celle faite par M. Boué,
dans les environs de Baden en Autriche. Ce naturaliste y a découvert,
dans les dépôts diluviens, des crànes humains qui offraient les plus
grandes analogies avec ceux des races africaines ou nègres.

individus susceptibles de se propager indéfiniment. D'un autre côté, si l'on considère comme espèce toutes les variétés constantes et bien caractérisées, alors les diverses races humaines devront être regardées comme des espèces distinctes, leurs différences nombreuses et constantes se transmettant par la génération; mais, à la vérité, avec des modifications plus ou moins importantes dans leurs produits.

Ainsi, quelle que soit l'importance de la découverte des débris de la race éthiopienne, au milieu des ossements d'espèces détruites disséminés dans les cavités souterraines, elle n'a peut-être pas celle qu'on serait tenté de lui supposer; du moins elle ne semble pas pouvoir résoudre la question si fort controversée de l'unité du genre humain.

Cette découverte confirme cependant ce que nous avons soutenu dans cet ouvrage, que le remplissage des fentes verticales et longitudinales par des terrains clastiques se rattache non seulement à l'époque la plus récente de la période quaternaire, mais même, pour certaines d'entre elles, à une époque postérieure à l'existence de l'homme. Elle semble même annoncer que la température de nos régions tempérées devait être, à l'époque de ce remplissage, assez élevée pour permettre aux individus de la race éthiopienne d'y vivre et de s'y propager. Cette découverte signalerait également la haute température dont la surface du globe aurait joui antérieurement aux temps historiques, température qui ne se serait abaissée que depuis la dispersion des dépôts diluviens. Depuis lors, seulement, les climats seraient parvenus à leur état actuel, et la stabilité des phénomènes climatériques serait maintenant la loi la plus constante et peut-être la plus invariable de la nature.

Le même M. Schmerling a également porté son attention sur un fait non moins intéressant que celui dont nous
venons de parler. Jusqu'à lui on n'avait guère étudié les
dépouilles des races anciennes qu'en les considérant toutes
comme étant dans un état normal. Cependant les ossements altérés par des causes morbides sont en assez grand
nombre dans les terrains récents, surtout parmi ceux
que l'on découvre dans les cavernes, particulièrement les
os des ours, des hyènes et des chevaux. Des fractures,
ou différentes lésions produites par des causes mécaniques externes, avec des caries et des nécroses, des dé-
perditions de substance provenant sans doute des séques-
tres qui ont été expulsés, et des exostoses, semblent les
maladies les plus communes des os des races anciennes.
Il est pourtant plusieurs ossements affectés de maladies
dont les caractères n'appartiennent pas à cette première
catégorie, et qui proviennent d'un vice de nutrition ou de
l'accroissement.

Il sera donc maintenant curieux de s'assurer si les
mêmes maladies dont les ossements humatiles sont atteints.
ont également eu lieu pour les fossiles; car, si ces derniers n'offraient aucune trace d'affection morbide, il s'en-
suivrait que ces affections, identiques à celles qui, de nos
jours, altèrent les parties les plus solides du corps animal,
n'auraient commencé à s'opérer que pendant la période
quaternaire, et seraient peut-être contemporaines de notre
espèce. Si ce fait, sur lequel nous porterons plus tard
l'attention des savants, venait à être démontré, il confir-
merait puissamment tout ce que nous avons dit en faveur
de la nouveauté des races humatiles, et particulièrement
de celles dont les débris existent dans les fentes verticales
et longitudinales des terrains calcaires.

Plusieurs faits, outre la présence de l'homme dans les cavités souterraines, semblent encore annoncer que leur remplissage ne doit pas remonter à une époque bien ancienne. En effet, les animaux des cavernes et des fentes verticales de nos rochers, dans lesquelles se sont formées les brèches osseuses, se montrent constamment en rapport avec la situation ou la position des lieux où ils se montrent ensevelis. Ainsi, par exemple, l'on ne voit presque jamais parmi les animaux des brèches osseuses les grands ours des cavernes, tandis que les débris de ces animaux abondent au contraire dans les cavités souterraines situées au milieu des contrées montagneuses. Une pareille position n'est-elle pas conforme à celle que choisiraient encore ces animaux, s'ils étaient rappelés à la vie; et n'annonce-t-elle pas qu'à l'époque où vivaient ces anciennes espèces, nos contrées devaient être semblables à ce qu'elles sont actuellement? Du moins les fentes verticales dans lesquelles on observe des brèches osseuses, généralement rapprochées du littoral des mers actuelles, se trouvent écartées des hautes montagnes, qui, pour les ours des temps géologiques comme pour ceux de notre époque, paraissent avoir été leur séjour de prédilection. Dès lors, ces fentes ne pouvaient recevoir les débris des animaux qui habitaient des lieux plus ou moins éloignés du rivage des mers. En effet, quoique les animaux des fentes verticales, comme la plupart de ceux que l'on découvre dans les cavités souterraines, y aient été entraînées, aucun fait n'annonce que ce transport ait été très-violent ni long-temps prolongé.

Enfin, la nouveauté des espèces des cavernes est encore prouvée par cette circonstance, que parmi celles que l'on y rencontre, plusieurs semblent avoir été soumises à l'influence de l'homme, puisqu'elles offrent des races dis-

tinctes et diverses. Or, comme nous avons seuls le pouvoir de modifier certains animaux au point de faire naître
des variétés nouvelles et des races plus ou moins constantes, les chevaux et les bœufs des cavités souterraines
ne conservant plus l'uniformité de leur type primitif, ces
chevaux et ces bœufs ont dû nécessairement subir les effets de notre influence, qui en a tiré des produits que les
espèces livrées à elles-mêmes n'auraient jamais donnés
Ainsi, ces animaux chez lesquels on observe des races
distinctes, d'après les différences de leur taille, de leur
stature, de leurs proportions et de leurs formes relatives, doivent dès lors avoir été contemporains de l'homme,
qui de très bonne heure a su les soumettre et les
plier à ses besoins comme à ces caprices. Il faut même
que ces races aient été anéanties avant d'être retour-
nées à l'état sauvage, comme celles que nous avons
transportées dans les forêts du nouveau monde, où, par
suite de leur vie libre et indépendante, elles ont repris
leurs formes et l'uniformité de leur type primitif, puisqu'elles n'ont plus les caractères propres à cet état sauvage, présentant au contraire entre elles de grandes et
profondes variations.

Il resterait peut-être un autre moyen d'apprécier la date
relative des terrains clastiques des cavernes et des fentes
verticales de nos rochers : ce serait de les étudier dans
leurs rapports avec l'âge de ces cavités et de ces fissures.
On pourrait également les comparer à la date de la
dislocation des couches, ainsi qu'à l'époque du soulèvement des montagnes dans lesquelles ces terrains ont été
entraînés. Enfin, pour tirer de ces rapprochements quelques vues utiles, il faudrait également s'assurer s'il existe,
comme cela est probable, quelque rapport entre la di-

rection et l'inclinaison des fentes verticales et longitudinales, et celle des couches dans le sein desquelles elles
ont été produites par suite de leur dislocation et de leur
exhaussement.

Mais, en supposant que l'on parvînt à démontrer que
les fentes de nos rochers, quelles que soient leurs formes
et leur étendue, ont une coïncidence marquée avec le système de dislocation des couches dans lesquelles elles sont
ouvertes, et que ces fentes sont contemporaines de tel ou
tel autre système de soulèvement, on n'aurait pas pour
cela démontré qu'il en fût de même des terrains clastiques
qui les ont remplies en tout ou en partie. En effet, ces
terrains sont indépendants de l'âge, de la direction, de
l'inclinaison et de la formation même des couches entre
lesquelles ils se trouvent placés, tout autant que de l'é-
poque du soulèvement de ces mêmes couches. Dès lors,
cette dernière date ne peut rien nous apprendre sur l'é-
poque à laquelle ces terrains clastiques y ont été entraînés,
soit que leur transport ait eu lieu par intervalles et d'une
manière successive, soit qu'il se soit opéré au contraire
simultanément et d'une manière prompte et rapide.

En un mot, comme l'âge relatif des fentes verticales
et longitudinales, produites par les mouvements généraux
du sol, n'est point lié à celui des dépôts qui les ont comblées, la connaissance de la date de l'ouverture de ces
fentes ne peut nous donner celle du transport des terrains
plus récents que l'on y découvre, et par conséquent nous
permettre de déterminer l'époque à laquelle ces terrains
y ont été amenés.

Il est enfin un dernier moyen dont on s'est servi pour
apprécier l'époque du transport de ces terrains clastiques.
Ce moyen est fondé sur la présence ou l'absence du glacis

stalagmitique, qui se trouve parfois au-dessous des limons
à ossements. Ce glacis étant, par suite de sa position, nécessairement antérieur aux dépôts diluviens, si l'on pouvait fixer la date de sa formation, on pourrait également
préciser celle des dépôts qui le surmontent. Ce glacis,
loin d'être généralement répandu dans les cavernes à ossements, n'existe point dans celles de nos contrées méridionales, et semble borné aux cavernes de Hartz et de
la Belgique. Il est assez difficile de se former une idée
bien précise de l'époque à laquelle il a été précipité, d'autant qu'il ne s'est formé que dans les cavités souterraines
dont les voûtes distillent une certaine quantité d'eau (I).
Dès lors, sa formation étant purement accidentelle et
nullement liée à un phénomène géologique, on ne saurait
affirmer que tel terrain clastique disséminé dans une caverne est plus ancien que tel autre, parce que le premier
reposerait sur une masse stalagmitique, et que le second
en serait au contraire recouvert.

Cependant, lorsque ces circonstances diverses se représentent en même temps que des populations différentes,
elles ne doivent pas être considérées comme sans influence
pour l'appréciation de la date relative des limons à ossements, surtout si les plus jeunes de ces populations se
montrent dans des limons immédiatement superposés sur
la roche dans laquelle les cavernes sont ouvertes.

On pourrait également s'aider, pour arriver au même
but, sur la nature des terrains clastiques, ou, pour mieux
dire, sur celle des cailloux roulés et des roches fragmentaires qui s'y trouvent disséminés; mais, d'une part, la

---

(1) Les cavernes de Chokier en Belgique ont même jusqu'à trois cou
ches de glacis stalagmitique, qui séparent les différents dépôts ossifères.

nature des limons dans lesquels se trouvent ces cailloux
roulés et ces éclats de roches est à peu près la même partout; et quant à ces débris, ils se montrent le plus constamment en rapport avec la nature générale des roches des
contrées où on les rencontre. Dès lors, l'ancienneté ou la
nouveauté des roches qui composent ces cailloux et ces
blocs fragmentaires, est presque sans importance, relativement à la date de leur transport.

Ces observations suffiront, sans doute, pour faire concevoir, d'une part, combien ont été puissants les motifs
qui nous ont engagé à ne point encore distinguer, sous le
rapport de leur âge relatif, les divers terrains clastiques
ou dépôts diluviens au milieu desquels sont ensevelies tant
de races d'animaux, et de l'autre, sur quelles bases nous
comptons établir plus tard cette distinction. Cette lacune,
il faut le dire, est trop grande dans l'histoire des cavernes
à ossements et des brèches osseuses, pour que nous ne
fassions pas tous nos efforts pour la combler, et pour
mettre cette partie d'un des phénomènes les plus curieux
de la nature, en harmonie avec celles que nous avons peut-
être contribué à éclaircir.

ESSAI

SUR LES

CAVERNES A OSSEMENTS,

ET SUR LES

CAUSES QUI LES Y ONT ACCUMULÉS.

AVANT-PROPOS.

Parmi les phénomènes que la nature présente à nos observations, il en est certains qui dépendent de causes générales, tandis que d'autres, bornés dans leur étendue, comme dans leurs effets, semblent avoir été opérés par des causes particulières et locales. Ainsi, lorsque nous voyons le même phénomène se reproduire constamment avec les mêmes conditions, les mêmes circonstances, il est difficile de ne point supposer que des causes générales, agissant partout de la même manière, l'ont occasionné. Enfin, lorsque ce phénomène se rapporte à des faits géologiques quelconques, on ne peut s'empêcher, ce semble, de les considérer comme tenant à une cause géologique générale, dont l'action a été aussi constante qu'universelle.

1

Il s'agit donc de reconnaître à quel ordre de phénomènes appartiennent les cavernes à ossements; pour le
savoir, il suffit de leur appliquer les principes que nous
venons de développer. L'observation nous annonce que le
remplissage des fentes de nos rochers par des limons à
ossements, a eu lieu dans toutes les circonstances où certaines conditions se sont trouvées réunies. Loin d'avoir
été borné à des localités peu étendues, comme on l'avait
long-temps supposé, il n'est pas, au contraire, de phénomène naturel plus commun et plus répandu. En effet, il
n'est pas, pour ainsi dire, un seul point de la surface de
nos divers continents où des limons à ossements n'aient
comblé les cavités qui s'y trouvent, lorsque ces cavités
ont eu les ouvertures propres à les recevoir, qu'elles n'ont
pas été éloignées de la direction qu'ont suivie les dépôt
diluviens, et enfin que leur niveau n'a pas dépassé 700 ou
800 mètres au-dessus du niveau des mers. Dès lors, s'il se
présente partout avec les mêmes conditions, ainsi qu'avec
les mêmes circonstances ou des circonstances analogues,
comment ne pas considérer le phénomène de ce remplissage comme se rattachant à une même cause géologique?

Examinons donc, d'une manière sommaire, les circonstances qui se représentent dans toutes les cavernes à
ossements, afin de pouvoir asseoir une opinion positive
sur le mode de leur remplissage. Toutes ces cavernes
offrent des limons argilo-calcaires, le plus généralement
colorés, lesquels renferment des cailloux roulés ou des
roches fragmentaires, et souvent les uns et les autres. Au
milieu de ces limons, se trouvent un grand nombre d'ossements fissurés, brisés, épars, lesquels se rapportent à
des espèces assez souvent en rapport avec les stations où
on les découvre. Quelquefois, et c'est ici une particularité
de ce phénomène, à ces ossements d'animaux, dont certains paraissent totalement perdus, sont mêlés des objets
de l'industrie de l'homme ou des ossements humains.

Mais partout où l'on découvre des ossements dans des fentes ou dans des fissures, lorsque ces ossements ne se rapportent point à des animaux de notre époque, on observe en même temps des cailloux roulés, des roches fragmentaires et des limons qui enveloppent et les uns et les autres. Seulement, lorsque ces limons ont comblé des cavités souterraines quelconques, et qu'ils n'y ont entraîné ni cailloux roulés, ni roches fragmentaires, alors, par suite de l'absence de ces matériaux de transport, l'on n'y voit pas non plus des ossements.

Ainsi donc, les cavernes à ossements se présentant partout, soit dans les diverses parties de l'ancien continent, soit dans le nouveau, soit enfin dans la Nouvelle-Hollande, avec les mêmes conditions essentielles, il semble que, parmi les phénomènes naturels, il n'en est aucun de mieux circonscrit et de plus constant que celui-ci. Dès lors leur remplissage, soumis à des lois fixes et précises, doit avoir été opéré par des causes géologiques aussi simples que générales; car leur action, exercée constamment de la même manière, a aussi produit des effets analogues et du même ordre.

La discussion des faits à laquelle nous allons maintenant nous livrer, fera sentir que cette manière d'envisager ce genre de phénomènes n'en est que l'expression la plus rigoureuse et la plus naturelle. Aussi, comme toutes les théories fondées sur l'observation, celle-ci permet de prévoir et de deviner en quelque sorte les faits *à priori*; s'il pouvait cependant s'élever des doutes sur son exactitude et sur sa réalité, cette prévision, qui ne peut être que le partage de la vérité, semble devoir les dissiper, et même les anéantir entièrement.

Pour se faire une idée juste des cavernes en général, et en particulier des cavités remplies par des limons à ossements, il faut étudier premièrement la nature des roches dans lesquelles les unes et les autres sont ouvertes; en second lieu, on doit examiner les causes qui les ont produites, et enfin celles qui ont opéré leur remplissage.

Avant d'entrer dans ces détails, il est essentiel de ne pas perdre de vue cette vérité, aujourd'hui généralement reconnue, que le phénomène des cavernes à ossements, regardé pendant si long-temps comme particulier et local, s'est reproduit fréquemment, et toujours avec des faits analogues et des circonstances du même genre, et dans les lieux les plus différents.

Les cavernes à ossements de l'Amérique, comme celles de la Nouvelle-Hollande, offrent en effet les mêmes particularités que celles que l'on a aperçues dans les cavités souterraines de l'ancien continent, où il existe tant d'ossements d'animaux. Or, n'est-il pas de principe que lorsque les mêmes faits se renouvellent partout de la même manière, et qu'ils sont constamment accompagnés des mêmes circonstances, on doit les regarder comme des phénomènes géologiques, soumis, ainsi que tous les autres, à des lois générales, plutôt que comme des phénomènes indépendants de toute condition? C'est du reste une considération fondamentale qui paraît résulter aussi bien de l'ensemble des faits connus jusqu'à présent, que des observations les plus exactes, et sur laquelle aussi nous appellerons particulièrement l'attention. Il y a plus, d'autres faits analogues, tels par exemple que ceux qu'offre l'examen des filons fragmentaires, ou le remplissage des fentes verticales, amènent à la même conséquence, ce qui démontre la justesse et l'exactitude de la première.

LIVRE PREMIER.

DES CAVERNES CONSIDÉRÉES EN ELLES-MÊMES ET RELATI-VEMENT A LEUR FORMATION.

CHAPITRE PREMIER.

DE LA NATURE DES ROCHES DANS LESQUELLES SONT OUVERTES LES CAVERNES.

Si l'on considère la nature des roches, dans le sein desquelles les cavernes ou les grandes cavités longitudi-nales sont ouvertes, on est porté à penser qu'elle n'est pas indifférente à l'étendue et à la grandeur de ces cavi-tés ; du moins ce qu'il y a de certain, c'est qu'elle n'est pas sans influence sur la présence ou l'absence des osse-ments. En effet, jusqu'à présent les débris des mammi-fères terrestres n'ont été rencontrés que dans les cavernes des terrains calcaires ; jamais on n'en a observé dans des cavités souterraines ouvertes dans d'autres roches.

Sous ce point de vue, il existe donc quelque rapport entre la nature des roches qui composent les cavernes, et les limons à ossements qui s'y montrent disséminés. Ce rapport est d'autant plus remarquable que les caver-nes qui ne renferment point d'ossements, se rencontrent non seulement dans les roches calcaires, quel que soit leur âge, mais encore dans des roches de nature très-

variée, telles que les mica-schistes, les phyllades, les
grès ou les psammites, les gypses, etc.

Ces caractères distinctifs tracés, voyons s'il n'existe pas
entre ces deux sortes de cavernes quelques points de ressemblance. Or, si nous considérons les unes et les autres
par rapport à leur âge, nous verrons que les plus anciennes se montrent dans les terrains de transition, et
très-rarement, nous pourrions dire presque jamais, dans
les formations primitives. Les plus récentes dépendent
des derniers bancs pierreux marins, déposés à la surface
du globe, ou calcaire moellon. Il n'y en a probablement
pas dans des roches plus modernes; les lits de celles-ci
sont trop peu considérables ou trop peu puissants pour
renfermer dans leur sein des cavités d'une certaine
étendue.

Malgré ces points de contact, il existe entre elles cette
grande différence, que les cavernes à ossements ne sont
ouvertes que dans des roches calcaires, depuis les formations intermédiaires jusqu'aux dépôts quaternaires.
Ces mêmes cavernes ne sont donc point bornées, ainsi
qu'on l'a cru si long-temps, aux calcaires jurassiques. En
effet, l'observation des cavités souterraines du midi de la
France et de plusieurs autres contrées, prouve assez qu'il
en existe ailleurs que dans des calcaires de cet âge.

La nature du sol et l'état d'agrégation des roches ont
donc de l'influence sur la présence des cavités auxquelles
on a donné le nom de cavernes. Ainsi, on n'en voit que
très-peu dans les roches fragmentaires ou friables, telles
que les grès et certains schistes. Il en est de même des
terrains très-durs et compactes dans les parties qui les
composent; ceux-ci, qui comprennent les trapps, les
cornéennes et les quartzites, n'en renferment presque
jamais. Les cavités que l'on observe dans la masse de ces
roches, sont des fissures sans étendue qui ne méritent
proprement pas le nom de cavernes. Ces fissures ne sont,

en quelque sorte, que des filons vides, au milieu des montagnes de granit, de gneiss et de schiste, où elles se rencontrent parfois.

Aussi, par suite de l'extrême solidité des roches primordiales, et d'un autre côté par le peu de cohérence de celles de transport, on ne voit jamais dans leur masse de véritables cavernes. La stratification de roches paraît encore n'être pas sans quelque influence sur l'existence des grandes cavités, puisque, contrairement à celle qu'exercent à cet égard les roches calcaires, on n'en observe point dans les terrains composés de calcaire saccharoïde, roche rarement disposée en cavernes régulières.

Les cavernes, proprement dites, ne se montrent donc avec une certaine fréquence qu'au milieu des terrains calcaires stratifiés, soit de transition, soit secondaires, soit tertiaires. Il en existe bien dans d'autres roches, ou dans d'autres terrains; mais ces cavités y sont des plus rares, et généralement peu spacieuses.

On se demandera, peut-être, pourquoi les cavernes ouvertes dans les calcaires sont les seules où l'on voit des ossements dans les limons qui les accompagnent, et pourquoi les autres en sont dépourvues? Un pareil effet, étant aussi général que constant, ne peut pas avoir eu lieu sans cause; c'est donc cette cause qu'il importe de démêler et de reconnaître.

Pour bien faire saisir ce que nous aurons à dire à cet égard, il aurait peut-être été nécessaire d'attendre les détails que nous donnerons plus tard sur le mode de remplissage des cavités souterraines; mais comme d'un autre côté, il est utile de faire sentir le rapport qui existe entre les limons à ossements, la nature et la position des roches dans le sein desquelles ces limons ont été entraînés, nous allons indiquer, d'une manière succincte, le caractère de ces relations, que la suite de ces observations fera sans doute mieux comprendre encore.

Les ossements des mammifères, ensevelis dans les cavernes, ne s'y montrent jamais qu'accompagnés d'un terrain d'agrégation de remplissage. Ce terrain est généralement formé par un limon argilo-marneux et sableux, plus ou moins pénétré de matière organique principalement animale. Dans ce limon sont constamment disséminés des galets, du gravier, du sable, et parfois des fragments anguleux de roches diverses.

Les fragments des roches, soit arrondis en galets, soit anguleux, sont mêlés sans ordre et de la manière la plus confuse, avec les ossements ou avec les autres restes organiques qui leur sont associés, et cela dans la masse générale du limon. Une particularité remarquable, c'est que les limons qui ne renferment ni cailloux arrondis, ni roches fragmentaires, n'offrent non plus aucune trace d'ossements. Cette condition paraît, du moins d'après l'ensemble des observations faites jusqu'à présent, tellement absolue, qu'elle permet de prévoir, suivant qu'elle existe ou qu'elle n'existe point, s'il y a ou non possibilité de découvrir des ossements dans une cavité souterraine qui n'a pas encore été explorée.

Un autre fait, non moins étonnant, est relatif à l'analogie que l'on reconnaît entre les limons à ossements des cavités souterraines, et ceux qui composent les dépôts diluviens des localités rapprochées de ces mêmes cavités. Cette analogie a lieu, non seulement pour la nature des limons, mais, de plus, elle est tout aussi sensible pour celle des galets et des roches fragmentaires que ce limon renferme, ainsi que pour leur âge respectif.

La similitude qui existe entre les terrains d'agrégation de remplissage des cavernes à ossements, et les dépôts diluviens des lieux environnants, semble en indiquer une dans la manière dont les uns et les autres ont été dispersés ; c'est ce que nous examinerons plus tard.

Enfin, ce qui n'est ni moins curieux ni moins certain,

c'est que des limons pareils à ceux que l'on observe dans
les cavernes à ossements, ne se montrent guère que dans
les terrains calcaires. Il en est de même de ceux qui se
sont effondrés dans les fentes verticales et y ont composé
des brèches osseuses. Le plus généralement, ces limons
ont une couleur rougeâtre, plus ou moins prononcée, et
l'on sait que par leur décomposition les roches calcaires
produisent à peu près seules des limons ou des terres de
cette nuance.

D'après ces faits, les roches clastiques des fentes longitudinales et verticales auraient donc eu la même origine.
On est d'autant plus fondé à le supposer, que leur nature et celle des formations auxquelles elles se rapportent, semblent être les mêmes. Les unes et les autres
sont remplies, en général, par des limons plutôt calcaires
que siliceux, quelquefois argileux, lesquels ont enve-
loppé des cailloux arrondis ou des roches fragmentaires
presque constamment calcaires, comme le ciment qui
les réunit. Ces roches clastiques offrent aussi le plus généralement une teinte rougeâtre, surtout celles des
brèches; lorsque cette teinte n'est pas très-décidée, on
aperçoit dans ces roches une tendance à prendre cette
nuance.

Il est encore essentiel de rappeler que les terrains calcaires offrent seuls des limons pareils à ceux qui enveloppent les ossements des cavernes et des brèches osseuses.
Dès lors il n'est pas étonnant que les cavernes calcaires
soient aussi les seules où l'on ait jusqu'à présent rencontré
des débris d'animaux, puisque de semblables limons sont
une condition indispensable de leur présence.

Si l'on consulte les observations faites à cet égard,
non seulement dans une contrée, mais sur la totalité de
la surface du globe, on voit que partout les cavernes à
ossements et les brèches présentent les mêmes phénomènes et les mêmes terrains clastiques d'agrégation,

lesquels offrent aussi à peu près constamment les mêmes
caractères.

L'influence de la nature des terrains n'est pas uniquement sensible sur la présence ou l'absence des ossements;
elle est également très-prononcée sur l'étendue des cavités souterraines. En effet, les cavernes des terrains
calcaires sont non seulement les plus nombreuses, mais
aussi les plus spacieuses. Ces cavernes y prennent toutes
sortes de directions, même la verticale; elles ont alors
l'apparence de puits, dont la profondeur est quelquefois
inconnue. Telles sont, par exemple, certaines cavités des
montagnes calcaires du Languedoc, de la Provence, des
Pyrénées, particulièrement celles des environs de
Bagnères.

On cite bien à la vérité des cavernes assez vastes dans
les collines gypseuses de la Sibérie; mais comme les formations de ce genre sont constamment accompagnées de
roches calcaires, celles-ci sont bien loin de pouvoir être
mentionnées comme faisant exception à la loi générale
que nous avons établie.

Les collines composées de diverses assises de grès, se
montrent souvent dérangées et culbutées les unes sur les
autres, de manière à présenter des cavités; mais généralement elles sont si peu étendues, qu'on ne peut guère
les considérer comme de véritables cavernes; telles sont,
par exemple, celles que l'on voit dans la forêt de Fontai-
nebleau.

Ces cavernes des roches de grès produites, ou par les
bouleversements que ces roches ont éprouvés, ou par
une sorte d'érosion de leur espace, sont ordinairement
des grottes peu profondes, qui diffèrent de celles des
autres terrains par la grande largeur de leurs ouvertures.

Quant aux cavernes ouvertes dans les mica-schistes et
les schistes argileux de transition, elles y sont en fort

petit nombre : l'on ne cite même que celle de Sillaka,
dans l'île de Thernica, comme ayant une certaine étendue.
Cette caverne paraît, comme la plupart de ces cavités,
avoir été produite par des dislocations du sol ou des
actions volcaniques, qui ont préparé les voies par où les
gaz acides en s'échappant ont exercé leurs effets chimi-
ques. Plus tard, les eaux de la surface du sol, en pénétrant dans ces fentes ou conduits, les ont singulièrement
élargis, en enlevant les parties corrodées des roches.
Comme leur action s'est long-temps continuée, ces cavités
ont fini par acquérir une étendue considérable.

Ce mode d'action paraît pourtant s'être peu renouvelé;
du moins les grandes cavités sont assez rares dans les formations gypseuses, comme dans les terrains schisteux de
transition. Ainsi par exemple, les phyllades quartzeux
intermédiaires des Pyrénées-Orientales, particulièrement
ceux des environs de Collioure et de Port-Vendres, sont
tous, ou à peu près tous, caverneux, comme les falaises
des contrées calcaires ; mais ces cavités n'ont nulle part
une grande étendue. Ce que nous disons de cette disposition des phyllades des Pyrénées-Orientales, nous pourrions le dire également d'une foule de roches du même
genre de diverses localités; mais ces faits sont trop
connus des géologues pour qu'il soit nécessaire d'y insister
davantage.

Enfin, les cavernes des pays volcaniques, ordinairement évasées, peu profondes, sinueuses, ne sont que de
vastes boursoufflures ou des cavités formées par les courants des laves, par des circonstances locales. Aussi offrent-
elles un aspect tout différent de celui des cavités souterraines des autres terrains. On n'y voit jamais des stalactites, ni des cours d'eau, ni l'empreinte du passage d'un
torrent. Ces grottes volcaniques renferment souvent du
gaz acide carbonique ; telle est, par exemple, la fameuse
grotte du *Chien*, près de Naples. On les voit du reste

ouvertes tantôt dans la lave, et tantôt dans les roches
trachytiques, ainsi que l'a fait remarquer M. de
Humboldt.

Ainsi, nous croyons avoir prouvé que la nature des
roches est loin d'être indifférente à la présence des ossements dans les cavernes ou dans les fentes; du moins
jusqu'à présent aucune cavité n'en a offert la moindre
trace, à moins qu'elle ne fût ouverte dans des roches
calcaires.

CHAPITRE II.

DES CAUSES QUI PARAISSENT AVOIR PRODUIT LES CAVERNES.

Avant d'examiner les causes auxquelles l'on peut attribuer la formation des cavernes, il est essentiel de
définir ce que l'on doit entendre par cette expression.

Les cavernes sont des cavités souterraines plus ou
moins spacieuses, mais généralement d'une assez grande
étendue; ce qui les distingue des trous, des fentes et
fissures, dont les dimensions, du moins dans le sens de
leur largeur, ou dans toute autre direction que la verticale, sont au contraire peu considérables. Ces cavités
offrent dans leur prolongement des évasements et des rétrécissements nombreux, presque jamais parallèles. Les
inégalités que l'on remarque à la surface de leurs parois,
semblent dues à l'action d'un liquide érosif.

Les cavernes présentent de grandes variétés relativement à leur disposition et à l'époque de la formation des
roches dans le sein desquelles on les observe. Cette position paraît influer sur la présence des ossements dans ces

cavités, ainsi que sur les espèces auxquelles ces ossements se rapportent.

La plupart des cavernes, et surtout celles dont l'étendue est considérable, se montrent dans le sein des montagnes élevées ou au milieu des grandes chaînes. Il en est pourtant qui existent dans des collines fort basses et presque même dans des plaines, ou du moins peu se rencontrent dans des lieux très-élevés au-dessus du niveau des mers actuelles. Les unes et les autres offrent également des ossements d'animaux divers; mais avec cette différence, que, dans les premiers, l'on découvre des espèces qui vivraient encore dans les montagnes, si elles étaient rappelées à la vie, tandis que, dans les secondes, l'on voit uniquement des espèces qui se plairaient plutôt dans les plaines qu'au sein des montagnes. C'est aussi d'après ces faits, sur lesquels nous reviendrons plus tard, qu'il semble exister un rapport entre la position des cavernes et les êtres organisés dont elles recèlent les dépouilles.

Les cavernes des hautes régions sont parfois creusées vers le sommet des montagnes, ou sur des plateaux plus ou moins élevés. Leur direction principale est alors assez ordinairement verticale; et par suite de cette disposition, on les appelle souvent puits. Telles sont, par exemple, certaines cavernes des montagnes secondaires du Languedoc et du Rouergue. Mais le plus souvent les cavernes partent de la base ou du milieu de la montagne où elles sont creusées; elles pénètrent ensuite dans son intérieur, et presque toujours elles s'y enfoncent en s'approfondissant.

Ce sont surtout les cavernes des collines qui offrent cette dernière position; car l'on n'en connaît point dont les ouvertures soient au sommet de ces collines, ou sur les plateaux qui les couronnent.

Quant aux entrées de ces cavernes, on ne voit pas que,

relativement à leur position, à leur escarpement et à leur grandeur, il y ait aucune sorte de rapport avec l'étendue de ces mêmes cavités. Les seules relations que nous ayons cru reconnaître entre les cavernes et leurs ouvertures, c'est que ces dernières paraissent assez généralement circulaires, lorsque les cavités qu'elles précèdent ont été produites par un affaissement. Ces ouvertures sont également d'un difficile accès lorsqu'elles se trouvent sur les flancs des montagnes, surtout lorsque ces montagnes se rapportent aux formations calcaires, soit de transition, soit secondaires, par suite de la verticalité des pentes des terrains de cette nature.

Enfin, il existe un rapport plus sensible entre la grandeur des ouvertures, et le nombre et les dimensions des ossements que l'on voit dans les fentes auxquelles elles conduisent. C'est probablement à raison de la petitesse de celles des fentes verticales, que l'on y voit si peu de débris de grands animaux. En effet, les brèches osseuses qui abondent en ossements d'animaux de la taille de nos lièvres et de nos lapins, ne recèlent que rarement des espèces de la grandeur des cerfs et des chevaux, et plus rarement encore des races d'une dimension plus considérable.

Les cavernes désignées plus particulièrement sous le nom de grottes, lorsqu'elles ne renferment pas des ossements, laissent rarement voir à nu, la roche presque toujours calcaire dans laquelle elles sont creusées. Cette circonstance n'a même lieu que dans celles dites sèches, parce qu'elles ne sont traversées par aucun cours d'eau, et qu'il ne s'y produit pas non plus d'infiltrations. Comme l'absence de l'eau est fort rare dans de pareils souterrains, il arrive également peu souvent que les roches qui les forment soient tout-à-fait à nu.

Des concrétions calcaires cristallines, nommées stalactites et stalagmites, qui pendent de la voûte de ces cavités, en tapissent assez souvent les parois, et les recouvrent d'une croûte plus ou moins épaisse. Ordinairement ce même glacis stalagmitique revêt également le terrain meuble qui repose sur le sol inférieur.

Ce terrain se compose assez généralement de matières terreuses, peu solides, quelquefois entièrement meubles, mêlées de débris de roches et d'ossements. L'épaisseur de ce terrain est souvent fort considérable; et comme il est aussi parfois distinctement stratifié, sa formation ne semble pas avoir été instantanée.

D'après ces faits, il y a eu au moins quatre époques différentes dans la production des cavernes à ossements et des phénomènes qui les accompagnent.

La première de ces époques, et de beaucoup la plus ancienne, se rapporterait au moment de leur formation.

La seconde est celle pendant laquelle s'est déposé le glacis stalagmitique ancien ou le calcaire concrétionné, qui revêt les parois des cavernes et des fentes verticales, et qui adhère aux roches dont elles sont formées.

La troisième époque, beaucoup plus récente, se rattache à celle de leur remplissage, ou à l'introduction des terrains meubles avec ou sans ossements, qui les ont comblées en tout ou en partie.

La quatrième, assez rapprochée de la troisième, est, ce semble, caractérisée par le dépôt du calcaire concrétionné récent qui a recouvert le terrain clastique de remplissage répandu sur le sol calcaire, et s'est ensuite infiltré dans les limons à ossements, antérieurement dispersés sur ce même sol. Ce dépôt, par suite de sa position, est évidemment d'une date différente et plus récente que le calcaire concrétionné, qui revêt les parois des cavernes et des fentes verticales. Ces quatre époques, bien distinctes dans les fentes longitudinales, ne le sont pas moins dans les fentes verticales où se sont déposées les brèches osseuses. Dans les unes comme dans les autres,

des calcai res concrétionnés, des stalactites et des stalagmites, recouvrent ou enveloppent les roches clastiques
d'agrégation. Quelquefois le glacis stalagmitique pénètre dans leurs cavités, et lie les fragments des roches
ainsi que les ossements qui les composent. Aussi verrons-
nous que, soit d'après ces faits, soit d'après d'autres
que nous étudierons plus tard, il est difficile de ne
point supposer aux terrains clastiques d'agrégation
rassemblés dans les fentes longitudinales et verticales
de nos rochers, une origine commune, et de ne point
voir des phénomènes analogues dans les cavernes à ossements et les brèches osseuses.

SECTION PREMIÈRE.

PREMIÈRE ÉPOQUE, OU DE LA FORMATION DES CAVERNES.

On paraît avoir assez généralement attribué la formation des cavernes et leur origine à plusieurs causes principales. Ces causes sont au moins au nombre de quatre.

La grande étendue et la fréquence des cavités souterraines des terrains calcaires a fait supposer que leur origine
avait essentiellement dépendu de la nature des roches
qui les composaient. Ces roches étant susceptibles d'être
désagrégées par le frottement et l'action continue des
eaux et des corps qu'elles entraînent avec elles, on a attribué à cette action leur creusement en cavités, d'autant
plus considérables, qu'elle était plus puissante.

Le calcaire étant soluble dans des eaux chargées d'acide
carbonique, on a également admis l'existence d'eaux chargées de ce gaz pour expliquer la formation des cavernes
des terrains calcaires.

On a encore supposé, pour expliquer ce genre de phénomènes, qu'il avait eu lieu par des soufflements de gaz,
ou par la dissolution des sels ou autres matières salines

solubles, renfermés par masses irrégulières au milieu des roches calcaires ou dans des roches d'une tout autre nature.

Enfin, selon d'autres, les cavernes doivent être attribuées aux soulèvements ou aux affaissements des couches, ainsi qu'au retrait que ces mêmes couches ont éprouvé lorsqu'elles se sont durcies ou solidifiées.

La première de ces causes, l'action érosive des eaux, ne semble pas avoir pu produire les effets qu'on leur attribue; car il est de fait que, loin d'agrandir les grottes et les cavités, ces eaux y forment presque partout des dépôts plus ou moins considérables, et qui s'accroissent de jour en jour. Du reste la dégradation des roches calcaires, occasionnée par l'action érosive des eaux, lors même que cette action serait aidée par celle des cailloux et des sables qu'elles pourraient entraîner, n'est pas assez sensiblement appréciable pour lui attribuer de pareils phénomènes.

On ne peut pas non plus la faire dépendre de l'action dissolvante de courants particuliers chargés d'acide carbonique; car, pour éviter une difficulté, on se jetterait dans une autre non moins embarrassante. En effet, il faudrait, avant d'admettre l'existence de pareils courants, expliquer comment ils auraient été produits, ainsi que l'acide carbonique qu'ils seraient supposés tenir en dissolution.

On voit bien encore dans la nature des dégagements de gaz, et l'on conçoit qu'enveloppés dans des intervalles de couches, ces gaz aient produit des ouvertures, en brisant les enveloppes qui les tenaient renfermés; mais ces soufflements de vapeurs élastiques auraient-ils pu former des cavernes d'une certaine étendue? c'est ce qu'il est difficile de supposer.

Il en est de même de la dissolution des matières solubles, disséminées au milieu des masses calcaires ou dans

des roches d'une tout autre nature. Ce cas, où des matières terreuses ont été enlevées par des eaux courantes,
du reste fort rare, est tout au plus admissible pour les
matières argileuses et sablonneuses remplissant des cavités. Mais, nous ne saurions trop le répéter, les matières
argileuses ne sont jamais assez abondantes au milieu des
terrains calcaires secondaires, pour que leur entraînement puisse produire des cavités ou des vides aussi considérables que ceux qui existent dans ces terrains.

Les affaissements des couches ont bien pu occasionner
des interruptions de stratification; elles ont pu également
causer de fréquents dérangements dans leur juxta-position;
mais ce que de pareils affaissements n'ont pu opérer, ce
sont des cavités à parois arrondies. Cependant nous chercherons à expliquer l'origine et la formation de pareilles
cavités.

Le retrait des matières calcaires pendant leur dessica-
tion, ne pourrait non plus donner lieu qu'à des fentes,
et non à des cavités considérables et à parois arrondies,
comme le sont nos cavernes; dès lors, ce retrait ne peut
permettre d'en expliquer la formation.

En effet, pour concevoir l'origine et la formation de
ces cavités, il faut, ce semble, admettre que plusieurs
causes ont concouru à les produire. Une seule cause aurait
été impuissante pour opérer ce phénomène, mais plusieurs réunies et agissant simultanément ont fort bien pu
l'effectuer.

Parmi les causes auxquelles on a attribué la formation
des montagnes, ainsi que celle des chaînes dont elles
dépendent, il en est plusieurs qui paraissent avoir agi
pour la production des cavités souterraines. Ces causes
sont : 1° l'inégalité de dureté, de mollesse, ou en d'autres
termes, de malléabilité des diverses formations calcaires
à l'époque des bouleversements qu'elle sont éprouvés, et
enfin leur durcissement progressif depuis cette époque.

2° Les soulèvements qui ont dérangé ces formations avec d'autant plus de puissance et d'énergie, qu'elles étaient à l'état pâteux, soulèvements qui ont donné une nouvelle forme à la superficie du sol.

Enfin, deux causes non moins puissantes ont encore exercé leur action dans le creusement des cavités souterraines, et d'autant plus qu'elles ont agi d'une manière moins prompte et moins subite que les soulèvements, opérant sur des roches molles et malléables.

En effet, il paraîtrait que les eaux des temps géologiques ont eu une température et même une densité plus considérables que celles qu'elles possèdent aujourd'hui. Cette température est une conséquence presque nécessaire de celle dont le globe jouissait aux premières époques de sa formation; et quant à leur densité, elle paraîtrait résulter des matériaux immenses que les eaux de l'ancien monde ont dû tenir en dissolution ou en suspension, d'après l'abondance des sédiments qu'elles ont déposés. Or, comment ne pas admettre que des eaux dont la chaleur et la densité étaient considérables, n'avaient pas une plus grande puissance d'érosion et de dissolution que les eaux actuelles, dont la chaleur et la pesanteur sont si faibles? Il en serait donc de ce fait comme de la plupart des phénomènes géologiques : il aurait été sans cesse en diminuant, par suite de l'abaissement progressif de la chaleur et de la diminution de la densité de l'eau. D'un autre côté, l'abaissement progressif du niveau des eaux, d'abord sur toute l'étendue des continents, puis dans les vallées seulement, a dû exercer un effet très-prononcé sur le creusement des cavités souterraines. Cette action a dû être d'autant plus sensible, qu'il y a eu des alternatives fréquentes et immenses dans le niveau de ces mêmes eaux.

SECTION II.

DE L'INFLUENCE DE L'ÉTAT DES ROCHES SUR LA FORMATION DES CAVERNES.

Voyons maintenant quelle a pu être l'influence de toutes les causes que nous venons d'énumérer, sur le phénomène dont nous nous occupons. La malléabilité plus ou moins prononcée, l'état pâteux ou de mollesse des diverses formations sédimentaires, à l'époque à laquelle ces formations ont été soulevées et bouleversées, paraît démontrée par les diverses circonstances qui ont eu lieu à cette même époque. En effet, comment les couches de ces formations auraient-elles pu se fléchir, se contourner dans tant de sens différents? Si elles ne l'ont pas fait, c'est que ces couches étaient dans un état de mollesse qui leur a permis de fléchir sans se rompre.

Aussi, lorsqu'on observe les surfaces qui ont dû glisser les unes sur les autres, pour que les contournements pussent avoir lieu, on les voit rayées ou polies par ce frottement, à peu près comme deux briques molles et non cuites que l'on fait couler l'une sur l'autre, après les avoir juxta-posées. Les schistes offrent souvent des traces de ces raies produites par le frottement de leurs roches, lorsqu'elles ont été déplacées par l'effet des soulèvements.

Du reste, il arrive bien quelquefois que les contournements n'ont eu lieu qu'en brisant et fracturant les roches qui y étaient soumises; mais ces fractures et ces brisements annoncent seulement que les roches où elles existent, avaient déjà acquis une dureté assez grande pour ne pouvoir pas fléchir sans se rompre. Ces contournements sans fractures, d'autant plus fréquents que les roches où ils ont eu lieu ont une date plus ancienne, se

présentent même dans les roches calcaires, et particulièrement dans les calcaires magnésiens et à gryphées. Certains grès ou psammites n'ont pu également se fléchir et se
contourner sans se rompre, et très-probablement par suite
de la solidité qu'ils avaient acquise, lorsque leurs couches
ont été disloquées et dérangées de leur position primitive.

Les contournements et les plissements des couches sans
fractures, se font remarquer généralement dans toutes les
formations du calcaire du Jura. De pareils effets sont bien
plus fréquents et bien plus réguliers dans les couches qui
appartiennent aux étages supérieurs de ces formations.

L'observation nous apprend encore que de pareils contournements sans fractures ont eu lieu moins souvent, et
toujours sur une moindre échelle dans les roches calcaires d'une formation postérieure aux terrains jurassiques.
La moindre étendue de ces couches ainsi plissées et
contournées sans être rompues, tient peut-être à ce que
leurs masses sont aussi moins considérables. Mais comment se fait-il que ces circonstances se présentent moins
fréquemment dans les terrains tertiaires que dans les secondaires? Il paraîtrait que cette différence tient à ce que
les couches ou les dépôts stratifiés, dont la formation est
postérieure à celle des terrains jurassiques, ont été moins
soulevées et moins bouleversées que ces dernières.

Ceci nous explique pourquoi les grandes cavités sont si
nombreuses et si fréquentes dans les calcaires du Jura,
qui, à raison de cette circonstance, ont été nommés calcaires caverneux, et pourquoi elles sont si rares ailleurs.
Nous ferons remarquer que sous ce nom de calcaire du
Jura, nous comprenons tous les calcaires qui, avec le
lias, ont été déposés sur la surface de la terre jusqu'à la
craie blanche. C'est, en effet, dans ces terrains que l'on
observe le plus grand nombre de cavernes et en même
temps les plus spacieuses.

Ces faits nous annoncent que les formations inférieures

au lias avaient perdu en grande partie leur malléabilité, et avaient déjà acquis une certaine solidité, lorsqu'elles ont été déplacées et soulevées. Aussi n'y voit-on guère de grandes cavités que dans un petit nombre de localités, où, par suite de circonstances particulières, elles avaient conservé en partie leur mollesse et leur malléabilité.

Les calcaires jurassiques devaient être, au contraire, dans un état de mollesse particulier, lorsque leur stratification a été bouleversée, et qu'ils ont été déblayés en grande partie. Depuis lors, leur résistance et leur dureté se sont considérablement accrues, comme celles de toutes les roches stratifiées; et les voûtes des cavités qui y ont été creusées ont acquis maintenant toute leur solidité.

Sans doute les couches plus récentes que la craie blanche, n'avaient pas perdu leur mollesse ou du moins leur malléabilité lorsqu'elles ont été déplacées et soulevées; par cela même elles ont pu se ployer et se contourner sans se rompre. Mais les soulèvements ont rarement produit sur elles de pareils effets, par suite probablement de la résistance que ces couches ont opposée à l'action de la force qui tendait à les déplacer et à les soulever. Aussi se sont-ils assez généralement bornés à les exhausser en masse, leurs assises conservant entre elles leur position et leur situation respective. Dès lors, les couches tertiaires ayant été beaucoup moins dérangées et culbutées que les couches d'une formation plus ancienne, on conçoit pourquoi les cavernes y sont rares, et pourquoi enfin le petit nombre de celles que l'on y observe offrent une si petite étendue.

Les soulèvements et les affaissements, en changeant la forme du sol, ont donc eu une action marquée sur l'origine des cavités souterraines. Si d'autres causes sont venues les modifier, les agrandir, donner à leurs parois une forme arrondie, on ne peut guère révoquer en doute, ce semble, les effets de leur action sur la production de ces cavités.

SECTION III.

DE L'INFLUENCE DE L'EAU SUR LES MODIFICATIONS QUE L'INTÉRIEUR
DES CAVERNES A ÉPROUVÉES DEPUIS LEUR FORMATION.

Quelles sont donc les autres causes qui ont contribué à
donner aux cavernes l'étendue et leur disposition actuelles? c'est ce qu'il convient d'examiner.

Parmi les causes autres que celles dont nous venons
de parler, on peut mentionner celle de l'eau, dont l'action devait être d'autant plus puissante, que nous avons
déjà supposé que ce liquide avait, pendant les temps
géologiques, une température et une densité plus considérables que nos eaux actuelles.

Sans doute, cette supposition n'est qu'une hypothèse ;
mais cette hypothèse, appuyée d'ailleurs sur quelques
faits qui paraissent comme démontrés, reçoit par cela
même un nouveau degré de probabilité.

En effet, il est établi que le globe jouit d'une température qui lui est propre, et que cette température, fort
considérable dans les temps géologiques à sa surface,
s'est abaissée par degrés, en sorte qu'à une faible distance au-dessous du sol, elle est encore énorme. Or, si la
surface de la terre a eu une température plus élevée que
celle des temps présents, comment supposer que les effets
ne s'en soient pas fait ressentir sur l'eau répandue sur
cette même surface? Cela ne serait ni admissible, ni
rationnel.

Il a donc fallu, et l'on pourrait dire presque nécessairement, que l'eau participât à la chaleur de la surface
de la terre ; dès lors, cette plus grande chaleur a dû augmenter à la fois sa force d'érosion et sa faculté dissolvante. D'un autre côté, ces deux propriétés ont dû être

d'autant plus actives et d'autant plus énergiques, que ces
eaux chaudes se trouvaient en contact avec des corps
mous, ou du moins dans un état pâteux ou de malléabilité tout particulier, état qui les rendait plus susceptibles
d'être corrodés ou dissous.

Si le liquide qui a tenu en dissolution ou du moins en
suspension les matériaux sédimentaires, avait une température plus élevée que nos eaux actuelles, il devait avoir
également une densité plus considérable. Cette densité
devait en effet être plus grande, puisque les terrains
stratifiés, superposés aux masses primitives produites par
refroidissement, ont été déposés dans le sein d'un liquide.

On peut encore supposer à ce liquide la faculté alter-
nante, et en quelque sorte contradictoire, de dissoudre
et de déposer des sédiments. Cette double faculté semblerait être indiquée par les précipitations successives que
ce liquide a faites, premièrement des terrains intermédiaires, et en second lieu des terrains d'un âge postérieur,
soit qu'il en contînt dans l'origine les éléments en suspension ou en dissolution, soit qu'ils lui vinssent d'éma-
nations souterraines. Par suite de ces précipitations successives, la densité de ce liquide a dû diminuer de plus
en plus, en même temps que sa température ; et par
conséquent sa puissance d'action, soit dissolvante, soit
érosive, était beaucoup moins prononcée sur les masses
qu'il heurtait ou qu'il froissait dans son mouvement.

Cette hypothèse est du reste puissamment confirmée
par l'observation des différentes couches de sédiment. En
effet, si quelques-uns de ces matériaux ont été évidemment
en suspension dans un liquide, il en est d'autres qui ont
été, au contraire, dans un état de dissolution à peu près
complet. Ceux-ci appartiennent, pour la plupart, aux
terrains des âges les plus anciens ; et lorsque la proportion de ces divers matériaux varie dans différentes couches, on voit qu'elle est assez constamment relative à la

position de ces couches dans l'étage auquel elles appartiennent.

On conçoit aussi fort bien, à l'aide de cette hypothèse, pourquoi les grandes cavités sont si rares dans les terrains tertiaires, le liquide dans le sein duquel ces terrains ont été déposés, ne jouissant plus d'une aussi grande force érosive, sa température et sa densité ayant considérablement diminué.

La même hypothèse de la plus grande densité du liquide, pourrait peut-être expliquer aussi le transport des blocs de granit que l'on découvre sur les revers des monts Jura, tournés vers les Alpes. En effet, si la densité des eaux à la surface du globe était plus du double de celle qu'elle est aujourd'hui, les blocs de granit auraient été transportés par elles, avec autant de facilité que le sont aujourd'hui les défenses de nos éléphants, l'ivoire ayant à peu près la même densité que l'eau.

SECTION IV.

DES EFFETS PRODUITS PAR L'ABAISSEMENT PROGRESSIF DU NIVEAU DES EAUX.

Voyons maintenant quelles ont été les conséquences de l'abaissement progressif du niveau des eaux.

Sans doute les eaux n'ont jamais acquis le niveau auquel on observe aujourd'hui les formations sédimentaires; il est assez prouvé que les soulèvements seuls ont pu leur donner leur élévation actuelle; mais les soulèvements qui, du niveau des anciennes eaux, ont porté quelquefois les couches de sédiment à plus de 3,000 mètres de hauteur, n'en annoncent pas moins que les mers existaient jadis dans des lieux où l'on n'en voit nulle trace maintenant. Or, ces faits annoncent évidemment la retraite des eaux de la portion de cette partie de nos continents tout à fait aujourd'hui émergée, tandis qu'à l'époque du dépôt des formations que l'on y reconnaît, cette même portion devait être sous les eaux de l'ancienne mer.

Mais si les eaux des mers ont abandonné une partie de nos continents, elles ont dû opérer leur retraite vers les lieux les plus bas, le niveau de ceux qu'elles occupaient primitivement s'étant singulièrement exhaussé. Par conséquent, leur retraite a été accompagnée d'un changement plus ou moins considérable dans leur niveau ; et quoiqu'il soit fort difficile de l'évaluer avec quelque exactitude, il est du moins certain qu'il a eu lieu.

Cette retraite a dû être successive et non instantanée, comme les soulèvements qui l'ont peu à peu opérée, au point de les faire rentrer dans les limites qu'elles occupent aujourd'hui, limites qui n'ont pas été constamment les mêmes à toutes les époques. Cette retraite est en quelque sorte annoncée par les divers dépôts de sédiment marin qui s'éloignent d'autant plus du lit des mers actuelles, que ces dépôts appartiennent aux âges les plus anciens.

L'on peut encore voir une preuve de la lenteur avec laquelle la retraite et l'abaissement des eaux ont eu lieu, dans l'observation des sillons longitudinaux que l'on remarque, à toutes les hauteurs, sur les flancs escarpés des vallées.

De même, on peut reconnaître les alternatives de niveau que les eaux anciennes éprouvaient, dans les traces de destruction des couches sédimentaires ; destruction qui a produit les roches cimentées et agrégées, et enfin les dépôts diluviens.

Il semble que les faits que nous venons d'exposer permettent de concevoir la formation des cavernes, et en général de toutes les cavités qui traversent, en apparence dans tous les sens, les épaisseurs considérables des roches calcaires, et particulièrement de celles qui font partie des formations jurassiques.

Les soulèvements ont donc eu des effets marqués sur
ces phénomènes ; il est probable que la direction la plus
générale des grandes fentes et des cavités, coïncide aussi
avec celle des terrains où elles ont été creusées. C'est un
point d'observation tout à fait nouveau, sur lequel j'ap-
pellerai plus tard l'attention des géologues ; qu'il me suffise de dire pour le moment, qu'il existe en effet une relation évidente entre la direction des cavités souterraines
et celle des terrains disloqués où elles se rencontrent.

Des observations précédentes, il résulte que, par suite
de la différence du niveau que les eaux anciennes ont
successivement éprouvée, elles ont dû être soumises à
des mouvements violents, qui favorisaient encore leur
action érosive, alors très-énergique. C'est en partie à
cette cause que l'on doit attribuer l'élargissement des cavités souterraines, et un grand nombre de phénomènes qui
ont modifié leur intérieur.

Les cavités ainsi produites n'offraient encore ni leurs
parois à contours arrondis, ni leur flancs et leur sol
chargés d'un glacis stalagmitique. Ces effets ont eu lieu,
à ce qu'il paraît, postérieurement à leur formation, et
ont dépendu des eaux qui y ont pénétré. Plus tard, ces
eaux y sont arrivées par les fentes, les fissures, les failles
et les intervalles de tout genre qui existaient entre les
masses sous les couches soulevées et déplacées. Elles se
sont ainsi frayé peu à peu un passage, en agrandissant les
conduits qui leur ont servi d'issue dans ces souterrains ;
et cela, en raison de leur volume, de leur pression et de
la quantité des matériaux qu'elles entraînaient dans leur
course rapide.

Les eaux qui joignaient à une grande impétuosité une
force d'érosion considérable, sont celles qui ont le plus
modifié l'intérieur des cavernes. Du moins, par le dé-
blaiement des roches encore à l'état pâteux, elles paraissent avoir produit ces parois à contours arrondis, que

l'on observe généralement dans les cavités souterraines.
Ces effets sont trop constants pour ne pas dépendre d'une
cause unique et agissant d'une manière aussi universelle
que continue ; enfin, lorsque ces eaux ont trouvé une issue, elles se sont écoulées au dehors, et ont produit d'autres phénomènes sur lesquels nous reviendrons plus tard.

L'action des eaux chargées au contraire d'une grande
quantité d'acide carbonique, a été totalement différente :
la première a tendu à agrandir les cavités, tandis que
celle-ci a constamment travaillé à les obstruer et à en diminuer l'étendue intérieure. Cette action n'étant point encore parvenue à obstruer, nous ne disons pas une seule
de ces cavernes en entier, mais même une seule des fentes ou fissures qui s'y trouvent, il faut, ainsi qu'on l'a
remarqué avant nous, qu'elle n'ait pas commencé depuis
bien long-temps.

Ce fait de la rapidité avec laquelle les stalactites et les
stalagmites se forment dans les cavernes, est un des points
les plus importants de l'étude des phénomènes qui se
passent dans l'intérieur de ces cavités, et qui frappe le
plus les observateurs qui les visitent. Mais ce qui est tout
aussi remarquable, c'est que, malgré cette rapidité d'action, on ne voit presque jamais les plus petits couloirs
des cavernes encombrés par ces calcaires concrétionnés,
qui s'y forment pourtant d'une manière prompte et constante. La même observation peut également être faite
relativement aux éboulements qui s'opèrent avec une
très-grande rapidité dans les cavités souterraines, et qui,
malgré leur nombre et leur fréquence, sont loin de les
avoir obstruées. Ils se sont à peu près bornés à accumuler
des roches, des stalagmites, sur leur sol, qui est ainsi
souvent tout couvert de ruines.

SECTION V.

DES CAUSES DE LA TEMPÉRATURE ÉLEVÉE QUE PRÉSENTENT PARFOIS LES CAVERNES.

Un des phénomènes les plus remarquables de certaines cavernes ou des fissures plus ou moins considérables des terrains calcaires, est la température élevée qu'elles présentent dans leur intérieur. Parmi les faits de ce genre, il n'en est pas de plus curieux que ceux que nous offrent les cavernes Montels, situées à un quart de lieue au nord-ouest de Montpellier. Celles-ci nous serviront donc d'exemple pour prouver la réalité d'un phénomène sur lequel on a élevé tant de doutes.

Ces cavernes, ouvertes dans un calcaire jurassique, ne sont guère que d'étroites fissures presque verticales, dont la profondeur accessible est d'environ 34 mètres. Des ossements humatiles de bœufs, de chevaux et de cerfs, y ont été rencontrés; mais généralement ils étaient peu abondants. Ce qu'elles ont de remarquable, n'est pas la présence de ces ossements, ni la perpendicularité de leurs pentes, résultat de la forte inclinaison des roches calcaires qui les composent, mais bien la chaleur que l'on y éprouve. Cette chaleur considérable a cela de particulier, qu'elle est constante dans toutes les saisons, à raison de la permanence de la cause qui semble la produire.

Nous y sommes en effet descendus à toutes les époques de l'année, et toujours cette chaleur a été la même. Nous choisirons cependant parmi les observations que nous avons eu l'occasion d'y faire, celles qui nous paraissent les plus concluantes pour la démonstration de ce fait.

Ainsi, le 16 mai 1837, le thermomètre centigrade à mercure, qui marquait à l'air extérieur +14°, porté à la faible profondeur de 15 mètres, s'est élevé à +18 degrés. Parvenus dans la profondeur accessible la plus considérable de ce souterrain, ce même instrument s'est maintenu d'une manière constante, entre +21°, 50 et +21°, 60, c'est-à-dire, de +7°, 50 à +7°, 60 qu'à l'air extérieur.

Cet accroissement de température pour une aussi faible profondeur, est réellement extraordinaire; car il ne serait pas moindre de plus d'un degré par 5 mètres. A la vérité, comme l'influence solaire est encore sensible à une épaisseur de couches terrestres égale à 30 mètres, l'accroissement de la température ne doit être calculée, que du point qui se trouve au-dessous de ces 30 mètres. Ainsi en supposant qu'à cette profondeur, la température de ce souterrain représente la température moyenne de Montpellier qui est égale à +15°, 5, nous n'aurons plus qu'un excédant de chaleur de +6°, à +6, 10. Or, en divisant +6°, par 4 mètres, qui comprennent la portion du souterrain où l'on a pu porter des thermomètres au-dessous de la couche du sol influencée par l'action solaire, on a +1°, 50 par mètre d'abaissement.

D'un autre côté, à peu de distance de la caverne Montels (environ 600 mètres), on observe dans la même formation calcaire, une fissure de laquelle s'échappe une vapeur d'eau, dont la température est à peu près égale à celle d'une source qui alimente un puits creusé auprès de ce souterrain. La température de cette source est de +21° à +22 degrés centigrades, et celle de la vapeur d'eau nous a paru le 20 mai 1837, être égale à +28°, la température de l'air se maintenant ce jour là entre +10°, 20 et +12°, 50.

Ces faits ont paru si extraordinaires que, pour convaincre tous les esprits de leur réalité, nous avons jugé

convenable de les vérifier de nouveau, avec un observateur connu par son exactitude et son habileté. Nous nous
sommes rendus dans ces cavernes avec M. Legrand,
chargé du cours d'astronomie à la Faculté des sciences
de Montpellier, et nous y avons été accompagnés par
MM. Dunal, Doumet, Joly et Mangeot, lesquels ont bien
voulu vérifier eux-mêmes nos observations. Comme elles
ont toutes été d'accord, nous nous bornerons à en extraire
le sommaire.

La température de l'air, à l'ombre, était le 2 juillet 1837,
à trois heures de l'après-midi, de + 31 degrés centigrades,
sous l'influence d'un ciel orageux. Quand nous avons fait
cette observation, en suspendant nos thermomètres dans
l'air, nous n'avons pas évité l'effet de l'évaporation, si
toutefois elle est assez sensible pour avoir de l'influence
sur la température de l'air que nous cherchions à reconnaître. Nos instruments avaient été gradués d'après les
règles prescrites par tous les physiciens, et ils ont été
employés après nous être bien assurés que les points
fixes n'avaient pas éprouvé le moindre déplacement.

D'un autre côté, lorsque nous avons évalué la température de l'air, nous avons placé nos thermomètres à
mercure, à l'abri de tout rayonnement, et nous n'avons
apprécié leur degré définitif, que lorsque nous les avons
vus s'y maintenir sans la moindre variation. Nous avons
constamment suivi cette marche dans toutes les observations dont nous allons rendre compte.

Il nous a paru également utile d'apprécier la température qu'avait le sol auprès du lieu où nous avions
suspendu nos thermomètres. Nous avons trouvé que la
chaleur, au soleil, du sol calcaire blanchâtre sur lequel
nous avions placé nos instruments, n'était pas moindre
de + 42° centigrades. C'est donc sous l'empire de ces
influences atmosphériques, bien différentes de celles
sous lesquelles nous avions pénétré la première fois dans

ces cavernes, que nous y sommes parvenus le 2 juillet
dernier. Quoique quittant une température égale à +31
degrés centigrades à l'ombre, nous n'y avons nullement
éprouvé la sensation de fraîcheur à laquelle nous de-
vions d'autant plus nous attendre, que nous nous étions
allégés sous le rapport de nos vêtements, et cela quelques
instants auparavant.

Nous sommes donc descendus de nouveau dans ces
souterrains, sous l'influence de la température élevée de
l'été, tandis que nous y avions pénétré la première fois,
sous l'influence de la faible chaleur du printemps, laquelle aurait pu nous tromper sur la réalité de nos sen-
sations. En descendant dans ces souterrains, nous avons
été frappés de la perpendicularité des profondes fissures
entre lesquelles on a pratiqué un petit sentier, fissures
produites sans doute à l'époque où les couches calcaires,
entre les masses desquelles elles se trouvent, ont été solidifiées. Cette partie des cavernes Montels est légèrement humide, quoiqu'une assez faible quantité d'eau
découle de leur sommet; du moins, le limon gras et fan-
geux sur lequel on marche, est glissant par suite de l'eau
qui l'imbibe.

Quant aux stalactites et aux stalagmites, elles recouvrent
assez généralement la surface du rocher, mais leurs couches sont peu puissantes, et d'une couleur jaunâtre.
Ordinairement mamelonnées, ces stalactites annoncent
un travail lent et prolongé des eaux souterraines, travail
qui n'a encore produit que peu d'effet, n'ayant point
obstrué de leurs dépôts les plus petites des fissures qui se
trouvent en si grand nombre au milieu des roches calcaires.

Arrivés au fond de ces cavités, et voulant nous garantir
de toute cause d'erreur qui aurait pu nous tromper sur la
véritable température de ces souterrains, nous avons préféré faire reposer immédiatement la boule de nos thermomètres sur le limon humide, ou dans les crevasses les

plus étroites du rocher, que de prendre la température
de l'air lui-même. Le fond de gauche de ces cavernes,
placé vers le nord-ouest, et celui de droite ou du nord-est,
nommé le puits, étant peu spacieux, nous aurions craint
que le rayonnement de nos corps et de nos lumières eût
pu avoir de l'influence sur la chaleur de ces souterrains.
Aussi n'avons-nous plus cherché à apprécier la température de l'air de ces cavernes, d'autant qu'elle avait déjà
été évaluée, mais bien celle de ces souterrains eux-
mêmes.

Pour y parvenir, chacun d'entre nous s'est placé auprès
d'un thermomètre aussi loin de nos lumières que possible,
afin d'éviter la petite cause d'erreur qu'elles auraient pu
produire. Les thermomètres ainsi disposés, soit dans les
crevasses du rocher, soit dans la couche humide du
limon, ont été examinés de quart en quart-d'heure, aussi
promptement que faire se pouvait. Quoique certains
qu'ils étaient exacts et comparables, nous avons jugé à
propos de les changer de place, et nous n'avons pris leur
température à chaque point où elle a été notée, qu'après
plus d'une heure d'observations consécutives; partout
nous avons vu nos thermomètres se maintenir d'une
manière constante entre + 21°, 50, et + 21°, 60.

Comme tous nos thermomètres se sont élevés à ce degré,
on peut le regarder comme exprimant la véritable température de ces cavernes; car d'après les précautions que
nous avons prises, la chaleur des bougies et celle des
corps des deux observateurs qui sont seuls restés au
fond de ces souterrains, n'ont certainement pas exercé
une influence appréciable, pour faire monter nos instruments.

D'un autre côté, l'évaporation est trop lente dans ces
cavernes où l'air se renouvelle si difficilement, pour que
le froid qu'elle pourrait occasionner puisse abaisser sensiblement la température de la surface des limons ou celle

3

du rocher. Nous ferons encore remarquer que ces cavernes n'avaient pas été visitées depuis plusieurs jours, et que dès lors elles ne pouvaient pas conserver une cause quelconque d'une élévation dans leur chaleur, qui ne leur fût pas propre.

Un nouveau couloir ayant été découvert depuis notre première visite, nous y sommes descendus, non sans danger, afin de nous assurer si ce souterrain ne présenterait pas quelque différence dans sa température. La première chose qui nous a frappés dans cette cavité, a été sa sécheresse comparée à l'humidité des premières, et par suite nous avons remarqué la moindre épaisseur des stalagmites qui couvrent le rocher. Comme il existait sur un petit plateau qui couronne le fond de la cavité dans laquelle nous étions descendus par un boyau presque vertical, une assez grande quantité de sable calcaire assez sec, formé par le détritus des stalagmites, ces sables nous ont paru propres aux observations que nous comptions faire dans ces souterrains. Nous y avons donc placé nos instruments, et après nous en être éloignés, nous les y avons laissés près d'une heure. Ces thermomètres ont marqué constamment + 21°, 60, température que nous pouvons considérer comme très-approchante de celle propre à ces cavités, plutôt cependant en moins qu'en plus.

Nous nous sommes rendus de nouveau à la campagne Astier, afin d'y reconnaître la température qu'avait la vapeur d'eau qui s'échappe d'une fissure du rocher, contre lequel est adossée cette campagne. Cette vapeur a paru avoir une chaleur de + 24°, 50, et en pénétrant plus avant dans la fissure d'où elle provient, le thermomètre s'est élevé à + 25°, 30. Un courant d'air sensible se manifestait à mesure que l'on pénétrait dans cette fissure, et paraissait se diriger de bas en haut.

La température de l'air, mesurée sous l'influence d'un

ciel très-orageux, le soleil ayant totalement disparu, s'est maintenue à +28°. Aussi comme la fissure de laquelle sort la vapeur d'eau, est en contact immédiat avec l'air extérieur, il est probable que sa température n'a pas été sans influence sur celle de cette vapeur. Nous ne pouvons pas dès lors compter beaucoup sur cette appréciation, à raison de l'influence que devait naturellement exercer sur la vapeur d'eau, la chaleur de l'air extérieur.

Nous avons déjà fait observer, qu'outre l'intérêt que ces cavités présentent, à raison de l'accroissement rapide de la température, elles en offrent un autre purement géologique. Ces souterrains, comme la plupart de ceux qui, peu élevés et peu distants des mers actuelles, recèlent des limons rouges avec des cailloux roulés ou des roches fragmentaires, ont aussi au milieu de leurs limons des ossements humatiles. Ceux des cavernes Montels hapent fortement à la langue, et sont aussi altérés que les os des autres cavernes du midi de la France. Ils se rapportent, ainsi que nous l'avons déjà fait observer, à des bœufs, à des cerfs et à des chevaux, dont les espèces ne paraissent point différer de nos espèces actuelles.

Ces ossements sont du reste les seuls débris organiques de l'époque diluvienne, que l'on y ait rencontrés jusqu'à présent ; peut-être, le peu de largeur des fissures extérieures de ces souterrains, en a été la cause. Nous ne croyons pas du moins que, si un plus grand nombre d'ossements n'y a pas été rencontré, cette circonstance puisse tenir à la négligence de ceux auxquels nous devons la connaissance de ces souterrains.

Il est évident ici, qu'on ne peut douter que les ossements découverts dans ces fissures, ont dû y avoir été entraînés et transportés avec les limons dans lesquels ils ont été rencontrés. Il est en effet impossible d'admettre, d'après toutes les circonstances que nous venons de rapporter, que les animaux auxquels ont appartenus ces débris, aient jamais pu vivre au milieu de ces étroites et profondes fissures, pas plus que des carnassiers, dont les limons rouges de ces cavernes n'ont pas du reste présenté la moindre trace.

Nous sommes enfin retournés aux cavernes Montels, le 23 juillet 1837, pour y reconnaître d'une manière précise la mesure de l'accroissement de la température qu'on y éprouve. Le ciel était alors pur et serein, les thermomètres centigrades, à mercure, exposés à l'air libre et à l'ombre, ont marqué constamment, vers deux heures et demie de l'après midi, + 31°, 10. D'autres thermomètres comparés d'avance avec les précédents, placés au soleil et sur le même sable blanchâtre sur lequel nous les avions disposés la première fois, ont indiqué une température égale à + 45 degrés.

C'est sous l'influence de ces causes extérieures, que nous avons pénétré de nouveau dans ces cavités souterraines. Parvenus à la faible profondeur de 4 mètres 25 centimètres au-dessous du sol, nous avons été curieux d'éprouver quel degré nos thermomètres nous signaleraient. Nous avons donc évalué la température d'un petit plateau qui se trouve à cette profondeur, et nous l'avons reconnue égale à + 20°, 20.

Arrivés ensuite à 7 mètres 75 centimètres, profondeur à laquelle on n'aperçoit plus la clarté du jour, nous n'avons remarqué qu'un accroissement bien léger; car les thermomètres placés dans le limon humide ne s'y sont pas élevés au-dessus de + 20°, 50. Nous avons également apprécié la température d'un second plateau, point de division de la caverne en deux parties; l'une orientale, située vers le côté droit, et l'autre occidentale, placée du côté gauche de celui qui descend dans ces souterrains; là nos thermomètres se sont maintenus à 14 mètres de profondeur à + 21°. Enfin, descendus dans la partie la plus basse de ces cavités, nos thermomètres ont marqué toujours le même degré, c'est-à-dire + 21°, 50, à + 21°, 60.

Quant à l'hygromètre à cheveux, sorti des ateliers de Pixii, il a marqué bientôt, dans la profondeur, 100 degrés, maximum d'humidité dont cet instrument puisse nous rendre compte.

Au sortir de ces cavernes, à 4 heures 1/2, nous avons déterminé de nouveau la température de l'air, à l'ombre et au soleil. Dans le premier cas, elle était égale à + 28°, 10, et dans le second à + 37°, 35. Nous nous sommes demandé si une pareille température n'avait pas influencé celle que nous avions reconnue à d'aussi faibles profondeurs que celles de 4 mètres 25, de 7 mètres 75, et enfin de 14 mètres. Nous avons reconnu plus tard que la température de l'air, quelqu'élevée qu'elle soit, n'exerce aucune action sur cette chaleur intérieure ; car elle est tout aussi considérable en hiver qu'en été.

Ces observations terminées, nous nous sommes rendus de nouveau à la campagne Astier. Il était 5 heures 1/2 du soir, la température de l'air était de + 27°. Nous avons porté alors un thermomètre dans la fissure du rocher, à environ sept mètres de distance de l'ouverture extérieure. Ce thermomètre, influencé probablement par la chaleur de l'air extérieur, s'y est maintenu à + 26°, 10. Aussi, pour être certains de la véritable température de ce souterrain, nous y avons laissé pendant plusieurs jours un thermomètre dont la boule était plongée dans une bouteille remplie d'eau. Ce thermomètre a indiqué, le mardi suivant 27 juillet, + 24°, 70, à peu près à la même heure.

Nos guides et nous-mêmes avons été surpris d'avoir éprouvé une sensation de chaleur, en descendant dans le souterrain Astier, ainsi que dans ceux de la campagne Montels ; chaleur qui nous paraissait plus considérable que celle que nous ressentions à l'air extérieur, quoique sa température fût plus élevée que celle de ces souterrains. En appréciant le degré d'humidité qui règne dans ces cavernes, et qui est le maximum dont l'hygromètre puisse nous rendre compte, on a l'explication de ce fait qui au premier moment vous étonne.

L'air extérieur étant à la fois chaud et sec, favorise singulièrement l'évaporation cutanée, laquelle maintient le corps dans un état continuel de fraîcheur; mais cette évaporation ne pouvant pas avoir lieu sous l'influence d'un air saturé d'humidité, le corps éprouve pour lors une sorte de malaise et par suite une plus grande chaleur. La sensation contraire a lieu sous l'influence d'un air sec qui favorise la transpiration, laquelle modère la température que, sans cette circonstance, le corps éprouverait. Aussi la sueur ne se distingue-t-elle pas dans le premier cas comme dans le second, l'eau qui la forme restant, en quelque sorte, collée sur le corps qui l'exhale.

Il résulte de ces observations, que la température de la fissure de la campagne Astier, est plus élevée que celles des fentes plus considérables, ou si l'on veut des cavernes Montels. C'est probablement à l'accroissement plus rapide de cette température, qu'il faut attribuer la vapeur d'eau qui s'élève de cette dernière et qui parvient jusqu'à l'air extérieur; du moins l'air des deux souterrains est complètement saturé d'humidité. Mais comme cette humidité se vaporise dans les cavernes Montels, sur un très-grand espace, sa précipitation ne peut être aussi sensible que dans la fissure Astier, où elle s'échappe d'une cavité peu spacieuse, et se précipite aussi sur un seul point, dont la hauteur est à peine de 2 mètres, sur une largeur d'environ un mètre.

Ces faits sont trop positifs pour douter de la chaleur élevée de la fissure Astier, aussi bien que des cavernes Montels. Mais d'après le peu de profondeur de ces souterrains, on se demande quelle en est la cause? Serait-elle due à des décompositions qui auraient lieu dans l'in-

térieur des cavités souterraines, ou tiendrait-elle à la
combustion des bougies que l'on y porte pour s'éclairer,
ou dépendrait-elle, en partie, de la respiration de ceux
qui y descendent, ou enfin de leur voisinage d'anciens
volcans?

Quant à ces deux dernières causes, elles paraissent sans
influence; du moins l'accroissement de la chaleur a toujours lieu, lorsqu'on y pénètre seul et sans lumière; il
est même sensible, lorsqu'on ne descend pas assez bas
pour perdre entièrement la clarté du jour. Enfin aucune
décomposition ne semble s'opérer au milieu des roches
calcaires jurassiques, dont les fissures composent ces
étroites cavités; du moins, aucune autre espèce miné-
rale n'accompagne ces calcaires, qui doivent être singulièrement refroidis par l'eau qui s'écoule goutte à goutte
sur leurs parois, eau qui provient de l'extérieur.

Ces différentes causes ne peuvent expliquer cet accroissement; on doit en chercher une autre, et parmi celles
qui produisent des effets analogues, nous ne connaissons
que la chaleur propre du globe, ou la chaleur centrale.
Il peut seulement paraître singulier que les effets de
cette chaleur qui, en terme moyen, ne produisent qu'un
accroissement d'un degré par 25 ou 30 mètres, soit ici
aussi considérable; mais qui ne sent que l'effet de la
chaleur intérieure peut, par suite des fissures qui se
trouvent sur un point et non sur un autre, remonter plus facilement dans une localité que dans celles
qui en sont même fort rapprochées. En effet, à bien
peu de distance des cavernes Montels, on observe
dans la même formation calcaire d'autres fissures desquelles s'échappe de la vapeur d'eau dont la température
est bien plus élevée que celle des cavernes de la montagne
Mancillon, qui en sont cependant à une petite distance.
En effet, tandis que celle de ces cavités se maintient
constamment entre $+ 21°, 50$ et $+ 21°, 60$, celle de ces

fentes varie entre -+- 23°, et -+- 26°, 10. Elle est donc supérieure de -+- 1, 50 -+- à -+- 5, 50 à celle des cavernes
Montels. Cette différence est trop considérable pour ne
pas présumer qu'elle tient à ce qu'au-dessous de ces
fissures et à des profondeurs qu'il n'est pas possible d'évaluer, il existe des eaux thermales. Ce serait ces eaux
qui produiraient les vapeurs chaudes et humides qui
s'élèvent constamment de la profondeur de ces fissures,
qui s'étendent bien au-dessous du point auquel on peut
pénétrer.

On doit d'autant plus le supposer, que des vapeurs
d'eau chaude ont lieu constamment et se maintiennent
à une température très-élevée, quoique ces fissures
soient en contact continuel avec l'air extérieur; le point
d'où s'échappent ces vapeurs, n'étant séparé de l'atmosphère que par l'avancement du rocher qui, dans cette
partie, n'a pas plus d'un mètre d'épaisseur. Du reste, la
fissure de laquelle on la voit s'élever, communique avec
d'autres fentes plus spacieuses qui finissent même par
devenir des cavités à la vérité peu considérables, et dans
lesquelles ont pu pénétrer seulement les enfants des fer-
miers de la campagne Astier. Les métayers de cette campagne vont même, l'hiver, se chauffer dans le trou où se
forme la vapeur d'eau. Celle-ci, examinée dans sa composition, a présenté tous les caractères de l'eau pure,
et a paru tout à fait semblable à de l'eau distillée.

En outre, d'après les habitants, il a existé jadis une autre
ouverture à 50 ou 60 mètres au nord-est de la grotte Astier, de laquelle sortait une vapeur tout aussi chaude
que la première. Cette vapeur était sensible à la vue, à
une certaine distance. Il est à regretter, dans l'intérêt
de la science, que cette ouverture ait été fermée par
ignorance ou par incurie, et qu'on n'ait pas imité à cet
égard l'exemple de M. Astier.

Enfin, pourrait-on supposer que la température élevée

des cavernes de Montels tient à leur voisinage des localités où jadis ont existé des volcans, ou du moins où l'on
observe des terrains basaltiques d'épanchement?

Ces cavernes sont au plus à 5000 mètres des volcans
éteints de Montferrier et de Valmahargues; dès lors, il
semble, d'après cette proximité, que la cause qui les a
produits pourrait bien ne pas être sans quelque effet sur
la chaleur des fissures Montels. Mais pour qu'il en fût
ainsi, il faudrait qu'une chaleur sensible, autre que celle
qui leur est imprimée par l'action solaire, se manifestât
dans ces terrains volcaniques et dans les points intermédiaires entre leurs formations et celles qui composent
les cavités souterraines où l'on observe un accroissement
si notable dans la température.

Il en est pourtant tout différemment; car les formations volcaniques de Montferrier et de Valmahargues,
pas plus que les terrains calcaires intermédiaires entre
ces formations et celles qui composent les fissures Montels, n'offrent aucune augmentation de température
comparable à celle que l'on rencontre dans ces fissures.
Les puits creusés à des profondeurs plus considérables
que ceux de la campagne où se trouvent les cavernes
chaudes, ne contiennent pas non plus des eaux d'une
température plus élevée que les autres sources que l'on
découvre dans les environs de Montpellier. Ils sont donc
loin d'offrir une chaleur aussi grande que ceux de la
campagne Montels, dont les eaux ont constamment une
température bien supérieure à la température moyenne
de Montpellier, ainsi que nous l'avons déjà fait observer.

D'un autre côté, la température des eaux des puits est
d'autant plus élevée, qu'on l'examine dans des points plus
rapprochés des cavernes Montels. Ainsi, tandis que ceux
de la campagne de M. Aubaret, qui sont très-voisins de
ces cavités, ont une chaleur de + 18°,70 à 22 mètres de
profondeur, les puits de la campagne Mancillon n'ont

sol. Mais il n'en est plus de même lorsqu'on les place dans les creux des rochers calcaires. Ceux-ci s'élèvent, d'une manière constante, beaucoup plus que les premiers, et quelquefois même, quoique la profondeur des uns et des autres soit la même, cette plus grande élévation n'est pas moindre d'un demi-degré. Nous nous bornons pour le moment à énoncer ce fait, dont l'importance est facile à saisir, nous réservant, lorsque nos recherches seront terminées, d'en faire sentir les conséquences sur l'hypothèse extrêmement probable de la température propre dont l'intérieur de la terre est animé.

Le phénomène des cavernes chaudes prouve donc, comme tant d'autres qui ont lieu à la surface du globe, que la terre jouit dans son intérieur, d'une température propre tout à fait indépendante de l'action solaire, température qui par cela même s'accroît au lieu de s'affaiblir, à mesure que l'on s'enfonce dans les couches terrestres.

CHAPITRE III.

DES CAUSES QUI PARAISSENT AVOIR PRODUIT LES FENTES ET LES FISSURES VERTICALES AINSI QUE LES PETITES CAVITÉS.

Les causes qui ont opéré les grandes cavités, ont également produit les fentes verticales ou les fissures qui constituent ce que l'on a désigné sous le nom de filons fragmentaires. Ces dernières ne diffèrent en effet des cavernes que par leur peu de largeur, et par leur direction

ordinairement constante dans un seul sens. La plupart
d'entre elles sont remplies par les mêmes terrains clastiques d'agrégation que l'on observe dans les cavernes,
terrains qui s'y montrent le plus souvent accompagnés
de débris d'animaux différents. Quelquefois ces formations
clastiques se composent de globules de fer hydroxidé,
réunis et empâtés par un ciment ferrugineux, lequel enveloppe aussi, dans certaines circonstances, des restes
organiques.

Ces fentes ou ces fissures, ainsi diversement remplies,
ont reçu, les premières, le nom de brèches osseuses, et
les secondes, celui de brèches ferrugineuses; dénominations qui indiquent assez bien leur principale composition.

De même que les cavernes abondent dans les terrains
calcaires, et particulièrement dans ceux qui appartiennent aux formations jurassiques; de même dans ces terrains se montrent la plupart des fentes, dans lesquelles
l'on observe des brèches osseuses et ferrugineuses. Il existe,
en effet, des transitions tellement insensibles entre les cavernes à ossements et les brèches osseuses et ferrugineuses, qu'il est difficile de ne point considérer ces divers
phénomènes comme tout à fait analogues, et produits
par les mêmes causes.

L'identité entre les fentes longitudinales et verticales a
lieu, non seulement pour les faits postérieurs à leur formation, comme ceux relatifs à la production des stalactites et stalagmites, et à leur remplissage, mais encore
pour cette formation elle-même. Les unes et les autres
sont dues à des dislocations du sol, qui l'ont plus ou
moins déchiré ou fendu, selon la violence plus ou moins
grande de ces dislocations, ou peut-être aussi suivant
l'état particulier de malléabilité du sol qui les éprouvait.

Dans les unes comme dans les autres, l'on observe également deux principaux dépôts stalagmitiques d'âge différent. Le plus ancien revêt la roche dans laquelle la fente

existe, et le plus récent recouvre le terrain clastique à
ossement, disséminé sur le sol des cavernes, ou qui remplit l'intérieur des fentes verticales. Ces derniers dépôts
stalagmitiques se continuent dans les cavernes et les fentes, de la même manière que s'y introduisent constamment des dépôts d'alluvion avec des ossements d'animaux
de notre époque.

Il en est donc de même relativement aux phénomènes
qui se sont passés dans l'intérieur des plus grandes cavités, comme dans ceux des plus petites fentes. Ces phénomènes se continuent sans cesse, comme la plupart de
ceux qui ont eu lieu sur la surface du globe, mais seulement avec une moindre intensité et une moindre énergie.

De plus, les parois des fentes verticales et celles des
cavernes sont, en quelque sorte, bosselées ou creusées de
dépressions peu profondes, arrondies dans leur fond, sur
leurs angles et sur leurs arêtes. Ces dépressions semblent
avoir été opérées, non pas par le frottement d'un corps
solide, mais par la force dissolvante de l'érosion d'un liquide. Aussi les parois opposées n'offrent jamais des sail-
lies correspondantes, comme le seraient celles d'une fente
résultant d'une fracture fraîche ; elles montrent, au contraire, des rétrécissements et des évasements plus ou
moins prononcés.

Enfin, dans les fentes verticales, comme dans les longitudinales, l'on voit distinctement, et peut-être même
d'une manière plus nette dans les premières que dans
les secondes, les deux époques de dépôt des calcaires concrétionnés. Le plus ancien recouvre la roche dans
laquelle les fentes sont ouvertes, généralement d'une
assez grande dureté. Il se distingue facilement par sa position de celui qui est superposé au terrain de remplissage, ou qui s'est infiltré dans ses interstices. Quelquefois
même le plus ancien de ces dépôts stalagmitiques est assez
puissant pour être exploité avec avantage ; et par suite

de sa compacité et de la beauté de ses nuances, il est
souvent distribué dans le commerce comme de l'albâtre
oriental; tel est, par exemple, celui qui enveloppe les
brèches osseuses de Cette.

Le terrain clastique d'agrégation est encore le même
dans les différentes fentes, quelles qu'en soient l'étendue et
la nature. C'est partout une roche plus ou moins solide,
ou un limon argilo-calcaire, plutôt que ceux dont la couleur dominante est généralement rougeâtre. Cette roche
ou ce limon, plus ou moins pulvérulent, enveloppe généralement des fragments roulés, et quelquefois aussi
des fragments non roulés de calcaires compactes ou ter-
reux, ou même, ce qui est beaucoup plus rare, d'autres
sortes de roches.

Les terrains clastiques réunissent des débris organiques,
d'espèces, de genres et de classes très-différents. L'on y
voit en effet des coquilles terrestres et marines, avec des
reptiles terrestres et fluviatiles, des poissons de mer, et
principalement des débris de mammifères terrestres et
des eaux douces, dont la plupart des espèces sont analogues, et même souvent tout à fait semblables aux races
actuellement vivantes.

Ces cavités, soit les fissures des brèches, soit les cavernes à ossements, sont le plus souvent en communication avec la surface du sol. Il ne paraît pas qu'il y en ait
dont les ouvertures aient été fermées par des terrains
stratifiés; ce qui annonce que le remplissage de ces fentes
a eu lieu postérieurement au dépôt des couches solides
les plus récentes, c'est-à-dire, à celui des calcaires quaternaires. Il paraît encore qu'il n'existe point d'ouvertures
des fentes verticales ou longitudinales, qui aient été fermées, du moins entièrement, par des laves anciennes,
ou par des roches qui ont coulé par suite d'une véritable
liquéfaction ignée.

Il arrive bien quelquefois que les ouvertures par les-

quelles le terrain de remplissage est arrivé, sont tout à
fait obstruées, et à tel point que l'on n'en découvre pas de
traces. Mais alors l'on remarque que ces ouvertures ont
été fermées, soit par suite d'éboulements postérieurs au
remplissage des fentes ou des cavités, soit par l'accumulation des terrains d'alluvion, soit anciens, soit récents.

En un mot, les circonstances communes aux cavernes
et aux fissures à ossements, semblent tenir à ce que les
unes et les autres ont leurs parois arrondies par une sorte
d'érosion et présentent deux dépôts stalagmitiques, ainsi
qu'un agrégat plus ou moins meuble ou plus ou moins
pierreux, assez souvent ossifère. Dès lors, comment douter de l'identité d'origine et de formation des brèches
osseuses et des cavernes à ossements.

D'après ces dispositions, qui se reproduisent généralement, on voit que plusieurs opérations distinctes y ont
eu lieu à diverses époques; le nombre de ces opérations
est de quatre au moins, ainsi que nous l'avons déjà fait
observer.

Lors de la première époque, les cavernes, les fentes
et leurs ouvertures se sont formées, lesquelles se sont
ensuite plus ou moins agrandies.

Dans la seconde, le calcaire concrétionné en a recouvert la voûte, les parois, et quelquefois même le sol.

Dans la troisième, le dépôt ossifère y a été entraîné
avec les terrains qui l'accompagnent, terrains qui dans
la quatrième époque ont été recouverts ou pénétrés par
le calcaire stalagmitique récent, qui, depuis lors, n'a
cessé de s'y produire.

Enfin, ce qui prouve la distinction que nous venons
d'établir entre les deux glacis stalagmitiques, c'est que
souvent, et particulièrement dans les brèches osseuses
des fentes, l'on trouve des portions brisées de ce glacis.
Or, puisque le ciment qui réunit les brèches ossifères des
cavernes, comme celles des fentes, offre de ces portions

brisées de calcaire concrétionné , il faut nécessairement
que ces fragments existassent avant la solidification du
ciment qui les a réunis.

Les faits à l'aide desquels nous avons cru possible de
concevoir la formation et le creusement des grandes cavités souterraines, nous semblent également pouvoir être
invoqués pour expliquer l'origine des petites cavités, quels
qu'en soit le nombre et la position.

Il n'est pas en effet nécessaire de les attribuer à des
causes particulières comme le serait , par exemple , l'é-
rosion du calcaire , par l'action de l'*aura maritima*, quoique cette action s'exerce encore aujourd'hui à une assez
grande distance de la mer. En effet , s'il existe de nombreuses petites cavernes dans des lieux rapprochés des
mers, comme celles que l'on voit entre Nice et Menton ,
ou en Sicile , ou enfin en Morée , il en est une infinité
d'autres que l'on remarque à d'assez grandes distances
des eaux marines. Nous ne saurions en citer d'exemple
plus remarquable que celui qui nous est fourni par les
petites cavernes de la vallée de la Cesse (Hérault).

Ces cavernes , placées au-dessus les unes des autres ,
par étages successifs , sont tellement nombreuses , qu'on
pourrait les comparer en quelque sorte à ces voûtes qui
forment les arceaux des arènes antiques. Sans doute , les
érosions du calcaire par l'action du muriate de soude, apporté par l'*aura maritima*, peuvent avoir eu lieu de manière à donner naissance à du chloroxi-carbonate de chaux
et de soude, lequel étant soluble, se laisse entraîner par les
eaux pluviales ; mais cette action est trop faible pour
avoir produit ces cavités. Elle peut bien opérer des érosions à la surface des roches calcaires , mais jamais les
creuser au point d'en faire de petites cavernes.

D'ailleurs cette influence devant être générale , ne
pourrait s'exercer que sur la surface de la roche avec laquelle elle serait en contact. Or , ici nous ne remarquons

4

que des effets locaux et particuliers. Comment se rendre raison de la séparation des arceaux des cavernes et du creusement de ces cavités, puisque les piliers qui semblent les soutenir sont intacts?

L'on ne saurait donc admettre que l'action chimique des eaux de la mer ait pu seule corroder les roches, au point de les creuser en cavernes, en supposant même, ce qui arrive quelquefois, de petites dimensions à ces cavités. On le peut d'autant moins, qu'elles ne se montrent pas uniquement dans des roches calcaires.

Ainsi, par exemple, les phyllades quartzifères des Pyrénées-Orientales, particulièrement ceux de Collioure et de Port-Vendres, ceux des Cévennes et du Rouergue, sont assez fréquemment caverneux, comme les falaises et les flancs escarpés des montagnes calcaires les plus distantes des mers actuelles. Il en est de même de certaines autres roches tout à fait dépourvues de calcaire, telles que les psammites ou les grès, les mica-schistes, les schistes argileux que l'on voit creusés et érodés de mille manières différentes, dans des lieux où il est difficile d'admettre que l'action de l'*aura maritima*, en la supposant réelle, puisse être sensible sur la désagrégation des roches.

Sans doute, cette action peut bien contribuer à l'érosion et à la désagrégation de certains matériaux solides; mais elle est évidemment impuissante pour les creuser en cavités et leur donner ces formes à peu près régulières que l'on aperçoit, surtout à celles qui composent les petites cavernes dont nous nous occupons. Celles-ci rentrent donc dans les lois générales que nous avons assignées à la formation et à l'origine des grandes cavités souterraines.

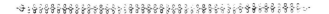

LIVRE SECOND.

DES DIVERS CHANGEMENTS SURVENUS DANS L'INTÉRIEUR DES CAVERNES ET DES FENTES VERTICALES, POSTÉRIEUREMENT A LEUR FORMATION ET LEUR REMPLISSAGE.

CHAPITRE PREMIER.

DES CHANGEMENTS SURVENUS DANS L'INTÉRIEUR DES CAVERNES ET DES FENTES.

Les changements survenus dans l'intérieur des cavernes ou des fentes, depuis leur formation, semblent avoir uniquement dépendu de l'action des eaux. Le premier effet qu'elles y ont produit a été de les agrandir, d'en éroder les parois, de les arrondir, et par conséquent de diminuer les formes aiguës de leurs arêtes. Ces changements ont été opérés avec d'autant plus de facilité, que les eaux ont exercé leur action sur des roches qui étaient dans un état de mollesse et de malléabilité particulier. Aussi cette action, qui semble s'être exercée sur les roches des cavités souterraines des âges les plus différents, c'est-à-dire depuis les roches de transition les plus anciennes jusqu'aux dépôts tertiaires les plus récents, s'est long-temps prolongée; dès lors, nous devons être moins surpris de la grandeur et de la puissance de ses effets.

Plus tard, il s'en est produit de tout différents : les eaux qui arrivaient dans l'intérieur des cavernes n'avaient plus une température aussi élevée, ni une densité aussi grande que les premières, et par conséquent, elles n'avaient pas non plus une aussi grande force d'érosion. Chargées d'une certaine quantité d'acide carbonique, ces eaux entraînaient avec elles du carbonate de chaux, qui a tendu à se précipiter, dès qu'elles ont eu le contact de l'air.

Il faut probablement attribuer à cette cause la formation du premier glacier stalagmitique qui a recouvert d'une couche, plus ou moins épaisse et plus ou moins brillante, les murs, les parois, le plafond et le sol des cavernes, et y a produit tous ces changements qui donnent souvent aux grottes un aspect aussi étonnant que majestueux.

Par suite de cette action des eaux, toute contraire à celle que les premières avaient exercée, les cavités souterraines ont tendu à diminuer de plus en plus d'étendue. Les effets de cette action ont donc été liés à la force de dissolution des eaux ; par conséquent, ils ont été proportionnels à cette faculté, ainsi qu'à la durée du temps pendant laquelle ils ont eu lieu. Si l'on juge de cette durée par les effets produits, elle ne doit pas être fort considérable, car la précipitation des calcaires concrétionnés n'a jamais cessé de s'opérer, et paraît marcher très-vite. Cependant leurs dépôts n'ont pas encore obstrué, nous ne disons pas la plus petite de ces cavités, mais les couloirs étroits et les fissures, qui s'y trouvent en grand nombre.

Après, ou pendant que ce travail des eaux s'opérait dans l'intérieur des cavités souterraines, un phénomène plus remarquable s'y passait. Ce phénomène est celui de leur remplissage : les unes par des limons argilo-calcaires dépourvus de roches fragmentaires, de cailloux roulés et d'ossements ; les autres, au contraire, offrant une grande quantité de cailloux roulés, de fragments anguleux de roches et de limons fragmentaires, et des limons constamment accompagnés de débris organiques, parmi lesquels abondent principalement des restes de mammifères terrestres. Ces limons ont été souvent tellement abondants, qu'ils ont parfois rempli, en totalité, les fentes ou les cavernes dans lesquelles ils se sont introduits. Ils ont ainsi fixé à la voûte de ces cavités des ossements, des coquilles ou des cailloux roulés, ou, enfin, les graviers qu'ils entraînaient avec eux.

Plus tard, la partie meuble de ces limons, délayée par les eaux qui arrivaient dans ces souterrains, généralement plus bas que le sol qui les entoure, a été entraînée au-dehors, et peu à peu les cavernes se sont vidées et déblayées.

Mais quelle est la date des dépôts effectués dans les cavernes à ossements, et de ceux que l'on voit dans celles de ces cavités où il n'existe pas de traces de débris organiques?

Pour la déterminer, il faut d'abord reconnaître si le remplissage des cavernes par des terrains clastiques est un phénomène général, lié à d'autres faits du même ordre, ou si c'est un phénomène purement local, borné uniquement à certaines cavernes et à certaines fentes.

Pendant long-temps on a pu envisager le remplissage des fentes longitudinales et verticales, comme un fait borné et restreint à un petit nombre de localités, par la raison que l'on ne connaissait que fort peu de ces fentes, qui eussent été ainsi en partie comblées; mais depuis que les observations ont démontré qu'il n'existait pas dans la nature de phénomène qui se fût reproduit avec plus de fréquence, plus de constance et plus de généralité, on a été forcé de le considérer sous un tout autre point de vue.

Les cavernes et les fissures à ossements, envisagées d'abord comme bornées à certaines contrées du nord de l'Allemagne, et à quelques rochers isolés des bords de la Méditerranée, ont été reconnues tout aussi nombreuses et tout aussi multipliées en Angleterre, en Italie, en France et en Sicile. On en a également observé dans le nouveau-monde et dans la Nouvelle-Hollande, et partout avec les mêmes circonstances. Généralement les débris des animaux y ont été trouvés dans un limon rougeâtre, plutôt brisés que roulés. Ce limon a offert alors d'une manière constante des cailloux roulés, le plus souvent arrondis, ainsi que des roches fragmentaires anguleuses.

Le terrain clastique qui a rempli en tout ou en partie les fentes longitudinales et verticales, ayant des caractères communs et identiques, doit donc y avoir été entraîné par une même cause dont l'action a partout été la même. Sans doute, la nature des cailloux roulés et des roches fragmentaires, qui font partie de ces terrains, n'est pas semblable partout, pas plus que les matériaux de transport des dépôts diluviens. Mais cette circonstance n'exclut pas une communauté d'action dans la cause qui les a produits; elle annonce seulement que les matériaux qui ont été déplacés, ont varié comme ceux dont ils proviennent et dont ils sont les débris.

Il en est de même des ossements : ces ossements sont loin d'être les mêmes dans les différentes fentes ou cavités; mais la loi de leur distribution a cela de particulier, d'être d'accord avec celles des espèces propres à chaque continent où ces débris organiques ont été disséminés. Ainsi, par exemple, l'on ne découvre pas plus de débris de chevaux et de bœufs domestiques dans les cavernes du nouveau-monde, que l'on ne voit dans les nôtres des mégalonyx. De même dans celles du nouveau continent, l'on n'aperçoit pas non plus de traces de ces dasyures, de ces phascolomes et de ces kanguroos, qui abondent au contraire dans les cavernes de la Nouvelle-Hollande.

Ainsi la cause qui a entraîné dans les cavités souter-

raines tant d'ossements d'animaux, si différents par leurs
mœurs, leurs habitudes, comme par leurs espèces, n'a
pas transporté les races d'un continent dans un autre, en
les mélangeant de la manière la plus confuse. Ces faits
nous annoncent que les nombreux débris d'animaux, disséminés dans les cavités souterraines, ne sont pas venus
de fort loin, et le peu d'altération qu'ils ont subie confirme
encore cette assertion.

En un mot, le remplissage des fentes longitudinales et
verticales par des terrains clastiques ossifères, est un phénomène géologique tout aussi constant et tout aussi général que celui des dépôts diluviens, et qui appartient,
comme ce dernier, à des faits du même ordre et de la
même date.

Pour en être convaincu, il suffit de comparer les terrains de remplissage des cavernes, avec les dépôts diluviens disséminés sur le sol qui les entoure. Ces derniers
varient d'une localité à l'autre, non dans l'ensemble des
matériaux qui les composent, mais dans la nature et
l'espèce de ces matériaux. Ainsi tel dépôt diluvien est
caractérisé par une prédominance des roches primitives;
tandis que tel autre l'est par l'excès des roches secondaires,
soit jurassiques, soit de grès verts, soit de craies, comme
enfin d'autres le sont par des calcaires tertiaires marins et
des eaux douces. Les variations qu'éprouvent ces dépôts
d'une localité à une autre, se remarquent également dans
les terrains clastiques de remplissage; mais toujours elles
coïncident les unes avec les autres. Cette coïncidence est
trop frappante et trop générale pour ne pas dépendre
d'une même origine ou d'une même cause, qui, agissant
à la même époque, a dispersé à la fois sur le sol, comme
dans les cavités et les fentes vides, les mêmes terrains
clastiques, c'est-à-dire les dépôts diluviens.

Ces dépôts ont pris parfois, à la surface du sol, une solidité tout aussi grande que celle qu'ils ont particulièrement

acquise dans les fentes étroites des rochers; mais en
supposant que cette circonstance ne se fût reproduite
que pour les premiers, elle ne pourrait pas faire inférer
une diversité d'origine entre eux. La solidité, ou l'état
meuble d'un terrain, n'est en effet qu'un accident qui ne
peut rien faire préjuger sur son origine, ni sur l'époque
de sa formation.

Ainsi les terrains clastiques, entraînés dans les cavernes et les fentes, auraient donc la même origine et
seraient de la même date que les dépôts diluviens répandus à la surface du sol. Si les ossements sont assez généralement plus nombreux dans les premiers, cette
circonstance pourrait bien tenir à ce que les ossements
d'animaux, une fois entraînés dans les cavernes et les
fentes, y ont été mis à l'abri du contact des agens extérieurs et ont pu se conserver beaucoup mieux que ceux
disséminés à la surface du sol. Une autre circonstance
favorisait encore leur conservation, c'est le dépôt stalagmitique qui les recouvre le plus souvent, et qui
s'oppose à l'infiltration des eaux extérieures.

L'on serait cependant dans l'erreur si l'on croyait qu'il
n'existe pas dans un grand nombre de lieux différents, et
à la surface du sol, une énorme quantité d'ossements,
tout aussi diversifiés dans leurs espèces que ceux que l'on
voit dans les cavernes et dans les fentes. En effet,
pourrait-on oublier les fameux dépôts à ossements de
Canstadt, du Val d'Arno et de l'Auvergne, où les restes
organiques sont bien plus nombreux et bien plus divers
que ceux des cavernes les plus riches?

Le dernier de ces dépôts est remarquable par le grand
nombre de débris d'hyènes et de fæces humatiles que l'on
rencontre. Ce fait de la présence des hyènes ailleurs que
dans les cavernes, fait qui s'est reproduit non pas seulement pour les dépôts quaternaires, mais même pour les
terrains tertiaires, prouve que les hyènes ne sont nulle-

ment la cause de l'étrange rassemblement des animaux
que l'on observe entassés dans les cavités souterraines.
Aussi le nombre des hyènes de ce dépôt a tellement frappé
les observateurs, que plusieurs d'entre eux ont comparé
ces terrains à ceux qui remplissent certaines cavernes, et
les ont nommés limons à ossements des cavernes extérieures, pour indiquer par là l'analogie qui existe entre
ces deux ordres de phénomènes.

En assimilant du reste, avec la plupart des géologues,
les terrains clastiques qui ont rempli, en tout ou en partie,
les cavernes et les fissures à ossements, aux dépôts diluviens, nous avons indiqué la cause de leur formation.
Mais l'on se demandera peut-être si ces terrains ont été
transportés par des eaux douces et courantes, ou par des
eaux marines. Ceux qui ont admis la dernière de ces
causes, ont invoqué, en faveur de leur opinion, les débris
marins, soit poissons, soit coquilles, que l'on découvre
aussi bien dans les limons à ossements des cavernes que
dans ceux des fentes.

D'après l'examen attentif des restes organiques marins,
que nous avons observés le premier dans les cavernes,
nous avons reconnu qu'ils se bornaient exclusivement à
des palais de raie, à des dents de squales et à des coquilles de mer. Dès lors, d'après la nature de ces débris,
nous nous sommes demandé s'ils n'appartiendraient pas
à des formations d'un âge plus ancien que les terrains
clastiques dans lesquels on les découvre, et nous nous
sommes convaincu qu'ils dépendraient des terrains tertiaires. Ces débris organiques, détachés par une cause
quelconque des bancs pierreux ou sableux marins et
tertiaires, ont été ensuite entraînés avec divers matériaux de transport, et sont arrivés avec eux dans les
cavernes et les fentes. Ce qui le prouve encore, c'est que
ces débris sont pétrifiés, ce qui arrive bien rarement à
ceux des cavités souterraines, et qu'ils se rapportent

aux espèces qui caractérisent les formations ou les couches tertiaires dans lesquelles ces cavités sont creusées. D'ailleurs, si malgré ces faits, on pouvait se former des doutes à cet égard, il ne faut pas perdre de vue que plusieurs de ces corps marins offrent encore des traces de la gangue tertiaire qui les enveloppait primitivement.

Enfin, quelquefois, et alors ce sont uniquement des coquilles ou des zoophytes, ces corps marins n'ont point appartenu à des formations antérieurement déposées. Ils ne sont point alors pétrifiés, ni altérés, et ils conservent même en partie leurs couleurs. Leur transport, au milieu des limons à ossements, ne peut donc dépendre des mêmes circonstances que celles qui sont relatives aux produits marins des formations tertiaires. En effet, ces coquilles, ces zoophytes, du reste beaucoup moins nombreux que les premiers, paraissent être des relaissées des mers lors de leur dernière retraite, qui, abandonnées par elles sur le sol, ont été ensuite entraînées dans les souterrains où on les découvre.

Ainsi les terrains clastiques, qui ont rempli, en tout ou en partie, les cavernes et les fissures à ossements, offrent généralement la même composition, la même nature que les dépôts diluviens des lieux environnants. Ils ont donc la même origine et sont du même âge; aussi la population, qui se trouve dans les deux ordres de dépôts, est-elle à peu près la même et offre-t-elle, aux localités près, les mêmes espèces d'animaux ou du moins des espèces analogues. Ces deux ordres de dépôts, tous deux formés par alluvion, ont été charriés et transportés dans les lieux où on les observe, non par une inondation marine, mais, au contraire, par des eaux douces et courantes.

Aussi, pour bien apprécier les causes qui ont opéré le remplissage des cavités souterraines, il faut avant tout reconnaître les inégalités des terrains qui les entourent,

s'assurer si des inondations, qui auraient eu lieu, auraient
pu entraîner, dans les fentes qui en sont rapprochées,
les limons, les graviers, les cailloux roulés et les ossements que l'on y découvre. Il faut également s'assurer s'il
existe quelque rapport entre les dépôts diluviens disséminés sur la surface du sol, et ceux que l'on observe dans
l'intérieur des fentes environnantes. Ce n'est que par la
connaissance de ces faits, et de tous ceux qui se rapportent à la topographie des lieux rapprochés des cavernes, que l'on peut se faire une idée juste du mode et
des causes qui ont opéré leur remplissage. C'est aussi sur
l'observation de ces faits que nous avons porté notre
attention dans l'examen des nombreuses cavernes à ossements que nous avons eu l'occasion de visiter dans nos
contrées méridionales.

Enfin d'autres phénomènes ont encore eu lieu dans les
cavernes, postérieurement à leur remplissage. Ainsi
plusieurs d'entre elles se sont en grande partie vidées
après avoir reçu les dépôts diluviens, soit par des ouvertures nouvelles produites par l'érosion des eaux, soit par
l'effet naturel de la pente du sol des lieux, où les matériaux d'alluvion avaient été entraînés. Cet effet se continue
encore dans un grand nombre d'entre elles, surtout dans
les cavernes, qui, par suite de l'inclinaison de leur sol,
reçoivent des affluents considérables.

D'un autre côté, ces affluents y apportent d'autres matériaux, et ce sont ces divers dépôts successifs d'âge et de
nature très-différente, qui jettent souvent de l'embarras
dans le classement de ces divers terrains d'alluvion, relativement à leurs époques de formation.

Pour reconnaître l'ancienneté des premiers, il est cependant un fait indépendant de celui qui résulte de la diversité des animaux que l'on voit dans l'un ou dans l'autre,
c'est la puissance, l'homogénéité et la généralité des premiers, relativement aux dépôts des temps historiques. Il

est en effet remarquable que les dépôts d'attérissement produits depuis cette époque n'ont acquis nulle part l'épaisseur, ni la généralité des dépôts des anciennes alluvions des temps géologiques. Aussi leurs effets ont été à peu près insensibles pour le remplissage des fentes et des cavernes, et il en est de même des ossements que les eaux actuelles ont entraînés dans nos souterrains.

Que l'on compare l'énorme quantité que l'on en découvre dans les cavernes, avec les débris des animaux que les inondations actuelles y amènent, et l'on sera frappé de la différence. Où trouver, en effet, une masse ossifère aussi considérable que celle des cavernes de Bize (Aude), ou dans les fissures à ossements de Sète, de Nice, d'Antibes et de Gibraltar? De pareils amas d'ossements n'auraient donc plus été formés depuis les temps historiques, ce qui est d'autant plus digne de remarque que, relativement aux ossements des dépôts diluviens, leur conservation n'a pas dépendu de la pétrification, puisque la plupart d'entre eux recèlent encore une assez grande partie de leur substance animale?

De pareils effets ne se produisent plus depuis les temps historiques. Ceux dont nous venons de parler, ont dû nécessairement être opérés par des causes plus énergiques que celles qui agissent aujourd'hui.

Pour expliquer ces phénomènes, l'on ne saurait admettre, que dans les anciens temps géologiques, la terre était peuplée par un plus grand nombre d'animaux, qu'à l'époque où se sont opérés les dépôts à ossements des cavernes. Cette hypothèse serait d'autant moins admissible, que les espèces qui ont été entraînées dans ces cavités, sont surtout celles dont l'homme a fait particulièrement la conquête et propagé les races. L'on sait assez que les espèces dominantes des cavernes sont les chevaux, les bœufs et les cerfs, comme les lapins dans les fissures à ossements; ce sont aussi les espèces que l'homme a soumises à la domestication, et dont il a singulièrement étendu le nombre par tous les moyens qui sont en son pouvoir.

L'on se demandera peut-être à quelle cause il faut attribuer la différence numérique des animaux domestiques que l'on observe dans les cavernes, au milieu des dépôts diluviens, comparativement au petit nombre de ceux qui y sont entraînés aujourd'hui par les alluvions. Sans prétendre résoudre cette question, qu'il nous suffise de faire observer que cette différence peut bien tenir à la plus grande énergie des causes qui agissaient encore lors de l'apparition de l'homme, énergie qui a occasionné les terribles inondations dont la dispersion des dépôts diluviens nous annonce assez la violence. Le défaut d'inhumation des espèces domestiques, ainsi que des races sauvages alors plus nombreuses, peut bien y avoir eu quelque influence; d'autant plus que les eaux, plus considérables à cette époque, devaient balayer une plus grande étendue de terrain, et entraînaient ainsi avec elles la plupart des débris jonchés sur le sol. Du moins l'excès des animaux domestiques, que l'on voit aussi bien au milieu des dépôts diluviens disséminés sur la surface du sol, comme dans le *diluvium* qui a été entraîné dans les cavernes et les fissures à ossements, annonce assez la nouveauté de ces dépôts, ainsi que le rapport qui existait déjà entre la population de cette époque et la population actuelle. Ce rapport est d'autant plus remarquable, qu'antérieurement à cette époque, rien d'analogue ne s'était présenté. Les débris de nos espèces domestiques existent en effet à peine dans les terrains tertiaires; ces débris y sont même si rares, que long-temps on a supposé que les chevaux et les bœufs, dont nous y avons aperçu le premier les restes, ne s'y trouvaient point. Ainsi tous les faits bien examinés nous apprennent que le remplissage des cavernes et des fissures à ossements a eu lieu à une époque peu éloignée

de la période actuelle, et lorsque déjà l'homme avait
soumis à son empire un assez grand nombre d'animaux.
Quant aux derniers changements ou aux dernières modifications qui ont eu lieu dans les cavités souterraines, ils
se rattachent aux dépôts successifs de calcaire concrétionné qui s'y sont produits depuis leur remplissage. Ces
dépôts ont souvent formé une couche assez épaisse au-
dessus du terrain clastique d'agrégation, et en le recou-
vrant ainsi, ils ont rendu la découverte des ossements qui
s'y trouvent plus difficile.

Les effets de ces eaux ne se sont point bornés à opérer
ce glacis stalagmitique; elles ont également revêtu, comme
les plus anciens de leurs dépôts, les plafonds, les parois
des cavernes, et y ont produit d'abondantes stalactites et
stalagmites. A la même époque, ont été entraînés dans
ces cavités, des terrains d'attérissements, parmi lesquels
l'on découvre parfois des ossements d'animaux des temps
historiques, ossements qui, ainsi que nous l'avons déjà
fait remarquer, n'y sont jamais dans des proportions
aussi considérables que le sont ceux des temps géologiques.

CHAPITRE II.

DE L'ÉPOQUE DE LA DISPERSION DES LIMONS A OSSEMENTS ET DES DÉPÔTS DILUVIENS.

Les faits les plus positifs nous ont porté à assimiler les
terrains clastiques d'agrégation, effondrés dans les diverses cavités ou fentes souterraines, aux dépôts diluviens,
c'est-à-dire à ceux qui ont été dispersés lors des dernières

grandes inondations qui ont ravagé la surface de la terre;
mais nous n'avons pas fixé cette époque, et cependant
c'est là un des points les plus essentiels de la question qui
nous occupe.

En examinant les divers dépôts déplacés et transportés,
ou produits aux dépens des autres roches, on reconnaît
aisément que ces terrains, composés de cailloux roulés,
de roches fragmentaires et de blocs isolés, appartiennent
à trois époques différentes.

Les plus anciens, ceux que nous nommerons de *transport*, pour les distinguer des autres terrains produits par
des causes semblables, sont constamment recouverts par
des dépôts stratifiés, à moins qu'ils n'appartiennent à des
contrées dans lesquelles l'on ne voit aucune trace des formations plus jeunes qu'eux. Ces terrains ont généralement
une plus grande solidité que ceux de même nature qui
leur sont postérieurs; du moins ils ne se présentent
jamais à l'état meuble comme ces derniers.

A la seconde époque, contemporaine de l'apparition
de l'homme, et dont la date est par conséquent beaucoup
plus récente, se rapportent les terrains d'alluvion, nommés aussi dépôts diluviens. Ces terrains ont cela de particulier, de n'être jamais recouverts par aucun dépôt
régulier stratifié. Ce caractère sert à les distinguer des
premiers, produits depuis la fin des dépôts des terrains
de transition ou intermédiaires, jusqu'à celle qui a terminé la période tertiaire.

Ceux-ci se montrent le plus généralement à l'état
meuble; quelquefois cependant le ciment qui a réuni les
cailloux roulés et les roches fragmentaires dont ils sont
composés, a pris une assez grande dureté; alors ces terrains ont acquis une solidité plus ou moins considérable.
Dans d'autres circonstances, ils sont uniquement formés
par des blocs de roches, souvent d'un grand volume,
lesquels blocs isolés et erratiques, n'ont aucun rapport,

par leur nature ou leurs formations, avec celle des
terrains, au milieu desquels on les observe disséminés.
La grosseur de ces blocs, l'éloignement des lieux dont ils
paraissent provenus, font supposer aux anciennes inondations une violence tout autre que celle que l'on reconnaît
aux inondations actuelles.

Mais à quels caractères peut-on distinguer les terrains
d'alluvion, des terrains d'attérissement produits postérieurement aux premiers, et qui n'ont jamais cessé de se
précipiter depuis les temps historiques?

Cette distinction est d'autant plus difficile, que les uns
et les autres sont souvent composés des mêmes limons et
des mêmes roches, soit roulées, soit brisées. A défaut de
caractères minéralogiques, il faut donc s'aider des caractères géologiques; en effet, ces derniers permettent,
dans la plupart des cas, de distinguer ces deux terrains
entre eux.

L'on remarque d'abord que les dépôts diluviens ont
une direction assez généralement bien déterminée, et
par conséquent constante. Ils se montrent également disséminés sur des espaces beaucoup plus considérables, et
leur épaisseur est aussi bien plus grande. Quant à leur
élévation, elle paraît moindre que celle où l'on découvre
des terrains d'attérissement, probablement à cause de la
violence et de la rapidité des eaux courantes qui les ont
produits.

Lorsque ces dépôts se montrent à l'état meuble, les
cailloux roulés et les roches fragmentaires de leurs limons
offrent assez fréquemment un volume intermédiaire entre
les gros blocs et les sables fins des terrains d'attérissement. Les cailloux roulés des dépôts diluviens sont en
effet le plus constamment pugillaires, rarement céphalaires et presque jamais métriques. D'un autre côté, on
les voit peu souvent à l'état de sables; et les blocs des
roches qu'ils renferment ont cependant une moindre

grosseur que ceux que les attérissements actuels entraînent à la base des montagnes. Ces faits nous annoncent
que les anciennes inondations ont dû agir d'une manière
plus violente et plus prompte que les inondations actuelles. En effet, les effets de celles-ci semblent se pré-
parer d'une manière constante pendant des espaces de
temps plus considérables, du moins si l'on y comprend
tous les résultats qui depuis les temps historiques ont
dépendu de l'action continue des eaux courantes sur la
surface de la terre.

Aussi, en examinant avec attention les cailloux roulés,
entraînés par les eaux actuelles, on les voit plus arrondis, à surface moins raboteuse et plus unie que celle des
galets charriés et entraînés par les anciennes alluvions.
Ceux-ci, quoique offrant généralement leurs angles
émoussés et leurs contours même assez souvent arrondis,
rappellent cependant la forme qu'ils avaient à l'état
fragmentaire ; leur surface, plus inégale, est également
plus hérissée d'aspérités. Aussi, peut-on, dans certaines
circonstances, douter, en quelque sorte, que les galets
des anciennes inondations aient été réellement roulés,
tandis que l'on n'est jamais dans l'incertitude pour ceux
qui se rattachent à l'époque actuelle.

Ces caractères permettent de distinguer, dans la plupart des cas, les dépôts diluviens des terrains d'attérissement produits à l'époque actuelle. Mais à quels signes
peut-on discerner les différentes époques auxquelles
appartiennent les premiers de ces dépôts? C'est ce qu'il
est difficile de dire ; cependant, quoique le *diluvium* ait
été dispersé sur la surface de la terre pendant une seule
et même période, il n'est pas probable, soit d'après les
faits géologiques, soit d'après les faits historiques, que
tous les *diluvium* soient de la même époque.

En effet, les limons à ossements, disséminés dans les
cavernes de l'ancien continent, n'ont offert, jusqu'à

5

présent, aucun type de forme, ou aucun genre totalement différent de ceux qui vivent actuellement, mais
seulement des espèces inconnues dans la nature vivante.
Ceux, au contraire, qui ont rempli en tout ou en partie
les fentes verticales de nos rochers, recèlent un certain
nombre de genres détruits, différence trop remarquable
pour ne pas dépendre de la diversité d'époque dans la
dispersion de ces limons. Peut-être les brèches osseuses,
quoique de la même période que les cavernes à ossements,
sont-elles d'une autre époque et sont-elles plus anciennes,
ce que semblerait assez bien indiquer leur nature miné-
ralogique. Du moins les brèches osseuses présentent généralement une moindre quantité de cailloux roulés, de
graviers et de sable, que les limons à ossements des cavités souterraines, et leur solidité est également plus
considérable. Ces limons ne se montrent à l'état meuble
que dans quelques circonstances assez rares, tandis que
l'état pulvérulent ou de désagrégation complet, est au
contraire le caractère le plus général de ceux des cavernes.

Du reste, ces deux ordres de phénomènes, dépendant
de l'action des eaux courantes, ont dû avoir lieu, non
d'une manière instantanée, mais successive, comme ceux
qu'elles produisent encore aujourd'hui. Ainsi, les effets
opérés depuis les temps historiques sur la surface du
globe par les eaux courantes, quoique se rattachant à
une même période, sont loin d'être tous de la même
époque; pourquoi dès lors ne pas supposer qu'il en a été
également dans les temps géologiques? On le doit d'autant plus, ce semble, que les anciennes alluvions n'ont
pas entraîné constamment les mêmes matériaux, du
moins relativement à leur disposition et à leur ensemble,
ni les mêmes genres de débris organiques.

Cette supposition est d'autant plus admissible, que les
faits historiques semblent devoir nous faire admettre plusieurs sortes de cataclysmes, parmi lesquels il y en aurait

eu un dont la puissance, plus considérable, aurait aussi
opéré les effets les plus étendus. L'on concilierait du
moins de cette manière les faits historiques avec les faits
géologiques, ce qui n'est pas sans importance.

Les moraines de pierres qui se forment d'une manière
constante au pied des grandes hauteurs, comme les
nombreux attérissements de nos grands cours d'eau, sont
encore une preuve de l'exactitude des faits que nous venons
de rapporter. Les moraines se montrent en effet composées
de blocs de roches, constamment d'un assez grand volume, et de dimensions bien supérieures à celles des plu-
gros cailloux roulés ou des plus forts blocs de roches
fragmentaires des dépôts diluviens. De même, outre que
les sables ne sont guère répandus dans ces sortes de dépôts, ils n'ont jamais l'extrême ténuité ni la finesse de
ceux que produisent nos attérissements actuels. Ainsi,
dans les temps géologiques, les moraines ne paraissent
pas avoir été produites au pied des hautes montagnes,
pas plus qu'il ne s'est déposé nulle part des sables aussi
fins que ceux qu'entraînent nos attérissements actuels.
Il nous serait facile d'en faire saisir la raison, mais les
détails dans lesquels nous serions obligés d'entrer, nous
écarteraient trop de notre sujet, pour nous le permettre.

Deux grandes exceptions se présentent cependant, et
ces exceptions sont trop remarquables pour les passer
sous silence. La première est relative aux blocs erratiques
dispersés en si grand nombre sur le sol du nord de l'Europe. D'abord, ces blocs ne sont point disséminés dans
des limons, et par conséquent leur transport n'a pas été
accompagné des mêmes circonstances que le déplacement
des autres dépôts diluviens. Dès lors les phénomènes qui
se rapportent à leur transport et à leur dispersion, quoique s'étant opérés à la même époque, n'ont rien de commun. Aussi, quant à leurs effets, ils ne sauraient être
comparés à ceux que nous étudions dans ce moment.

Il en est de même de ces immenses amas de sable qui couvrent principalement les déserts de l'Afrique. Leur étendue et leur puissance annoncent assez que des eaux courantes seraient impuissantes pour les produire, car il faudrait leur supposer une continuité d'action, que rien ne démontre, et qui contrarierait même les faits les mieux établis. Ces sables paraissent être en effet des relaissées de l'ancienne mer, dans le sein de laquelle ils ont pu se précipiter jusqu'au moment où, abandonnés par elle, ils ont été mis complètement à nu.

Ainsi, ces exceptions ne sont qu'apparentes, et ne sont nullement en opposition avec les faits que nous avons établis pour distinguer les dépôts d'attérissement.

Il existe encore d'autres caractères qui facilitent cette distinction. Ces caractères sont relatifs à la différence des populations des deux sortes de dépôts. Sans doute, les terrains d'alluvion comme ceux d'attérissement, recèlent des espèces analogues et même tout à fait identiques avec nos races actuelles ; mais les premiers en offrent à peu près seuls d'entièrement différentes, et qui semblent n'avoir plus de représentants sur la terre. Dès lors, ce caractère, ajouté à ceux que nous avons donnés, permet de distinguer les dépôts diluviens des terrains d'attérissement proprement dits, qui n'ont jamais cessé de se produire depuis les temps historiques.

La dispersion des limons à ossements ayant eu lieu à la même époque que celle des dépôts diluviens, cette dernière donne celle de la première dispersion. Or, tous les géologues sont d'accord sur ce point, que les dépôts diluviens sont les derniers ou les plus récents de ceux qui ont eu lieu pendant la période quaternaire, celle qui a terminé les temps géologiques.

C'est pendant cette période que l'homme a apparu sur la terre pour la première fois ; et le petit nombre des débris de notre espèce qui se rapportent à cette époque

reculée, annonce assez que l'homme était pour lors
généralement peu répandu.

Mais nous reviendrons plus tard sur cette présence
des débris humains dans les dépôts diluviens, cette
présence faisant naître les plus belles et les plus intéres-
santes questions.

CHAPITRE III.

DES OSSEMENTS DES CAVERNES ET DES FENTES, ET DES CAUSES QUI LES Y ONT ENTRAÎNÉS.

Nous avons jusqu'à présent envisagé les cavernes et les
fentes presque indépendamment des ossements que l'on
y rencontre; mais la présence d'ossements, dans certaines d'entre elles, est un phénomène trop important,
pour ne pas en étudier avec soin toutes les circonstances.

Pour mettre de l'ordre dans la discussion à laquelle
nous allons nous livrer, nous examinerons, en premier
lieu, l'état dans lequel se présentent les ossements, ce
qui nous amènera à reconnaître s'ils ont été transportés
dans les lieux où on les observe, ou s'ils y ont été entraînés par des carnassiers. Dans le cas où nous pourrons
supposer qu'ils ont été charriés avec les terrains d'alluvion
qui les accompagnent constamment, nous nous demanderons si ces terrains ont subi un transport long et
prolongé, et si les animaux que l'on y rencontre sont
venus de loin.

Ces faits nous amèneront à reconnaître s'il existe quelques relations entre les limons et les ossements qu'ils
renferment, comme entre la position et le genre de

formation des cavernes et des fissures, et la population qui
y a péri. Nous étudierons ensuite les caractères généraux
de cette population, et nous verrons que l'abondance des
races domestiques en est un des traits les plus distinctifs
et les plus spéciaux.

Comme ces races, soumises aujourd'hui à notre empire,
se montrent modifiées dans les débris qu'elles ont laissés
dans les cavernes, elles nous serviront à fixer la date de
la domestication des espèces, celle de l'apparition de
l'homme, enfin l'époque où les dépôts diluviens ont été
dispersés. Ainsi l'étude des cavernes et des phénomènes
qui s'y rapportent, deviendra pour nous un supplément
à l'histoire, puisque cette étude nous permettra de fixer
plusieurs points sur lesquels on est encore dans l'incertitude.

Enfin, comme complément de notre travail, nous
donnerons une idée sommaire des principales cavernes
qui existent dans les différentes parties du monde, ainsi
que l'énumération des divers animaux auxquels se rapportent les débris organiques que l'on y rencontre.

SECTION PREMIÈRE.

1° DE L'ÉTAT DES OSSEMENTS DES CAVERNES ET DES BRÈCHES
OSSEUSES.

Les ossements des cavernes et des fentes verticales s'y
montrent généralement brisés, fracturés et dispersés,
sans aucun rapport de position, avec les squelettes auxquels ils ont appartenu. Du moins, jusqu'à présent, on ne
connaît qu'un seul exemple d'un squelette à peu près
entier : c'est celui du rhinocéros qui a été découvert dans
la caverne de Dreamcave, en Angleterre, lequel paraît

y avoir été entraîné avec les terrains d'alluvion , dans
lesquels il a été enseveli.

Ces ossements se montrent assez généralement brisés
et rompus de mille manières différentes ; on les voit
également couverts de fissures plus ou moins profondes.
Rarement usés et arrondis , ils ne paraissent pas avoir été
roulés avec violence , et charriés par l'effet d'un transport
long-temps prolongé. Quelques os ont dû pourtant avoir
été roulés , puisque leurs contours sont arrondis et leurs
angles complètement émoussés. Mais cette circonstance
est loin d'être générale comme celles que nous avons
énumérées.

Enfin plusieurs d'entre eux semblent également avoir
été brisés ou entamés par la dent d'un animal carnassier;
cette particularité est du reste beaucoup plus rare encore
que leur forme arrondie. Elle ne se reproduit, en effet ,
que dans certaines cavernes , où l'on découvre des
hyènes , des loups et des renards , et encore peu fréquemment.

Les mêmes lieux où l'on observe des os , comme empreints de morsures, offrent également un assez grand
nombre de coprolythes ou de fœces fossiles, produites par
les animaux qui ont l'habitude de dévorer et de ronger
les os. Ces excréments ou fœces, nommés *album græcum*,
ont pu facilement se conserver par suite de leur solidité
et de leur dureté, étant à peu près entièrement composés
de phosphate et de carbonate calcaire. Leur forme a aussi
rendu leur transport facile ; du reste il en est de même
de celles que produisent encore les espèces actuelles ,
dont les habitudes sont analogues.

Les ossements se montrent généralement mêlés et dispersés sans ordre avec les débris des roches, soit anguleux,
soit arrondis , disséminés dans la masse générale des
limons. Ils y sont confondus , sans aucun rapport de position, avec la place qu'ils occupaient dans le squelette ;

quelquefois on retrouve des fragments du même os, plus
ou moins éloignés les uns des autres, en sorte que jamais
on ne peut parvenir à reconstruire un membre quelconque, et encore moins par conséquent le squelette
entier d'un animal. Aussi retrouve-t-on bien peu d'os
en connexion, et l'on ne peut guère citer d'autre exception, à cette loi générale, que celle qui nous est fournie
par le rhinocéros de Dreamcave. Ce défaut de connexion
a aussi bien lieu pour les os des carnassiers que pour
ceux des herbivores. D'après cette disposition générale,
les os y seraient non seulement sans aucun rapport de
position avec le squelette dont ils faisaient partie, mais
même avec les mœurs et les habitudes des espèces auxquelles ils avaient appartenu. Ainsi, par exemple, à
côté d'un fragment de castor, de loutre ou de lapin, on
découvre souvent des os de loup, de cerf, de cheval ou
même de rhinocéros. De même à côté d'un os de hyène
ou de lion, l'on trouve des os de tortue ou de crapaud,
ou, enfin, de bœuf et d'éléphant.

Les débris des espèces les plus différentes et les plus
disparates, sous le rapport de leurs mœurs et de leurs
habitudes, y sont donc dispersés de la manière la plus
complète et la plus confuse. Le mélange des os est tellement grand, qu'il ne peut guère s'expliquer qu'en supposant qu'ils y ont été entraînés par des eaux courantes,
ou que, si les espèces auxquelles ils se rapportent y ont
vécu, leurs débris ont été dispersés sans ordre, par des
eaux également courantes, qui y seraient arrivées plus
tard. Nous verrons dans la suite quelle est celle de ces
deux suppositions qui semble la plus probable.

Souvent cependant les limons à ossements, malgré la
confusion des roches roulées ou anguleuses qui en font
partie, et des débris organiques qui les accompagnent,
se montrent disposés en couches régulières, et bien dis-
tinctivement stratifiées. D'après le peu d'épaisseur de ces

couches, il semble que ces dépôts ont dû s'opérer successivement et même avec une certaine régularité.

Quelquefois, dans les mêmes cavités souterraines, on voit les limons à ossements, au lieu d'être disposés par couches successives, composer une sorte de masse ossifère ou former une brèche osseuse. Ces masses et ces brèches occupent en général les parties les plus basses des cavernes, ou en remplissent les fissures ou les fentes les plus étroites. Souvent encore leur surface est généralement horizontale, ce qui leur donne l'apparence d'une masse sédimenteuse, épaisse, tenue en suspension dans un liquide, lequel, en s'introduisant dans les cavernes, en aurait rempli toutes les cavités.

Dans d'autres circonstances, l'on observe, sur le sol horizontal des cavernes, des amas assez élevés, composés de masses anguleuses de calcaires, liées par un ciment rougeâtre, semblable à celui du sol. Ces amas, recouverts et liés de nouveau par des stalactites, offrent en général un grand nombre d'ossements.

Du reste, les ossements ne s'y montrent point disséminés, sans quelques rapports avec les terrains clastiques qui les renferment. Ces rapports sont d'autant plus curieux à observer, qu'ils facilitent singulièrement la recherche de ces mêmes ossements.

En général, les débris des êtres vivants se montrent d'autant plus nombreux et d'autant plus abondants, non pas, comme on pourrait le présumer, auprès des ouvertures des cavernes, mais dans les parties les plus rapprochées de l'arrivée des courants. On les voit, par cela même, accumulés dans les lieux où existe la plus grande quantité de cailloux roulés ou de roches fragmentaires ; aussi leur nombre diminue-t-il d'une manière extrêmement sensible dans toutes les parties, où l'on ne voit ni galets, ni roches en éclats ; souvent même l'on n'y en rencontre plus ou presque plus.

Enfin, les débris organiques se montrent, par cela même, principalement dans les points les plus bas, vers les parois, c'est-à-dire dans toutes les parties qui ont pu les arrêter et les retenir. On les y voit même accumulés, souvent à tel point qu'on pourrait supposer qu'ils y ont été rassemblés à plaisir.

Cette circonstance se reproduit pour tous les restes organiques ; elle est surtout frappante pour ceux qui, comme les pelottes d'*album græcum*, offrent une forme arrondie, ou sont d'un transport facile.

Aussi, le plus grand nombre d'ossements existe-t-il en général dans les couloirs les plus étroits et les plus profonds, ainsi que dans les fissures les plus resserrées. La recherche des débris organiques y est donc la plus fructueuse, et c'est presque toujours là que l'on découvre les restes des animaux les plus différents, même assez souvent les fragments les moins brisés.

La présence d'un glacis stalagmitique, répandue d'une manière plus ou moins uniforme sur les limons, est aussi généralement une bonne indication de la présence des ossements. Ce glacis en annonce bien l'existence, mais il ne nous apprend point cependant dans quelle ou quelle partie des cavités l'on peut espérer d'en découvrir des quantités plus ou moins considérables. Il faut, à cet égard, se diriger d'après les indications que nous venons de donner.

Quant aux os considérés sous le rapport de la nature et de leur conservation, ils renferment encore toute leur substance inorganique ; la plus grande partie de leur substance animale a seule disparu. Il en est de même de ceux qui offrent encore leur substance spongieuse ou médullaire.

Les os ensevelis dans les cavités souterraines ne sont donc jamais pétrifiés ; même ceux que l'on voit pénétrés et recouverts par des calcaires concrétionnés. Aussi

sont-ils généralement plus cassants et plus friables que
les os récents, dont ils se distinguent encore assez généralement par la propriété de happer à la langue. Les
ossements des fentes verticales offrent les mêmes caractères que ceux des cavernes, quoiqu'ils se soient trouvés
dans des circonstances plus favorables pour se transformer
en substance plus pierreuse que celle qui les compose
dans leur état frais. Les uns et les autres sont parfois
revêtus d'une croûte plus ou moins épaisse de calcaire
concrétionné, lequel s'est également introduit dans les
fissures et jusque dans les cavités des os longs.

Généralement les os des cavernes, comme ceux des
fentes, offrent de nombreuses et profondes fissures. Ces
fissures se montrent assez constamment remplies par les
limons, lesquels ont pénétré jusque dans les moindres
trous et les moindres cavités des os. Leur remplissage par
les limons est souvent tellement complet, qu'il n'a pu
s'opérer qu'avec la décomposition des parties molles qui
les recouvraient, et surtout après celle de leur substance
médullaire. Or, cette décomposition n'a pu s'opérer qu'au
dehors des souterrains où l'on rencontre ces ossements;
car, la température constante des cavernes, surtout de
celles qui, comme les cavernes de Lunel-Viel, ont été
mises à l'abri de l'air extérieur, y rend toute putréfaction
à peu près impossible. D'ailleurs il aurait fallu qu'elle
fût extrêmement rapide; du moins les limons semblent
n'avoir pu s'y introduire que pendant qu'ils étaient en
suspension dans l'eau, état de suspension qui n'a pu
durer long-temps.

Mais les fissures dont les os sont empreints, ont-elles
pu s'opérer dans l'intérieur des cavernes, ou n'ont-elles
pas plutôt été produites par l'effet des agents extérieurs?
C'est ce qu'il convient d'examiner. Il est de fait que la
température de la plupart des cavités souterraines est à
peu près constante, comme celle des autres souterrains,

et surtout celle des limons qui s'y trouvent ensevelis.
Dans un grand nombre d'entre elles, il en est de même
de l'humidité ; en effet, lorsqu'on y place des thermomètres et des hygromètres, on voit ces instruments rester,
à peu de chose près, tout-à-fait stationnaires comme ceux
que l'on porte dans les caves ou dans les lieux profonds.

Or, l'expérience ne démontre pas moins que de pareilles fissures ne peuvent se produire dans des os frais
que par les alternatives du chaud et du froid, comme
par celles de la sécheresse et de l'humidité. Ces circonstances ne s'étant pas reproduites pour les ossements qui
se rapporteraient à des espèces qui auraient vécu dans
des cavernes, ou pour ceux qui y seraient arrivés sans
avoir éprouvé la moindre fente, il faut que celles qui se
trouvent sur les os ensevelis dans ces cavités, aient été
opérées au dehors et sur la surface du sol sur lequel
gisaient les squelettes auxquels ils se rapportent.

S'il en est ainsi, il s'ensuit nécessairement que les os
qui ont été entraînés dans les fentes verticales, y ont été
charriés, non seulement dépourvus de toutes leurs parties molles, mais après avoir séjourné assez de temps
sur le sol pour ressentir toutes les influences des agents
extérieurs. En un mot, les ossements seraient arrivés dans
les grottes, non pas revêtus de leurs chairs et de leurs
téguments, mais à l'état de squelette, et même le plus
souvent comme des os isolés et séparés de leurs parties
correspondantes.

Du reste, pour que le remplissage des os eût lieu, il
aurait fallu, ainsi que nous l'avons déjà fait observer, que la putréfaction eût détruit tout le tissu médullaire, de manière à laisser l'intérieur complètement
vide ; car, dans toute autre circonstance, ils n'auraient
pu évidemment se remplir. Pour s'en convaincre, il suffit
de mettre en macération des os frais dans l'eau de chaux
complètement saturée : tant que la matière médullaire

n'est pas entièrement détruite, il ne s'opère pas la moindre précipitation de chaux dans leur intérieur. Ce n'est, en effet, que lorsqu'elle est entièrement décomposée que cette précipitation a lieu, mais seulement lorsqu'on agite l'eau dans laquelle on a fait macérer les os.

En effet, si les animaux dont les ossements sont couverts de nombreuses fissures, par lesquelles le limon s'y est introduit ainsi que par les trous nourriciers, de manière à en boucher jusqu'aux plus petites cavités, y avaient réellement vécu, ces ossements, revêtus de leur chair et de leurs téguments, n'auraient pu se fendiller, les circonstances extérieures sous l'influence desquelles ils se seraient trouvés étant restées constamment les mêmes. En supposant encore que ces circonstances eussent varié, comment l'introduction du limon aurait-elle pu s'effectuer par ces ouvertures si étroites? Serait-ce au moment où le courant arrivait avec d'autant plus de violence que les eaux n'y étaient entraînées qu'en raison de la pente? Cela pourrait être tout au plus présumable pour certains de ces ossements, mais non pour la totalité, d'autant que les cavernes ne sont point des espaces généralement d'une fort grande étendue.

Ainsi, par exemple, dans celle de Lunel-Viel, dont la longueur n'est guère au-delà de 150 mètres, et la largeur la plus considérable entre 10 et 12 mètres, la plupart des os que l'on y rencontre sont chargés de fissures plus ou moins profondes, et les plus petites cavités de ces os y sont remplies par un limon généralement d'une finesse extrême. La température et l'humidité ont dû y être d'autant plus constantes et d'autant plus uniformes, que toutes les ouvertures de cette cavité ont été obstruées et complètement fermées. Aussi, sommes-nous encore à en rechercher les ouvertures naturelles; car l'on est arrivé dans leur intérieur qu'après avoir enlevé une épaisseur de calcaire marin tertiaire d'environ huit mètres, qui en

formait un des parois ou massifs latéraux. Or, comment
supposer que dans de pareilles circonstances les os aient
pu se fendiller, si la plupart des animaux auxquels ils se
rapportent y avaient réellement vécu, ou s'ils y avaient
été charriés à l'état frais par des carnassiers?

D'ailleurs, comment les limons auraient-ils pu s'introduire dans l'intérieur de ces os par l'action lente de leurs
dépôts successifs, action qui a dû être graduée, puisque
ces limons se montrent distinctement stratifiés? Pour
concevoir cette action, il faut admettre 1° que leur intérieur a été vidé par les effets de la putréfaction; et
2° une force assez grande et assez violente dans les eaux,
pour tenir un limon assez long-temps en suspension pour
l'y faire pénétrer. Quoique les anciennes alluvions soient
arrivées dans ces souterrains avec une pareille violence,
leur action aurait été trop instantanée pour produire sur
les os frais, plus ou moins revêtus de leurs chairs, des
effets semblables à ceux que nous cherchons à expliquer.

Les fissures et le limon qui a rempli l'intérieur des os
des cavernes existent également dans ceux des brèches
osseuses. Comme ces derniers ossements se rapportent
évidemment à des animaux qui, d'après leur nombre et
souvent aussi d'après leur taille, ne peuvent avoir vécu
dans les fentes étroites où on les rencontre, et que
leur altération est absolument la même, il est probable
qu'il en a été des premiers comme des seconds.

Mais pourquoi tant insister sur ces faits, puisqu'il est
si peu de souterrains où les hyènes soient en assez grande
quantité pour faire supposer que ces cavités ont été leurs
charniers? Ainsi, par exemple, dans le midi de la France,
les cavernes de Lunel-Viel sont les seules où les débris de
ces animaux et leurs excréments soient en assez grand
nombre pour faire admettre une pareille supposition.
La présence des excréments des hyènes est loin de prouver que les lieux où on les découvre ont été leurs repaires,

car il n'en est pas des carnassiers comme des herbivores. Les premiers font rarement leurs excréments dans les lieux qu'ils ont choisis pour leurs demeures, tandis qu'il en est tout différemment des seconds.

Du reste, en cherchant à établir approximativement dans quelle proportion se trouvent les hyènes dans les cavernes dont nous venons de parler, on voit que, quoiqu'il y ait jusqu'à trois espèces appartenant à ce genre, on n'y en a pas pourtant découvert plus de dix ou douze individus. Cette quantité paraît bien peu considérable relativement à la proportion des débris des chevaux, des bœufs et des cerfs que l'on trouve dans les limons où l'on voit d'autres carnassiers plus forts et plus terribles que les hyènes ; probablement aussi est-elle sans importance, et tient-elle uniquement à la position des cavernes de Lunel-Viel, ainsi que nous le ferons remarquer plus tard.

Les hyènes paraissent si peu la cause de cet étrange rassemblement que, non seulement l'on en voit de pareils dans l'ancien continent et dans une infinité de cavités souterraines où l'on ne découvre pas la moindre trace de ces animaux, mais encore de semblables réunions sont tout aussi nombreuses à la surface du sol dans une infinité de lieux différents. Les cavernes à ossements existent enfin dans le Nouveau-Monde et la Nouvelle-Hollande, et cependant les hyènes ne s'y montrent pas plus dans ces contrées à l'état vivant qu'à l'état fossile et humatile. D'ailleurs, si les hyènes avaient été la cause d'une aussi étrange réunion que celle que présentent certaines cavernes, où l'on voit réunis dans la même enceinte des mammifères terrestres et fluviatiles, de mœurs et d'habitudes les plus différentes, avec des reptiles, des oiseaux de rivage et d'autres espèces, vivant habituellement sur les terres sèches et découvertes, comment n'en opéreraient-elles pas encore de pareils ?

En effet, si les hyènes actuelles, loin d'emporter dans
leur repaire les animaux dont elles font leur pâture, les
dévorent sur place par suite de leur férocité et de leur
gloutonnerie, dès lors, comment en aurait-il été autrement dans les temps géologiques? On ne peut guère, ce
semble, le supposer qu'en admettant des habitudes différentes aux anciennes hyènes, ce qui paraît peu probable.

D'après les observations de M. Knox, les deux espèces
d'hyène d'Afrique n'emportent jamais leur proie, ni dans
des souterrains ni ailleurs. Elles les dévorent au contraire
constamment sur place, en s'attachant de préférence aux
animaux morts de maladie ou à leurs débris. Leurs petits
les suivent même souvent dans leurs courses, et ni les
uns ni les autres n'attaquent jamais les animaux vivants(1).

Ce naturaliste rapporte plusieurs faits à l'appui de ce
qu'il avance, comme en ayant été le témoin. Pendant
son séjour en Afrique, il tua à plusieurs reprises des
rhinocéros et des hippopotames; ayant eu l'occasion de
repasser dans les mêmes lieux, il a constamment retrouvé
les squelettes de ces animaux sur la place où ils avaient
péri. De même, en 1819, une hyène qui faisait de grands
ravages dans les environs du Cap, dévorait le bétail sur
place et à peu de distance des fermes. Les seuls carnassiers qui, d'après M. Knox, emportent leur proie dans
leurs repaires, sont d'une part le lion, et de l'autre la
panthère (2).

Du reste, en supposant aux hyènes des habitudes tout
autres, il faudrait encore prouver que ces animaux sont
assez forts et assez courageux pour oser attaquer des
rhinocéros, des éléphants, ainsi que des troupeaux d'aurochs, de bœufs et de chevaux. Or, l'on sait assez que

(1) Il en est de même des hyènes, que nos expéditions en Afrique et
particulièrement à Alger, nous ont donné l'occasion d'observer.

(2) Bulletin de M. de Férussac, tome IV, page 95.

ces dernières espèces , lorsqu'elles sont libres et réunies ,
résistent aux plus forts et aux plus intrépides des carnassiers, c'est-à-dire aux tigres et aux lions; ce qui rend
peu probable l'opinion qu'elles aient pu être attaquées
par les hyènes , dont la poltronnerie égale du reste la
voracité.

L'on a invoqué enfin plusieurs autres genres de preuves
pour prouver l'influence qu'avaient eue les hyènes dans
ce genre de phénomènes. Ces preuves sont : 1° la présence
des excréments de ces animaux dans les mêmes souterrains où l'on voit leurs débris ; 2° les traces des coups de
dents que l'on observe sur un grand nombre d'ossements
des autres espèces qui se montrent ensevelis avec elles.

La forme de ces excréments , généralement arrondie ,
et leur solidité , font aisément concevoir leur transport
avec les limons qui les enveloppent, et d'autant que ceux
qui se rapportent aux hyènes sont loin d'être les seuls
que l'on y découvre. Les fæces des différentes espèces du
genre chien y sont du reste à peu près aussi abondantes
que celles des hyènes. Comment dès lors supposer que des
grandes espèces du genre chien , ainsi que des loups et
des renards , aient pu vivre de bonne intelligence avec
les hyènes , et cela dans des espaces aussi resserrés que
le sont les cavités souterraines, et particulièrement celles
de Lunel-Viel ?

Ce fait est d'autant moins admissible pour ces cavités ,
que l'on y découvre en outre une foule d'autres carnassiers beaucoup plus formidables que nos races actuelles :
tels sont, par exemple, les lions ou les tigres, les
panthères et les ours. Les proportions ou la stature de
ces anciennes races, étaient du reste bien supérieures
à celles qu'offrent les espèces analogues actuellement
vivantes.

Si donc les excréments des animaux qui ont l'habitude
de dévorer les os , ont été entraînés dans les souterrains ,

6

cela a dépendu de leur solidité et de leur dureté ; car ces animaux ont des habitudes trop décidément carnassières , pour admettre qu'ils ont pu vivre en bonne intelligence avec les espèces auxquelles leurs débris se montrent réunis , et surtout dans des espaces aussi resserrés.

On le peut d'autant moins que, parmi les têtes d'hyènes découvertes dans les cavernes de Lunel - Viel et de Gaylenreuth , il en est deux qui démontrent en quelque sorte le contraire. Ces têtes offrent sur la partie latérale du crâne une ouverture profonde , intéressant toute l'épaisseur de l'angle supérieur et postérieur du pariétal , ouverture produite par la dent de quelque autre grand carnassier. Cette blessure n'a pas été mortelle ni pour l'une ni pour l'autre de ces hyènes; dès lors il serait étonnant que ces animaux eussent été mourir dans les mêmes souterrains où ils auraient été blessés. Quoi qu'il en soit, ce fait n'en annonce pas moins que ces animaux étaient loin de vivre en parfaite harmonie , d'autant que les hyènes s'attaquent mutuellement, et à plus forte raison les espèces différentes.

Quant aux os qui paraissent montrer des coups de dents , ces traces ne prouvent absolument rien, du moment qu'il est prouvé que les animaux dévorent leur proie sur place et ne l'emportent point dans leurs re-paires. Ce que nous savons des mœurs des hyènes est à peu près analogue aux habitudes des loups et des renards qui en font de même , à moins qu'ils ne soient poursuivis, et qu'ils ne craignent de voir leur proie leur échapper, ou enfin qu'ils aient à pourvoir à la subsistance de leurs petits.

Dès lors les os, en partie rongés , ont pu tout aussi bien être abandonnés par ces divers animaux sur le sol d'où ils ont été transportés , que laissés dans les souterrains où on les découvre. Du reste, lors même que quelques hyènes auraient emporté dans les cavernes les ossements

qui semblent rongés, cette circonstance serait toujours
impuissante pour expliquer l'accumulation dans ces souterrains de tant d'animaux de mœurs et d'habitudes
diverses.

L'on trouvera peut-être que nous nous sommes trop
étendu sur ce sujet ; mais nous avons cru le devoir, cette
objection étant la seule un peu sérieuse que l'on ait pu
faire à l'opinion qui considère l'entraînement des limons
à ossements dans les cavernes, comme un fait géologique
soumis aux lois les plus simples et les plus générales.

Les débris des hyènes sont loin de se trouver uniquement dans les cavernes, ainsi que leurs excréments : on
en observe, en effet, dans les terrains tertiaires marins
supérieurs, dans les formations d'eau douce tertiaires et
quaternaires, ainsi que dans divers dépôts diluviens disséminés à la surface du sol. Ces débris sont même tout
aussi abondants dans ces deux dernières formations, s'ils
ne le sont pas davantage que dans les cavités souterraines.
Or, ces animaux s'y rencontrent également avec un grand
nombre d'espèces ; comment dès lors ne point admettre
que la même cause qui en a dispersé les débris dans les
dépôts diluviens extérieurs, a fort bien pu en avoir disséminé les restes au milieu des dépôts diluviens entraînés
dans les cavités souterraines ?

Cet effet peut avoir eu lieu, quoiqu'il soit possible que
certains des débris des hyènes, ensevelis dans les cavernes, soient les restes de celles qui y auraient vécu ; cependant les faits que nous venons de rapporter n'en
annoncent pas moins que ce n'est point à ces animaux
qu'il faut attribuer l'étrange rassemblement des espèces
que l'on y voit réunies.

La population dont les débris existent dans les cavernes et les fissures à ossements, est donc essentiellement,
et nous pouvons dire presque uniquement, composée
d'animaux de presque toutes les classes de ceux qui vivent

sur les terres sèches et découvertes. L'on n'y a pas encore
reconnu des restes de végétaux ; l'on pourrait s'en étonner,
si l'observation des dépôts diluviens répandus sur la
surface du sol, ne prouvait pas qu'il en est de même de
ceux-ci. L'absence totale des végétaux dans ces formations, débris qui abondent pourtant dans des dépôts
beaucoup plus anciens, peut être attribuée à leur décomposition. Cette décomposition a dû être d'autant plus
prompte, que ces végétaux se trouvaient dans des terrains
meubles, facilement perméables à l'eau. D'ailleurs, la
petitesse des ouvertures de certaines cavernes et généralement des fissures à ossements, n'aurait pas permis à
des bois d'un certain volume de s'y introduire ; et en
supposant qu'ils le pussent, ils n'y auraient pas rencontré
les circonstances favorables à leur pétrification, et par
conséquent à celle de leur conservation.

SECTION II.

DE LA NATURE CHIMIQUE DES OSSEMENTS ET DES LIMONS QUI LES ACCOMPAGNENT.

M. Buckland, en visitant avec nous les cavernes de
Lunel-Viel, ayant paru croire que les animaux que l'on
y découvre avaient été entraînés par les hyènes, nous
avons dû examiner si la nature des limons confirmait ou
non cette supposition.

Ces limons prennent une couleur noire, assez foncée,
quand on les expose à l'action de la chaleur, à l'abri du
contact de l'air, en laissant dégager une petite quantité
de vapeurs ammoniacales.

Soumis à l'action long-temps prolongée de l'eau distillée bouillante, ils n'abandonnent qu'une petite quantité de la matière organique azotée qu'ils contiennent ; du

moins la partie insoluble dans l'eau noircit presque aussi fortement qu'avant d'être traitée par ce liquide. Ces limons laissent également dégager tout autant de vapeurs ammoniacales par l'action du calorique, tandis que l'extrait qu'on obtient par l'évaporation du liquide, ne contient qu'une très-faible partie de son poids de matière destructible par le feu.

Cette substance organique azotée est insoluble dans l'alcool, qui ne peut l'enlever ni au limon lui-même, ni à l'extrait aqueux qui en renferme une partie.

Le peu de solubilité de cette substance organique dans l'eau bouillante et son insolubilité dans l'alcool, s'opposent à ce qu'on puisse l'isoler et déterminer ainsi sa nature et ses proportions. Cependant, si les essais que nous avons tentés sur cette substance ne peuvent point faire connaître ce qu'est cette matière organique, ils peuvent du moins servir à déterminer ce qu'elle n'est pas.

M. Chevreuil, en analysant la terre qui forme le sol de la caverne de Kuhloch, en a séparé, par l'action de l'eau bouillante, un principe de couleur rouge orangée, un acide gras analogue aux acides stéarique et margarique, une matière grasse non acide, un acide organique soluble dans l'eau, un principe colorant jaune et une matière azotée brune.

De ces cinq substances azotées, les quatre premières n'existent pas dans le limon rouge à ossements de la caverne de Lunel-Viel. La matière organique qu'il contient peut tout au plus, par la nature de ses principes et sa couleur, se rapprocher de la substance que M. Chevreuil a désignée sous la dénomination de *matière azotée brune*.

Dix grammes de cette matière ont été traités à plusieurs reprises par l'eau distillée bouillante. Ce liquide n'a laissé après son évaporation, que 0,05 d'un résidu brun, qui contenait une très-petite quantité de matière organique, du sulfate de chaux, du sulfate de soude, de l'hydro-chlorate

de soude, mais dans la dissolution duquel l'hydro-
chlorate de platine ne formait point de précipité jaune.
Le même liquide ne contenait point dès lors les sels à base
de potasse et d'ammoniaque que M. Chevreuil a trouvés
en très-grande abondance dans la caverne de Kuhloch.

Une autre quantité de la même matière destinée aux
expériences de l'analyse d'indication, a été traitée à plusieurs reprises par l'acide hydro-chlorique pur. Cet acide
a laissé déposer un résidu très-abondant, formé de silice ;
l'ammoniaque pur, versé dans la solution, en a précipité
un grand nombre de flocons colorés, d'où la potasse a
séparé une grande quantité d'alumine.

La petite partie du précipité par l'ammoniaque, que
la potasse n'avait pu dissoudre, a été reprise par l'acide
hydro-chlorique, qui s'est coloré en jaune en dissol-
vant de l'oxide de fer. Ce liquide, neutralisé par l'ammoniaque, a laissé précipiter de l'oxalate de chaux, tandis
que la liqueur, du milieu de laquelle ce précipité s'était
déposé, ayant été évaporée à siccité et le résultat calciné,
il est resté des traces d'acide phosphorique. Les épreuves
connues, qui tendent à constater l'existence de la ma-
gnésie, n'ont point indiqué la présence de cette base.

Ainsi, d'après cette analyse d'indication, les limons de
la caverne de Lunel-Viel sont formés par une argile très-
siliceuse et ferrugineuse, mêlée de carbonate et de
phosphate de chaux.

Quant à la détermination des proportions des diverses
substances indiquées dans cette analyse, voici comment
elles ont été fixées :

Un gramme du limon à ossements fortement desséché a
été traité par l'acide hydro-chlorique faible ; cet acide a
été renouvelé jusqu'à ce qu'il ait cessé d'agir. Il est resté
pour résidu 0,81 de silice qui retenait encore de la matière
organique.

La liqueur acide, précipitée par l'ammoniaque, a laissé

déposer une matière floconeuse, d'où la potasse a séparé 0,03 d'alumine.

Le résidu insoluble dans la potasse a été traité par l'acide sulfurique concentré; l'oxide de fer a été transformé en sulfate, et le phosphate de chaux en acide phosphorique et en sulfate de chaux insoluble. Ce sulfate de chaux a été lavé avec de l'eau alcoolisée, et les eaux de lavage précipitées par l'ammoniaque. Il s'est déposé 0,06 d'oxide de fer.

Le sulfate de chaux, insoluble dans l'eau alcoolisée, représentait 0,037 de phosphate de chaux.

Le liquide, d'où l'ammoniaque avait précipité l'oxide de fer, traité par le carbonate d'ammoniaque, a donné 0,02 de carbonate de chaux.

Ainsi, d'après cette analyse, mille parties de ce limon seraient composées :

1° D'une matière soluble à l'eau, formée d'hydrochlorate de soude, de sulfate de chaux et de matière azotée. 0,005

2° De silice. 0,810
3° D'alumine. 0,030
4° D'oxide de fer. 0,060
5° De phosphate de chaux. 0,037
6° De carbonate de chaux. 0.020
7° Perte. 0,038
                                            ———
                  TOTAL. 1,000

La composition du limon rouge tenace, qui remplit les petites cavités latérales si nombreuses dans la caverne de Lunel-Viel, et dans lequel on ne découvre presque pas d'ossements, est à peu près la même. Il n'y a de différence appréciable que relativement à la matière organique azotée qui s'y trouve en moindre proportion.

Ce limon noircit également par la calcination, coule

qui devient moins sensible à mesure qu'il se refroidit.
Il donne également beaucoup d'eau par la calcination;
aussi le limon diminue-t-il singulièrement de volume à
mesure qu'il se dessèche, soit par l'effet d'une température élevée, soit par l'évaporation ordinaire.

Ce limon laisse dégager des vapeurs ammoniacales,
vapeurs qui répandent une odeur sensiblement empyreu-
matique. Le liquide, qui se condense dans le tube, bleuit
le papier de tournesol rougi par les acides.

Du reste, comme le limon à ossements, celui-ci est
essentiellement siliceux, et contient seulement des proportions un peu plus fortes d'alumine, de carbonate de
chaux et d'oxide de fer, auquel il doit sa couleur rouge,
plus vive surtout lorsqu'il est humide.

Les limons rouges inférieurs n'ayant donc offert qu'une
faible proportion de matière organique azotée, nous
avons cherché à nous assurer s'il n'en existerait pas une
plus grande quantité dans les limons graveleux supérieurs, où l'on découvre un grand nombre d'ossements,
et enfin dans les sables qui ont pénétré jusqu'à l'extrémité
des cavernes de Lunel-Viel.

En soumettant ce limon graveleux aux mêmes épreuves
que le précédent, et après en avoir séparé autant que possible les nouveaux fragments d'ossements qu'il renferme,
il a paru formé des mêmes éléments, mais dans des proportions différentes. Ce limon graveleux contient en effet
moins de silice, moins d'alumine, moins d'oxide de fer,
et renferme une grande quantité de carbonate de chaux.
Il ne paraît pas être plus chargé de matière organique
azotée que le limon rouge. Cette substance se rapproche
toujours, comme la première, de la matière azotée
brune de M. Chevreuil.

Comme les limons, soit argileux, soit calcaires, soit
siliceux, de nos cavernes, ne présentent aucune trace
des différentes substances organiques, observées dans le

limon de Kuhloch, nous avons cherché à nous assurer
si elles n'existeraient pas dans les limons qui ont rempli
les cavités des os.

Nous avons donc analysé avec le plus grand soin les
limons rouges trouvés dans l'intérieur du crâne d'un cerf,
limons qui y semblaient agglutinés par une sorte de
mucus. Nous en avons agi de même à l'égard d'autres
limons contenus dans l'intérieur des os longs de diverses
espèces de mammifères terrestres.

Ces limons qui auraient dû renfermer une assez grande
quantité de matière animale, s'ils étaient introduits dans
les différentes cavités des os peu de temps après la mort
des animaux, n'ont fait apercevoir, par la calcination,
ni dégagement plus abondant de vapeurs ammoniacales,
ni teinte noire plus foncée que les autres limons dans
lesquels ces ossements étaient disséminés. L'eau bouillante
n'en a pas extrait de plus grandes proportions de matières
organiques; cette matière s'est toujours rapportée à la
substance organique brune de M. Chevreuil.

La petite quantité de matière animale que renferment
nos limons à ossements, a été également confirmée par
une analyse faite à Paris, sous les yeux de M. Barruel,
dans le laboratoire de l'école de médecine. D'après cette
analyse, cent parties de ces limons calcinés seraient
composées :

1° De silice.	86,3658
2° De chaux.	2,2736
3° D'alumine.	2,2397
4° D'oxide de fer.	5,4646
5° De phosphate de chaux.	2,6560
Total.	98,9997

Nos limons à ossements, soit siliceux, soit calcaires,
ne renferment donc qu'une petite quantité de matière

animale. La quantité de cette substance est peu en rapport avec le nombre des ossements que renferment ces
limons, nombre qui, dans certaines parties des cavernes
de Lunel-Viel, y était aussi considérable que dans un
cimetière.

Nous avons enfin cherché à nous assurer si les sables
amoncelés dans les parties de ces cavités que l'on suppose les plus éloignées de l'arrivée du courant, présentaient des traces de matière animale. En conséquence,
ces sables ont été examinés avec soin, et leur analyse a
donné à peu près les mêmes résultats.

Les sables les plus fins occupent l'extrémité méridionale de la caverne de Lunel-Viel, et leur ténuité est
d'autant plus grande qu'ils sont plus rapprochés du
point sud où ce terrain paraît se terminer. Ils se distinguent des sables grossiers, non seulement par leur
position, mais encore par leurs caractères. Leurs couleurs sont généralement plus claires que celles des sables
grossiers, dont les nuances se rapprochent beaucoup de
celles des limons qui leur sont superposés. Cette nuance
est plus ou moins brune, et plus ou moins rougeâtre.

Cent parties de sable fin sont composées :

1° De silice colorée par le fer 56
2° De carbonate de chaux 40
3° D'alumine et d'oxide de fer.. 2
4° Perte. 2
                                                 ───────
                         Total. 100

Les sables grossiers inférieurs au limon graveleux supérieur, contiennent encore une plus grande proportion
de silice que les sables fins.

Cent parties de ces derniers ont présenté :

1° Silice colorée par l'oxide de fer.   66
2° Carbonate de chaux.   30
3° Alumine et oxide de fer   3
4° Perte.   1

TOTAL.   100

La diversité de composition de ces sables tient peut-être à leur position ; les plus siliceux sont les moins éloignés du point d'arrivée du courant, tandis que les plus chargés de carbonate de chaux en sont les plus distants et les plus rapprochés de l'extrémité sud de la caverne. Ainsi, la différence que nous avons signalée peut tenir à la diversité de solubilité de la silice et du carbonate calcaire.

Nous avons enfin soumis à l'analyse ces pelotes blanchâtres arrondies, que M. Buckland a nommées *album græcum* ou *fœces fossiles*, et qui sont les excréments des carnassiers qui ont l'habitude de ronger les os. Nous avons fait nos expériences, soit en prenant des plus grosses de ces pelotes, qui ont jusqu'à 0,065 de diamètre, soit celles qui, composées de doubles ou de triples cylindres arrondis sur leurs têtes et plus ou moins aplatis à leur base, ont une forme toute particulière, soit enfin celles dont la pointe aiguë paraît avoir été produite par le sphincter de l'anus. Ces diverses sortes de pelotes ont toutes présenté les mêmes caractères.

L'*album græcum* pilé et mis dans un tube de verre, chauffé à la lampe d'émailleur, prend une teinte noirâtre, et laisse dégager des vapeurs ammoniacales. Le liquide volatilisé bleuit fortement le papier de tournesol rougi.

En procédant à leur analyse, on reconnaît que ces *album græcum* sont essentiellement composés de phosphate et de carbonate de chaux. Le premier de ces sels

y est singulièrement en excès sur le second, ce qui s'accorde parfaitement avec l'origine présumée de cette
substance. Ces deux sels y sont combinés avec une matière organique azotée, cause des phénomènes que nous
avons indiqués. Du reste, cette matière organique y est
en moindre quantité dans ces *album græcum* que dans les
ossements.

Mille parties de cette substance contiennent :

1° Phosphate de chaux   625
2° Carbonate de chaux.   150
3° Eau.   120
4° Limon siliceux, coloré par l'oxide de fer. .   55
5° Matière organique des traces, mais en
     moindre quantité que dans les os . . . . .   »
6° Fluate de chaux des traces. . . . .   »
7° Perte.   50
                              TOTAL   1000

Quant aux ossements, ils ont paru composés, sur mille
parties, de :

1° Carbonate de chaux.   105
2° Eau.   88
3° Phosphate de chaux   740
4° Silice colorée par l'oxide de fer   41
5° Matière organique des traces . . . .   »
6° Fluate de chaux des traces. . . . .   »
7° Perte.   26
                              TOTAL.   1000

La composition des os ensevelis dans les cavernes de
Lunel-Viel, ainsi connue, nous l'avons comparée avec
celle des ossements de la caverne d'Argou (Pyrénées-
Orientales), et les os des sables marins tertiaires des

environs de Montpellier. Voici ce que l'expérience nous
a appris :

Ossements humatiles de la caverne d'Argou.		Ossements fossiles des sables marins tertiaires.	
1° Phosphate de chaux. . . .	56	1° Phosphate de chaux mêlé	
2° Carbonate de chaux. . . .	20	d'oxide de fer.	78,5
3° Eau.	12	2° Carbonate de chaux. . .	14
4° Gélatine et matière orga-		3° Eau.	7
nique.	2	4° Carbonate de magnésie	
5° Carbonate de magnésie si-		et fluate de chaux. . . .	0,5
lice, alumine, oxide de fer		5° Matière organique des	
et manganèse..	10	traces..	»
TOTAL. . . .	100	TOTAL.	100,0

Ces analyses prouvent donc, contrairement à ce que
l'on serait tenté de supposer, que les ossements fossiles
de nos sables marins qui conservent souvent peu de
traces de leur tissu, offrent presque autant de matière
organique que les os humatiles des cavernes.

La perte plus ou moins grande de leur matière animale, que les débris des corps organisés peuvent avoir
éprouvée, ne nous apprend donc rien sur l'âge relatif
des dépôts où on les observe. Cette perte a plutôt dépendu des circonstances dans lesquelles ces débris se
sont trouvés depuis leur ensevelissement, que de l'époque où leurs dépôts ont eu lieu. Ces circonstances seules
paraissent en effet avoir déterminé l'absence de la matière animale ; aussi voyons-nous, dans les temps présents,
certains débris des corps organisés, animaux et végétaux,
tels que les graines et les coquilles, perdre assez promptement la matière organique qui les compose. Les coquilles se transforment même souvent en carbonate
calcaire cristallin, lequel se substitue parfois rapidement
au calcaire feuilleté et amorphe qui, dans le principe,
forme la partie solide de ces corps.

tent nullement des espèces semblables à celles du nouveau
comme de l'ancien continent, et les races que l'on y a
découvertes sont semblables, ou tout au moins analogues, à celles qui y vivent encore. De même, les cavités
souterraines du nouveau monde, loin de nous offrir ces
chevaux, ces bœufs, si abondants dans celles de l'ancien
continent, et dont les races n'ont jamais vécu en Amérique, nous ont montré des espèces totalement différentes
de celles actuellement existantes, mais dont les analogies
sont bien plus prononcées avec les espèces qui y vivent
encore, qu'avec les races des autres continents.

Les anciennes inondations ont donc été impuissantes
pour transporter les races d'un continent dans un autre ;
mais l'ont-elles été également pour entraîner les espèces
d'une contrée dans une contrée différente? En d'autres
termes, les éléphants, les rhinocéros, les hippopotames,
les hyènes ensevelis dans tant de cavernes de l'Europe,
proviennent-ils d'Afrique ou d'Asie, contrées où des
espèces analogues vivent encore?

Cette question, une des plus graves que la géologie
puisse se proposer, se rattache à tant d'autres, que nous
chercherons à la restreindre dans les faits particuliers
relatifs aux cavernes et aux fissures à ossements, afin de
ne pas donner trop d'étendue à sa solution.

Tous les faits soit physiques, soit géologiques, nous
annoncent que la température a été jadis plus considérable à la surface de la terre qu'elle ne l'est aujourd'hui.
Il ne faut donc pas chercher dans d'autres causes que
son abaissement, l'explication de la destruction de tant
de races éteintes, et le changement d'habitation d'un
grand nombre d'entre elles. Ainsi, les rhinocéros, les
éléphants, comme les lions, les panthères, les tigres et
une foule d'autres espèces, ont probablement habité nos
climats, comme les contrées voisines des pôles. Il y a plus ;
les tigres et les panthères y vivent encore, contrairement

à ce que l'on avait présumé, observation importante
due à M. de Humboldt. L'on peut même suivre l'éloignement de plusieurs de ces espèces, dont les débris
se rencontrent dans les cavernes, et qui n'habitent plus
aujourd'hui les mêmes lieux, d'après ce que nous apprennent les monuments historiques. Parmi ces espèces,
il n'en est pas de plus commune et de plus répandue que
l'aurochs; cependant cet animal a disparu de nos climats.

Ce bœuf vivait en Macédoine, du temps d'Aristote; et,
sous Jules-César, il habitait en foule, avec le renne et
l'élan, les forêts de la Germanie. Depuis lors, confiné en
Laponie et dans les contrées les plus froides de la Russie,
il disparaîtra peut-être bientôt, et augmentera le nombre
de ces espèces que nous supposons perdues et éteintes à
jamais.

Ce que nous disons de l'aurochs, nous pourrions le
dire également d'une foule d'autres races, qui, par des
causes toutes simples et toutes naturelles, se sont éloignées des lieux où elles avaient primitivement fixé leur
séjour, et qui, comme les races détruites, tendent à se
perdre entièrement. Du moins cherchons-nous en vain,
dans nos contrées méridionales, des traces de ces ours,
de ces sangliers, de ces cerfs qui naguère y habitaient en
foule. Nous n'y en découvrons pas plus qu'en Grèce nous
voyons des chacals (1), des lions et des panthères, qui
cependant s'y trouvaient en grand nombre du temps de
Xénophon.

Si donc tant d'espèces ont abandonné le sol aujourd'hui
tempéré de l'Europe, tandis que d'autres ont totalement
succombé sous l'effet des nouvelles influences auxquelles
elles étaient soumises, c'est que les unes ont trouvé

(1) Il paraît pourtant que cette espèce a été aperçue récemment en
Morée, lors de nos dernières expéditions.

ailleurs la température nécessaire à leur existence, tandis que les autres ne la rencontrant nulle part, n'ont pu résister aux causes qui ont modifié cette même température.

Ainsi, quoique nos climats ne nourrissent plus aujourd'hui des rhinocéros, des éléphants, des aurochs, pas plus que des lions, des hyènes, il paraît pourtant que ces divers animaux y ont vécu, et cela à peu près simultanément. Comment pourrait-il en être autrement, puisque leurs débris se montrent ensevelis dans les mêmes souterrains où ils ont été réunis avec une foule d'autres espèces, par les concours des mêmes circonstances? La destruction de certains de ces animaux, en la supposant complète, n'est point un obstacle à l'admission de cette conclusion ; car, ainsi que nous l'avons déjà prouvé, un assez grand nombre d'animaux paraît s'être éteint depuis les temps historiques, par l'effet des causes les plus simples et les plus conformes à la marche ordinaire des choses.

Cette conséquence est encore fortifiée par le rapport qui existe entre les espèces ensevelies dans les cavernes et la position géographique de ces cavités. Ainsi, par exemple, toutes celles que l'on voit auprès des montagnes et des lieux où existaient jadis de grandes forêts, sont essentiellement caractérisées par la présence des ours; ces animaux y dominent tellement, qu'ils en composent presqu'à eux seuls l'ancienne population. Celles où l'on découvre une grande quantité de chevaux, de bœufs et de cerfs, sont au contraire plus rapprochées des plaines. C'est aussi dans ces dernières que l'on rencontre les hyènes, qui vivaient certainement jadis dans des lieux où elles trouvaient à assouvir leur appétit, ainsi qu'à satisfaire leur voracité.

Or, d'après les lois de distribution que les anciens animaux ont suivies, lois en harmonie avec leurs mœurs et leurs habitudes, comment ne pas admettre qu'ils ont dû

vivre près des lieux où l'on rencontre leurs débris? On
le doit d'autant plus qu'il est extrêmement probable que
ces animaux choisiraient encore de préférence les lieux
rapprochés de ceux où leurs restes sont disséminés, s'ils
revenaient à la vie.

Les faits que nous venons de rappeler s'appliquent aussi
bien aux espèces dont les débris sont effondrés dans les
fentes verticales de nos rochers, qu'à celles que l'on voit
dans les cavités souterraines. A la vérité la population
des brèches osseuses est bien plus différente des races
actuelles que celle des cavernes à ossements. Elle présente, en effet, non seulement des espèces perdues, mais
des genres totalement inconnus dans la nature vivante,
et même des genres que l'on a crus long-temps propres à
une époque beaucoup plus ancienne que celle à laquelle
a eu lieu la dispersion des dépôts diluviens.

Les palæotheriums et les lophiodons ne sont pas, du
reste, des animaux tellement différents des rhinocéros et
des hippopotames, que l'on ne puisse supposer qu'ils ont
vécu dans nos climats à l'époque où ces derniers y existaient. Il est pourtant un autre genre qui présente plus
de difficulté, c'est le *megatherium*, découvert dans les
brèches osseuses de Kœstriz, et qui n'a aucune analogie
avec les espèces qui vivent maintenant dans l'ancien continent. Mais comme tous les faits nous forcent d'admettre
que les espèces qui lui sont associées ont vécu près des
lieux où l'on découvre leurs débris, il faut nécessairement
en conclure qu'il a dû en être ainsi des *megatheriums*,
quoique ces animaux n'aient aucune analogie avec les
espèces qui vivent actuellement sur l'ancien continent.
Quant aux mastodontes découverts également dans les
brèches osseuses, ils ont trop d'analogie avec nos éléphants actuels pour ne pas supposer qu'ils ont pu vivre
dans les lieux habités par ces derniers animaux.

Les espèces dont les restes ont composé les brèches

osseuses, n'ont pas sans doute vécu dans les fentes étroites qui les recèlent ; mais cette circonstance étant la
même que celles qui se rapportent aux animaux des cavernes, ne fait pas que leurs débris soient venus de fort
loin. Un transport long et prolongé ne pourrait pas du
reste servir à expliquer comment l'on découvre dans ces
formations non seulement des espèces, mais même des
genres dont on ne voit nulle trace dans les cavernes,
quoique ces deux phénomènes paraissent avoir été produits par les mêmes causes et pendant la même période.

Quant aux relations que l'on remarque entre les espèces
ensevelies dans les cavernes, et le genre de formations
dans lequel elles sont ouvertes, ces relations sont uniquement dépendantes de la position de ces formations.
Ainsi, par exemple, celles de transition, le plus généralement rapprochées des montagnes, offrent par cela
même principalement une grande quantité de débris
d'ours, à moins, ce qui arrive pour les cavernes de
Sallèles, qu'à l'entrée d'une gorge de montagnes élevées,
elles ne soient en même temps peu éloignées des grandes
plaines.

Par les mêmes raisons, il en est également des cavités
souterraines ouvertes dans les terrains secondaires, surtout lorsque, comme à Fausan (Hérault), ceux-ci reposent sur les formations intermédiaires, et qu'elles se
trouvent dans le centre des montagnes. Par des motifs
tout contraires, les espèces des plaines, telles que les
chevaux, les bœufs, les lions et les hyènes, abondent
dans les cavernes ouvertes dans les terrains tertiaires et
dans des bassins immergés. Ces terrains ne forment jamais,
en effet, des montagnes élevées. Ils composent tout au plus
des collines, lesquelles s'éloignent peu du lit des mers
actuelles, et par conséquent de la région des plaines ou
tout au moins des lieux les plus abaissés de la surface du
sol, surtout lorsque ces terrains appartiennent à des

bassins immergés. Du reste, jusqu'à présent, l'on n'a point encore observé des cavernes à ossements dans des bassins immergés, et par conséquent dans des calcaires d'eau douce, sans aucun mélange de dépôts ou de produits de mers.

C'est donc uniquement sous ce point de vue de la position des terrains dans lesquels des cavernes sont ouvertes, que l'on voit quelque relation entre la nature et l'espèce des ossements que l'on y rencontre, et celle de ces terrains. En effet, quel rapport pourrait-il y avoir entre l'époque des formations des terrains où existent des cavités souterraines, et celle de leur remplissage par des dépôts clastiques, renfermant des ossements toujours dispersés à une époque bien plus récente que celle à laquelle se rapporte la précipitation de ces terrains?

SECTION IV.

DES CONDITIONS NÉCESSAIRES A LA PRÉSENCE DES OSSEMENTS DANS LES CAVERNES ET LES FENTES VERTICALES.

Un certain nombre de cavités souterraines, comme des fentes verticales, offrent des ossements, tandis qu'il en est beaucoup dans lesquelles l'on n'en découvre pas de traces. Dès lors, si ce phénomène rentre dans les lois géologiques, il doit dépendre d'une ou de plusieurs causes; c'est ce qu'il convient d'examiner.

La première des conditions nécessaires à la présence des ossements dans les fentes et les cavités, tient à la grandeur et à la disposition de leurs ouvertures. Cette disposition doit être telle, qu'elle ait pu favoriser l'introduction des terrains clastiques de remplissage dans l'intérieur de ces fentes ou de ces cavités. Ainsi, par exemple, celles dont les ouvertures, placées sur les flancs verti-

caux et abruptes des montagnes, n'ont pas pu recevoir les
dépôts diluviens, ne recèlent pas non plus d'ossements.
Il y a plus encore, les débris des grands mammifères
terrestres ne se rencontrent jamais que dans les cavernes
ou les fentes dont les ouvertures sont spacieuses et considérables. Aussi les petites espèces se montrent-elles en
plus grand nombre dans les brèches osseuses, consolidées
pour la plupart dans des fentes étroites, que dans les
cavernes proprement dites. Ce fait s'observe également
dans les lieux où existent à la fois ces deux phénomènes.

La seconde condition, non moins essentielle que la
première, tient à l'existence des cailloux roulés, des roches fragmentaires ou des graviers dans les limons; car
lorsque les limons en sont complètement dépourvus, on
n'y voit jamais d'ossements. Cette circonstance, intimement liée à celle de la présence des ossements, tient
peut-être à ce que les limons qui ne renferment ni
cailloux roulés, ni roches fragmentaires, ni graviers, ne
se rattachent pas aux dépôts diluviens.

Enfin, il faut encore que les ouvertures des cavernes
ou des fentes verticales ne soient pas plus de 700 ou de
800 mètres au-dessus du niveau des mers, à moins toutefois que les terrains où elles se trouvent n'aient été
exhaussés postérieurement à la dispersion des dépôts diluviens. Cette loi, que nous avons vérifiée dans un grand
nombre de localités, et que nous avons trouvée sans exception dans nos contrées méridionales, nous donne également une idée approximative du niveau au-dessus duquel l'on ne découvre plus de traces des dépôts diluviens.

D'après ces lois géologiques, aussi simples que positives,
l'on peut donc, avant de pénétrer dans une caverne, déterminer s'il y a possibilité d'y découvrir des ossements,
et assurer même qu'il n'y en aura pas. En effet, si son
niveau est de beaucoup supérieur à 700 ou 800 mètres;
si ses ouvertures ne paraissent pas convenablement dis-

posées pour avoir reçu et les terrains clastiques et les
ossements, l'on peut affirmer que l'on n'y en observera
pas, surtout si l'on n'y découvre ni cailloux roulés, ni
roches fragmentaires, ni graviers dans les limons, et encore moins si l'on ne voit aucune trace de ces limons.

La présence des ossements se trouve donc constamment
soumise à ces trois conditions ; mais pourtant, ainsi que
nous venons de le faire observer, ces conditions peuvent
se présenter sans que pour cela il soit certain que les dépôts diluviens recèlent des ossements. Leur absence est
seulement un point de fait que l'on peut prévoir d'avance,
quoique l'on ne puisse également affirmer que l'on y en
découvrira.

Pressés par des faits aussi positifs, ceux qui n'ont pas
voulu considérer le remplissage des cavernes et des fentes
comme un phénomène géologique, ont fini par reconnaître du moins que, pour certaines cavités, les ossements
des animaux qui s'y trouvaient y avaient été entraînés
avec les cailloux roulés, les graviers, les roches fragmentaires, et cela par les anciennes inondations.

Mais ils ont également supposé que, dans d'autres de
ces cavités, les débris des animaux qui s'y trouvent y
étaient tombés, ou y avaient été entraînés naturellement
pendant plusieurs siècles. M. Buckland en cite pour exemple les cavernes de Dream Cave, près de Wirthmoud, en
Angleterre, où l'on découvre le squelette presque entier
d'un rhinocéros. On ne voit pas trop comment un pareil
animal aurait pu tomber par la fente étroite qui communique avec l'intérieur de cette cavité souterraine,
tandis que l'on conçoit facilement comment une violente
inondation aurait pu y entraîner son squelette.

Il doit, ce semble, en avoir été d'autant plus ainsi,
que ce squelette et les autres ossements brisés et roulés
que l'on y découvre s'y montrent accompagnés de cailloux
roulés, de graviers et de roches fragmentaires. L'on a

enfin admis que les ossements que l'on rencontre dans
les mêmes circonstances, particulièrement ceux qui se
rapportent aux ours, devaient être les restes de ceux
qui y avaient vécu et y étaient morts naturellement.
Cette supposition pourrait être complètement fondée,
si les cavernes où les ours dominent, comme celles
de la Franconie, de Fausan (Hérault), du Vigan (Gard)
et d'Oiselle (Doubs), ne recélaient pas en même temps
un grand nombre d'autres animaux ; mais toujours est-il
que ce n'est pas à cette cause qu'il faut attribuer la
présence et la réunion de tant d'espèces animales, de
mœurs et d'habitudes si différentes. Du reste, les géologues qui partagent notre opinion n'ont jamais prétendu
que des ours, ou quelques autres animaux, n'aient pu
vivre dans les souterrains où l'on découvre leurs débris ;
mais ce qu'ils ont soutenu, c'est que ces cas accidentels,
comme le seraient ceux du transport des herbivores par
les hyènes, ne pouvaient expliquer la généralité ni la
constance de ce phénomène, pas plus que rendre raison
de l'étrange rassemblement d'animaux si différents par
leur organisation et par leur manière de vivre. En effet,
de violentes et de terribles inondations paraissent seules
avoir pu opérer une réunion aussi extraordinaire et aussi
contraire à tout ce que nous observons dans la marche
ordinaire des choses.

Si la généralité des animaux ensevelis dans les cavernes
ou les fentes, y avaient réellement vécu, ou s'ils étaient
tombés successivement et par accident, comment ne
trouverions-nous pas au moins quelquefois leurs squelettes entiers, et non point brisés, fracturés et disséminés
par portions et presque jamais en connexion ? Comment
les os de ces divers animaux pourraient-ils présenter la
plus grande uniformité dans leur altération, et à tel
point qu'on ne saurait souvent distinguer ceux des localités les plus éloignées, que par les nuances qu'ils présen-

tent? Comment ces animaux, qui auraient vécu dans les souterrains où l'on observe leurs débris, ou qui auraient entraîné les espèces dont ils faisaient leur proie, ne s'y trouveraient-ils pas dans un état différent que les rhinocéros, les éléphants, les aurochs, qu'ils n'ont jamais pu emporter que par portions; car, pour ces espèces, il est trop évident qu'elles n'ont jamais pu vivre dans des souterrains, et que puisque leurs restes s'y trouvent, ils ont dû y être transportés d'une manière quelconque et par portions séparées?

Si donc ces animaux y ont été entraînés, pourquoi ne pas admettre qu'il en a été de même de la plupart de ceux qui les accompagnent? Nous disons la plupart, car il se pourrait qu'un petit nombre de certaines espèces eût vécu et eût été charrié dans les cavernes par les carnassiers; mais cette circonstance est trop minime, et d'ailleurs elle s'est trop peu renouvelée, pour pouvoir expliquer le rassemblement de tant d'animaux dans des espaces aussi resserrés. En effet, le nombre des débris de ces animaux des derniers temps géologiques est souvent si considérable, soit en espèces, soit en individus, qu'il est impossible de supposer que les espèces auxquelles ils se rapportent y ont réellement vécu toutes ensembles.

Quant aux espèces que l'on peut, dans certaines circonstances, supposer avoir vécu dans les cavernes, il semble que dans l'état actuel de nos connaissances sur cet ordre de phénomènes, elles se réduiraient peut-être à celles des ours et des hyènes, et à quelques oiseaux, principalement à des oiseaux nocturnes. Mais il ne faut pas perdre de vue qu'il est une infinité de cavités qui n'offrent aucuns débris d'ours, ni d'hyène, ni d'aucun autre carnassier. Or, n'est-ce pas ici le cas d'avancer que lorsqu'un phénomène se présente partout avec les mêmes circonstances, les causes qui l'ont produit doivent avoir la même généralité?

Du reste, en supposant que plusieurs des espèces dont on découvre les débris dans les cavités souterraines, peuvent y avoir vécu, ou y avoir été entraînées par des carnassiers, il est difficile de ne point admettre que de violentes inondations ont pu seules amonceler dans les fentes des rochers calcaires, l'étrange rassemblement des animaux que l'on y voit réunis. Ce qui est vrai pour les cavernes, l'est bien plus encore pour les fentes verticales dans lesquelles se sont effondrées les brèches osseuses. En effet, ces deux ordres de phénomènes, les cavernes et les fissures à ossements, ou du moins leur remplissage, dépendent des mêmes causes et se rattachent l'un et l'autre aux dernières catastrophes qui ont ravagé la surface du globe, catastrophes dont l'influence a été aussi manifeste sur l'homme que sur l'ensemble des autres espèces vivantes.

En un mot, des inondations violentes et successives paraissent généralement avoir opéré le remplissage des cavités et des fentes des rochers calcaires, et y avoir accumulé les limons, les cailloux roulés, les sables, les graviers et les nombreux ossements que l'on y voit entassés. Elles seules ont pu produire l'étrange rassemblement de tant de débris divers, rassemblement qui nous donne à la fois une idée de leur puissance, comme celle du nombre de la population, qui s'était déjà établie sur la surface de la terre.

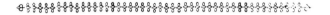

LIVRE TROISIEME.

DE LA DISTRIBUTION GÉOGRAPHIQUE DES CAVERNES ET DES FISSURES A OSSEMENTS.

CHAPITRE PREMIER.

DES CAVERNES A OSSEMENTS.

Pour mettre de l'ordre dans l'indication des cavernes à ossements, il semble naturel de les décrire d'après celui des diverses contrées où on les observe. C'est aussi l'ordre que nous avons suivi, et nous ferons connaître les formations dans lesquelles elles sont ouvertes.

On pourrait à la vérité les signaler d'après la nature et l'espèce des animaux qu'elles renferment, mais cette marche nous semble peu propre à permettre d'embrasser les faits d'une manière générale. Cependant à mesure que nous les indiquerons, nous signalerons également les animaux qui en caractérisent d'une manière spéciale la population.

SECTION PREMIÈRE.

Cavernes à ossements de la Nouvelle-Hollande (1).

Ces cavernes sont ouvertes dans un calcaire secondaire, lequel semble se rattacher aux formations jurassiques.

Les ossements que l'on y découvre se montrent dans un limon rougeâtre que des graviers, des cailloux roulés et des roches fragmentaires accompagnent. Ces ossements sont plutôt brisés, fracturés que roulés; ils se rapportent aux espèces suivantes, qui, à l'exception d'une seule, sont analogues à celles qui vivent encore sous le sol de la Nouvelle-Hollande.

MAMMIFÈRES TERRESTRES.

I. *Marsupiaux.*

1° Dasyure (*dasyurus*).

2° Kanguroo (*macropus*), deux ou trois espèces, et en outre une autre dont la grandeur surpasse d'un tiers celle des plus grandes espèces de ce genre que l'on connaisse aujourd'hui.

3° Phascolome Vombat (*phascolomys,* vel *didelphis ursina*), une seule espèce.

(1) Ce qui prouve encore mieux que tous les raisonnements, et presque autant que les faits eux-mêmes, l'identité des cavernes et des fissures à ossements, c'est la confusion qui règne dans la description de ces deux ordres de phénomènes. Ainsi, les fentes que les uns ont indiquées comme des cavernes à ossements, les autres les ont considérées comme des brèches osseuses; c'est ce qui est arrivé particulièrement pour les cavités souterraines de l'Australie.

4° *Halmaturus*, deux espèces.

5° Kanguroo-rat (*hypsiprymnus. Illiger*), une seule espèce.

6° Phalangiste (*balantia. Illiger*).

7° *Koala*.

ii. *Pachydermes.*

Éléphant (*elephas*). L'éléphant qui a été découvert dans les cavernes ou dans les fissures à ossements de l'Australie, paraît avoir appartenu à une espèce particulière, différente de celles que l'on observe dans l'ancien continent, soit vivantes, soit fossiles, soit humatiles. Outre cette espèce inconnue dans la nature actuelle, les cavernes de l'Australie en ont également offert quatre autres qui ne vivent plus maintenant dans la Nouvelle-Hollande. Ce sont une espèce de kanguroo, deux espèces d'*halmaturus* et une espèce d'*hypsiprymnus*. Du reste, elles se rapportent toutes à des genres qui existent encore sur ce continent, à l'exception pourtant de l'éléphant.

SECTION II.

CAVERNES DU NOUVEAU MONDE.

1° *Cavernes à ossements de la Virginie.*

Ces cavernes ouvertes dans le calcaire secondaire, ont présenté les ossements d'un édenté nommé *megalonyx*, à raison de la grandeur de ses ongles. Quant aux ossements de cet édenté découverts en Virginie, dans le comté de Green-Briar, ils se rapportent au *megalonyx Jeffersonii* la plus grande espèce de ce genre. Ces os y étaient plus profondément ensevelis dans le limon, que l'autre espèce de *megalonix* découverte dans les cavernes du Kentucky.

des gloutons, des blaireaux, des chiens, des putois ou des espèces voisines. Enfin, avec ces carnassiers, l'on découvre un grand nombre de débris d'herbivores, lesquels ont appartenu à des éléphants, des chevaux, des bœufs, des moutons, des cerfs et des chevreuils.

Quant aux espèces d'ours des cavernes de l'Allemagne, ils se rapportent, à l'*ursus spelæus, pitorrii, priscus*, et *arctoïdeus*. Celles du genre *felis* sont : les *felis spelæa, prisca* et *antiqua*. On y observe enfin deux espèces d'hyènes, au moins : les *hyæna spelæa* et *prisca*.

1° *Cavernes à ossements dans la chaîne du Hartz.*

1° Caverne de Baumann, dans le pays de Blankenbourg, située dans la dernière des pentes du Hartz. On a rencontré, dans certaines parties de cette caverne, des cailloux roulés, au milieu desquels l'on découvre une grande quantité d'ossements fracturés et brisés. Il paraît que le broiement de ces os est dû à l'action de ces galets ; car ceux qui, dans la même chambre, se trouvent enveloppés dans le sable et dans le limon, sont presque entièrement intacts.

2° Caverne de Scharfeld, dans l'électorat d'Hanovre. Celle-ci, située comme la première dans une des dernières pentes du Hartz, a été décrite par Leibnitz, dans sa Protogea.

3° Caverne de Hartzbourg, au-dessus de Goslar.

4° Caverne d'Huffirungen, dans le comté de Stolberg. Ces deux dernières sont situées dans la même chaîne calcaire du Hartz.

2° *Cavernes à ossements de Muggendorf dans la Franconie.*

Ces cavernes, au nombre de dix, ont toutes reçu des noms particuliers. Elles sont situées dans la même

presqu'île, formée par la rivière de Wiesent ; parmi
celles-ci, on peut comprendre la caverne de Gaylenreuth,
la plus fameuse et la plus considérable de toutes. Mais,
ce qu'il y a de remarquable, c'est que les cavernes
situées au nord de cette rivière ne recèlent ni ossements
ni limon rouge, tandis qu'il en est tout le contraire de
celles qui se trouvent au sud de la Wiesent. Celles-ci
abondent en débris organiques, particulièrement celle de
Gaylenreuth.

*3° Cavernes de Mokas, de Rubenstein et de Kirch à Horn,
ou grotte aux dents.*

Ces cavernes ne sont point, comme les précédentes,
dans la presqu'île de la Wiesent, mais bien en dehors de
cette même presqu'île. Ces cavernes se trouvent toutes
trois en Franconie, et dans le bailliage de Bayreuth.

*4° Cavernes de Glucks-Brunn dans le bailliage d'Altenstein,
entre le Hartz et la Franconie.*

Ces cavernes, situées dans la pente sud-ouest de la
chaîne du Thüringerwald, lient en quelque sorte celles
du Hartz à celles de la Franconie. Il paraît qu'elles
recèlent principalement des ours.

Si l'on jette un coup-d'œil sur une carte générale où la
position de ces cavernes soit indiquée, on reconnaît aisément qu'il existe une certaine continuité entre les montagnes où elles se trouvent. Les monts Crapacks se lient,
d'une part, aux montagnes de la Moravie, et de l'autre,
à celles de la Bohême (Bœhmer-Wald), lesquelles
séparent le bassin du Danube, de ceux de la Vistule, de
l'Oder et de l'Elbe. Quant au Fichtelberg, il sépare le
bassin de l'Elbe, de celui du Rhin. Enfin, le Thüringerwald et le Hartz continuent à limiter le bassin de
l'Elbe, en le séparant de celui du Weser.

D'après ces faits, on sent que ces diverses chaînes n'ont entre elles que de légers intervalles; aussi toutes les cavernes qui s'y trouvent, sont par cela même liées les unes aux autres, à l'exception pourtant de celles de la Westphalie, qui ne s'y rattachent pas d'une manière aussi évidente.

5° Cavernes de Kuhloch et de Zahuloch en Franconie.

Nous décrirons ces deux cavernes séparément de celles que nous avons dit se trouver dans la même contrée, parce qu'elles se trouvent en dehors de la presqu'île de Wiesent, et qu'elles sont encore les seules de l'Allemagne où l'on ait découvert des débris humains et des produits de notre industrie.

Ces cavernes, savoir celles de Kuhloch et de Zahuloch, se montrent fort rapprochées l'une de l'autre. On y a découvert, soit dans la première, soit dans la seconde, des ossements humains, des objets divers fabriqués par la main des hommes, mêlés et confondus avec des débris d'ours, d'hyènes, d'éléphants, de chevaux et de cerfs. Cette masse ossifère est composée d'une masse brune, mêlée d'une grande quantité de galets et de fragments anguleux de calcaire.

Ce mélange d'ossements humains avec des débris d'espèces perdues, annonce, avec d'autres faits que nous ferons connaître successivement, que bien des espèces se sont éteintes depuis l'apparition de l'homme, et nous pourrions même dire, depuis les temps historiques. En effet, nous avons prouvé que la mosaïque de Palestrine offre la représentation de plusieurs espèces dont on ne retrouve plus de représentants sur la terre. Récemment M. Geoffroy Saint-Hilaire a démontré qu'il en était de même du sanglier d'Erymanthe, dû au ciseau d'Alcamène, et représenté par lui sur le temple de Jupiter à Olympie (1).

Cet habile naturaliste fait observer, à l'égard de cette espèce, qu'elle doit être inscrite tout autant sur nos catalogues, d'après ce monument, que celles dont nous admettons l'existence, sur le seul témoignage d'un voyageur et la représentation qu'il nous en donne.

6° *Cavernes à ossements de Nochloss en Moravie.*

Les cavernes de Nochloss sont situées dans les environs d'Olmutz. Elles sont encore peu connues. On y cite des débris d'éléphants, de chevaux, de cerfs et d'antilopes. Ce dernier genre paraît y avoir plusieurs espèces, une, entre autres, de la taille du bouquetin (*capra ibex.*).

7° *Cavernes à ossements de la Westphalie.*

1° Caverne de Kluterhæhle, dans le comté de la Mark, au bord de la Nilspe et de l'Empe, ruisseaux qui vont se jeter dans la Ruhr, et avec elle, dans le Rhin.

2° Caverne de Sundwich, près Disserlohn, dans le même comté de la Mark.

8° *Cavernes à ossements de la Carniole.*

1° Caverne d'Adelsberg, d'une étendue immense et traversée par de grands cours d'eau.

Les ossements s'y rencontrent aussi bien auprès de l'entrée qu'à de grandes distances de l'ouverture.

_____

(1) Voyez le grand ouvrage publié par l'expédition de Morée, ainsi que nos recherches sur la contemporanéité de l'homme et des races perdues.   (*Bibliothèque universelle et Revue Encyclopédique.*)

9° *Cavernes à ossements de la Hongrie.*

1° Caverne des dragons. Le peuple a supposé que les ossements d'ours, que l'on y découvre, appartiennent à des dragons. Ces cavernes sont situées dans le comté de Liplow, sur les pentes méridionales des monts Crapacks.

———

10° CAVERNES A OSSEMENTS DE LA BELGIQUE.

1° *Cavernes à ossements de la province de Liége* (1).

Trois vallées principales se rencontrent dans la province de Liége, celle de la Meuse, la plus considérable, et celles de l'Ourthe et de la Vesdre.

Les vallées latérales y sont en bien plus grand nombre; les plus étendues offrent également le plus de cavernes à ossements. Parmi celles-ci, on peut citer :

1° La vallée de Hoyoux, dans le Condroz ;

2° La vallée de l'Amblève, située sur la rive droite de l'Ourthe ;

———

(1) Les débris humains découverts dans les cavernes des environs de Liége, au milieu d'ossements d'éléphants, d'ours, d'hyènes et d'un grand nombre d'autres espèces, considérées pendant long-temps comme fossiles et qui sont uniquement humatiles, sont d'autant plus remarquables qu'ils se rapportent à la race éthiopienne. Il suffit pour s'en convaincre de remarquer la région frontale de leur crâne qui est triangulaire et non orbiculaire, comme elle l'est dans la race caucasique. Ainsi, d'après ces faits, le transport des nombreux débris d'animaux que l'on observe dans ces cavités souterraines, aurait été contemporain de l'existence de cette variété principale de l'espèce humaine, qui n'avait encore été rencontrée nulle part à l'état humatile.

3° Celle de Fond de Forêt, située sur la rive droite de la Vesdre.

On a évalué à plus de cinquante le nombre des cavités souterraines où l'on observe des ossements.

Quant à ces ossements, ils se rapportent, d'après M. Schmerling, aux espèces suivantes :

1° A des restes humains qui paraissent, d'après cet observateur, de la même date que les autres débris organiques qui leur sont associés ;

2° A des débris de quatre espèces distinctes de chauve-souris, de deux espèces de musaraigne, de hérisson et de taupe ;

3° A une assez grande quantité d'ossements d'ours, se rapportant, pour la plupart, aux *ursus spelæus* et *arctoïdeus* de Blumenbach, et à l'*ursus priscus* de Goldfuss. L'on y observe également deux autres espèces qui ont paru à M. Schmerling différer de celles-ci ; l'une d'elles était si grande, que ce naturaliste lui a donné le nom d'*ursus giganteus*. Probablement cette espèce est la même que celle à laquelle nous avons donné le nom d'*ursus pitorrii* ;

4° Au blaireau, au grison, et à quatre espèces appartenant au genre des martres ;

5° Au loup et au chien ; ce dernier paraît se rattacher à l'espèce à laquelle Goldfuss a donné à tort le nom de *canis fossilis ;* à deux espèces de renards et à la genette ;

6° A l'*hyœna spelœa ;*

7° A de nombreuses espèces du genre *felis.* On y cite particulièrement le *felis spelœus*, et quatre autres espèces, dont une se rapproche beaucoup, pour la forme et pour la grandeur, de notre chat sauvage. M. Schmerling lui a donné le nom de *felis priscus*, dénomination sous laquelle nous avions antérieurement désigné le plus grand lion ou tigre des cavernes, tandis que nous avions désigné celle-ci sous le nom de *felis ferus ;*

8° A de nombreuses espèces de rongeurs parmi lesquels l'on a distingué des écureuils, des souris, des rats, deux ou trois espèces de campagnols, de rats d'eau; enfin, le castor, l'agouti, le lièvre et le lapin;

9° A quelques pachydermes, parmi lesquels l'on remarque l'*elephas primigenius*, des rhinocéros, le sanglier, et une autre espèce du même genre, qui ne paraît pas différer du cochon domestique. On y a également indiqué une autre petite espèce du même genre *sus*, à laquelle on a donné le nom de *minutus*.

M. Schmerling a signalé dans ces cavernes la présence de l'hippopotame décrit par Cuvier, sous le nom de *minutus*. S'il n'y a pas erreur à cet égard, ce serait pour la première fois que l'on aurait aperçu dans les cavités souterraines un mammifère marin; même en supposant que les débris qui s'y rapportent eussent été détachés des formations préexistantes. L'on sait, en effet, d'après les observations de M. de Christol, que ce prétendu petit hippopotame de Cuvier est un mammifère marin, très-rapproché du genre dugong, et qui constitue peut-être un genre nouveau.

10° Les solipèdes abondent également dans ces cavernes, et M. Schmerling y signale le cheval, l'âne et une autre espèce plus petite que cette dernière, que l'on pourrait nommer *minutus*, à raison de cette circonstance.

11° Il en est de même des ruminants; l'on y reconnaît le renne et le daim, ainsi que trois espèces, au moins, de cerfs et de chevreuils. Il y a également plusieurs espèces d'antilopes, de chèvres, de moutons, de bœufs et de buffles.

12° L'on y rencontre également des couleuvres.

13° Les restes d'oiseaux sont assez abondants dans plusieurs de ces cavités souterraines. On y en a reconnu qui se rapportaient à des oiseaux de proie d'une grande taille, d'autres au martin-pêcheur, à l'alouette, au corbeau, au pigeon, au coq, à la perdrix, à l'oie et au canard.

14° L'on y a encore observé des vertèbres, des écailles de poissons de mer, et plusieurs dents de squales. Ces débris ont été probablement détachés des formations préexistantes, comme cela est arrivé pour les pareils que l'on découvre dans les cavernes de Lunel-Viel. On doit d'autant plus le supposer pour ceux des cavernes de la Belgique, que M. Schmerling fait mention d'une bacculite, et certes, pour cette coquille, il est bien évident qu'il a dû en être ainsi.

15° Les dépôts diluviens des cavernes de la Belgique, offrent, comme ceux de nos souterrains, des coquilles terrestres et fluviatiles. M. Schmerling y en a cité plusieurs espèces, se rapportant principalement au genre des hélices.

Nous ignorons complètement dans quel ordre de formation ces cavernes sont ouvertes; mais, si nous en jugions d'après l'analogie de la population qui y a été entraînée avec celle de Lunel-Viel, nous serions tentés de supposer qu'elles doivent l'être dans des calcaires marins tertiaires. Quoi qu'il en soit, il est du moins à présumer qu'elles ne sont pas éloignées des grands dépôts quaternaires.

2° *Cavernes à ossements de Chokier, en Belgique* (1).

Ces cavernes ont seules présenté ce phénomène remarquable, d'avoir trois couches de limon ossifère, lesquelles couches sont recouvertes chacune par un glacis stalagmitique particulier. L'on observe également, dans les fentes de cette cavité souterraine, une brèche osseuse plus ou moins pénétrée de ce même glacis stalagmitique.

Les ossements disséminés dans ces cavités souterraines y sont en fort grand nombre, surtout ceux qui se rap-

(1) Bulletin de M. de Férussac, tome XXI, p. 375, n. 219.

portent aux chevaux , aux cerfs , aux bœufs et aux ours. Ces ossements ne montrent aucune trace des coups de dents qui , dans certaines circonstances , ont fait supposer que les hyènes les avaient rongés. Cependant les débris de ces animaux s'y rencontrent en aussi grande quantité que dans les lieux où l'on observe de pareilles morsures.

L'on y voit encore des débris de loup , de lièvre , de lapin , de rat d'eau , de campagnol , de rat commun , d'un éléphant analogue à celui des Indes , du moins d'après ce qui en est dit dans le bulletin de M. de Férussac , où nous trouvons la description de ces cavernes. Ainsi ces souterrains recèleraient plus de quinze espèces différentes de mammifères terrestres , parmi lesquelles l'on a signalé deux espèces de rhinocéros , l'une analogue au bicorne d'Afrique , et l'autre à l'unicorne d'Asie. Si cette observation est exacte , ce serait le premier exemple d'un rhinocéros unicorne découvert à l'état humatile; car, jusqu'à présent, tous les rhinocéros fossiles et humatiles avaient paru pourvus de deux cornes.

Enfin , avec ces divers débris organiques , on a encore mentionné des restes d'oiseaux , et des coquilles terrestres du genre des hélices.

—

CAVERNES A OSSEMENTS DE L'ANGLETERRE.

Les cavernes de l'Angleterre et de la France paraissent être les cavités souterraines qui se montrent dans les calcaires d'âge le plus différent.

Ainsi, on en observe , d'une part, dans le calcaire de transition (celles de Callow et de Sallèles) , ainsi que dans les divers étages des terrains jurassiques, dans la dolomie , la craie compacte inférieure ; et enfin , pour celles de la France, dans le calcaire grossier, et certainement dans les bancs pierreux marins qui lui sont supérieurs, ou le calcaire moellon.

La présence des sables dans certaines cavernes de l'Angleterre, et entre autres dans celle de Michell's Town, près Corck, a donné lieu à une discussion trop intéressante pour ne pas trouver sa place ici. Cette discussion a eu lieu dans la séance du 26 novembre 1836, de la société amoldéenne d'Oxfort, entre M. le docteur d'Aubeny et M. le professeur Buckland.

M. d'Aubeny a mis dans cette séance, sous les yeux de la société d'Oxfort, des échantillons d'un sable et d'une argile trouvés au fond des cavernes creusées dans le calcaire de Michell's Town, près Corck. Le sable couvre le fond de ces cavernes jusqu'à une profondeur inconnue; il est lui-même recouvert par une couche de stalagmites. Ce sable doit, ainsi que l'observe avec raison M. d'Aubeny, y avoir été introduit par les eaux au moyen d'une ouverture étroite. Mais comme, il n'y a pas dans les environs de cours d'eau capable d'opérer un pareil effet, il faut que son introduction remonte aux temps géologiques, comme celui de tous les sables qui ont ainsi obstrué les cavités souterraines. Malheureusement ces sables ne s'y montrent pas accompagnés de cailloux roulés; dès lors, on n'y découvre ni ossements ni aucun genre de débris organiques, et l'on ne peut en fixer la date avec précision.

M. Buckland a expliqué également la présence de ce sable dans les cavernes des environs de Corck, par l'effet d'un phénomène diluvien, en faisant observer qu'on n'a pas encore rencontré d'exemples de dépôts formés au fond des cavernes, excepté ceux qui sont composés des matières les plus récentes, telles que les limons, les sables, les marnes, etc., dans lesquels on ait observé des débris fossiles des anciennes formations.

Le contraire a eu cependant lieu dans les cavernes où il existe des dépôts de limons accompagnés de sables, de graviers, de cailloux roulés, de roches fragmentaires; il nous suffira de rappeler à cet égard les cavernes de Lunel-Viel et de Palerme (Sicile), ouvertes toutes deux dans le calcaire marin tertiaire le plus moderne. Les limons des premières offrent en assez grande quantité des coquilles marines tertiaires, et de plus des dents des différentes espèces de squales qui caractérisent l'étage le plus supérieur des formations tertiaires. Ces divers débris de corps organisés, détachés de ces formations par des circonstances quelconques, ont été ensuite entraînés dans ces cavernes par les mêmes eaux qui y ont charrié les sables, les graviers et les cailloux roulés au milieu desquels on les découvre. Il paraît qu'il en a été de même des coquilles des terrains tertiaires percés par des pholades qui se trouvent dans les cavernes de Palerme, dont l'élévation actuelle au-dessus de la mer n'est pas cependant moindre de 300 mètres.

D'après le savant professeur que nous venons de citer, les cavernes auraient été produites dans bien des cas et jusqu'à un certain point, à la suite de violences mécaniques occasionnées par des mouvements latéraux, qui ont déchiré des portions de roches solides pendant l'élévation ou le retrait des formations dans lesquelles on les rencontre. Dans les cas de ce genre, les fractures sont rectilignes et de la nature des failles, mais sans jamais avoir été remplies. Quant aux prolongements latéraux et aux communications tubulaires qu'on remarque dans des directions différentes, à partir de l'ouverture principale, ainsi qu'aux avenues voûtées et aux salles en dôme qu'on observe à des intervalles irréguliers dans les passages secondaires et tortueux, il lui paraît impossible de les rapporter à une violence mécanique quelconque. Dès lors, M. Buckland suppose que la formation de pareils dômes

et de semblables passages doit être attribuée à des vapeurs
acides (l'acide carbonique sans doute), qui se seraient
dégagées des fissures, des terrains adjacents, et auraient
corrodé une portion des calcaires dans lesquels ces cavernes sont creusées.

Dans les calcaires compactes, les cavernes ne paraissent pas non plus à M. Buckland avoir pu être produites
de la même manière que les cellules et cavités de dimensions diverses qu'on rencontre dans les laves poreuses.
Celles-ci sont réellement dues à de l'air renfermé dans
la substance pâteuse des laves, soit avant, soit pendant
les progrès de la consolidation, tandis que ces cellules se
voient dans les calcaires du grain le plus compacte, et
dans lesquels on ne rencontre pas la moindre trace de
structure celluleuse.

Enfin, l'intérieur de ces cavernes présente assez généralement une surface cariée irrégulièrement, semblable
à celle qui serait produite dans une masse de calcaire
soumise à l'action d'un acide. Si ces acides étaient mélangés avec l'eau, la chaux carbonatée ainsi dissoute
doit avoir été enlevée à l'état de solution. Les flancs des
cavernes ont dû être couverts des parties les moins solubles de la roche, telles que des concrétions siliceuses, et
des fragments de débris organiques ont dû rester en relief; et c'est précisément ce qu'on observe autour de ces
voûtes cariées.

Les débris organiques de ces couches, particulièrement les coraux, paraissent parfois disposés de manière
à démontrer qu'un temps considérable a dû s'écouler
entre le dépôt des lits successifs de calcaire, dans lequel
ils sont enveloppés. Dès lors, aucune accumulation de
gaz dans des expansions caverneuses communiquant ensemble et passant d'une couche à l'autre, n'aurait pu
avoir lieu dans des lits de calcaire déposés ainsi, à des
intervalles successifs.

D'après les faits rapportés dans notre travail, il semble bien probable que la plupart des cavités souterraines ont été agrandies par l'action des eaux ; mais d'après ces mêmes faits, il est difficile de les considérer comme ayant toutes été produites par cette action. Seulement, par l'effet des eaux, s'expliquent, de la manière la plus simple et la plus naturelle, les concrétions siliceuses et les débris des corps organisés que l'on y voit souvent en relief sur leurs flancs. Mais ce que nous ne saurions admettre avec M. Buckland, c'est que les voûtes élevées, les vastes dômes et les salles voisines dans lesquelles on voit les étroits passages de plusieurs d'entre elles s'élargir tout à coup, aient été produites par une pareille action, qui n'aurait pas pu s'exercer d'une manière aussi irrégulière et aussi inégale. Les grandes cavités souterraines, dont les dômes de certaines n'ont pas moins de 300 mètres de hauteur verticale, n'ont certainement pas été formées par l'effet du dégagement de vapeurs acides, dont rien, du reste, ne démontre la réalité. Elles sont plutôt des effets dus au soulèvement et au chevauchement des couches, produits, si l'on veut, par l'expansion des gaz, au moment où les roches étaient encore dans un état de mollesse ou de malléabilité particulier.

La grandeur de ces dômes ou des salles intérieures souterraines, serait par cela même généralement proportionnée à la violence et aux effets produits par ces soulèvements. Aussi, ne voit-on plus de dômes ni de voûtes élevées dans les cavernes des terrains tertiaires et quaternaires, soit en raison de ce que les couches calcaires qui composent ces terrains ont beaucoup moins de masse et d'épaisseur que celles des formations secondaires, soit enfin parce que d'après cette particularité, les effets des soulèvements ont dû y être moins sensibles et moins prononcés.

D'après cette manière de concevoir la formation des

grandes cavités souterraines dont on ne peut expliquer
l'origine par des causes semblables à celles qui ont produit les fentes ou les fissures verticales, la lenteur avec
laquelle les couches qui les composent ont pu être précipitées, semble tout à fait indifférente ; car le déplacement de ces couches n'a dû avoir lieu que lorsque leur
ensemble était non complètement solidifié, mais totalement déposé.

Sans doute l'origine des cavernes des terrains calcaires
est un des problèmes les plus difficiles de la géologie ;
mais lorsque l'on considère que ces cavités souterraines
ne sont jamais considérables que dans les terrains secondaires, il est difficile de ne point reconnaître l'influence
qu'a exercée sur leur étendue l'époque de leur formation,
et en second lieu les effets que les soulèvements ont dû
exercer sur les terrains les plus décidément stratifiés, et
dont les strates ont aussi la plus grande épaisseur. On doit
avoir principalement égard à ces deux faits lorsqu'on
veut se former une idée précise de l'origine des grandes
cavités souterraines, qui ne sont pas pour le géologue un
moindre sujet d'étonnement, que pour le vulgaire toujours prêt à voir du merveilleux dans les œuvres de la
nature.

1° *Cavernes ouvertes dans le calcaire de transition supérieur.*

1° **Caverne de Callow** près de Wirksworth, dans le
Derbyshire.

Elle est ouverte dans un calcaire de transition supérieur, dit calcaire métallifère, à raison d'une mine de
plomb sulfuré qui y est exploitée.

Cette cavité n'a encore présenté que des ossements de
rhinocéros, de cerfs et de bœufs.

2° **Caverne de Goat** à Paviland, dans le Glamorgan,
sur les côtes de la mer.

Cette caverne, ouverte dans le calcaire de transition supérieur, ne paraît pas offrir la moindre trace de stalagmites. On n'y a encore remarqué que des ossements d'éléphant et de cerf.

3° Caverne de Bannwel, dans le comté de Sommerset.

Cette caverne, creusée dans un calcaire compacte de transition supérieur (*mountain limestone*), offre, comme la plupart de ces cavités, des limons rougeâtres avec des fragments du même calcaire qui forme le massif de la montagne.

Ces limons présentent le caractère habituel aux autres limons du même genre ensevelis dans les cavernes. Les ossements qu'ils renferment se montrent mêlés avec des fragments anguleux de la roche dans laquelle les cavernes de Bannwel sont creusées. Ainsi, à Bannwell, les ossements des herbivores et des carnassiers sont entremêlés de fragments de calcaire carbonifère ou calcaire de montagne, le même qui forme le massif des cavernes.

On y a découvert : 1° deux espèces d'ours, dont l'un paraît se rapporter à l'*ursus spelæus*; 2° des loups; 3° des renards; 4° un ruminant à bois qui paraît se rapprocher du daim; 5° deux espèces de ruminants à cornes, du genre des bœufs.

M. Williams, à qui nous en devons une description, a supposé que tous ces ossements ont dû y être entraînés par les eaux.

4° Cavernes de Dream-Cave, près de Wirksworth dans le Derbyshire.

Cette caverne, décrite par M. Buckland, se trouve, comme les précédentes, dans un calcaire compacte de transition supérieur (*mountain limestone*).

On y a découvert : 1° des ossements d'éléphant; 2° un squelette presque entier de rhinocéros; 3° des ossements d'aurochs; 4° des débris de cerf ou de daim.

5° Cavernes de Burrington, à l'est de Bannwel.

Toujours ouvertes dans le même calcaire, ces cavernes sont les premières de l'Angleterre où l'on ait découvert des ossements humains, et, ce qui est bien remarquable, dans les plus profondes et les plus basses de ces cavités.

Les plus élevées renferment des débris d'ours, de putois, d'élan et de cerf, dont les espèces paraissent perdues. Les mêmes débris se rencontrent également dans celles de ces cavités où l'on observe des ossements humains.

2° Cavernes à ossements ouvertes dans le calcaire jurassique.

La plupart des cavernes de l'Angleterre, ouvertes dans le calcaire jurassique, sont presque toutes caractérisées par la présence des hyènes. Ces carnassiers ne paraissent pas se rencontrer dans celles que l'on observe dans le calcaire de transition (*mountain limestone*).

La position géographique des unes et des autres peut assez bien rendre raison de cette différence. Les premières, plus rapprochées des mers et par conséquent des plaines, ont été mieux placées relativement aux habitudes de ces animaux; tandis que les secondes, plus dans le centre des montagnes, convenaient davantage par leur position aux ours, et aux autres espèces qui se plaisent au milieu des forêts des montagnes élevées.

Ainsi se vérifient les rapports qui paraissent exister entre certaines espèces et la position des lieux dans lesquels on les découvre, rapports qui indiquent à la fois que les animaux ensevelis dans les cavernes n'y ont pas été transportés de loin, et qu'ils avaient alors des stations différentes, comme actuellement.

1° Cavernes d'Oreston, près de Plymouth.

L'on voit, dans les environs de cette ville, une vingtaine de cavernes à ossements qui, pour la plupart, communiquent ensemble, et avec la surface du sol par des espèces de puits.

L'on y découvre : 1° des ours; 2° des hyènes; 3° des loups; 4° des rhinocéros; 5° des chevaux; 6° des cerfs; 7° des bœufs.

2° Cavernes de Hutton, dans le comté de Sommerset.

Ces cavernes renferment à peu près les mêmes espèces que les précédentes. On y a signalé : 1° des hyènes, au moins deux espèces; 2° des lions ou des tigres, ou du moins de grandes espèces du genre *felis;* 3° des loups; 4° des renards; 5° des éléphants; 6° des chevaux; 7° des lièvres et des lapins; 8° des rats; 9° des oiseaux.

Jusqu'à présent, l'on n'y a point observé des os de bœufs; mais l'on y a découvert une dent de lait et d'autres débris d'un jeune éléphant, qui devait avoir tout au plus deux ans. Ce fait et une foule d'autres que nous pourrions citer, nous annoncent que les animaux dont les débris ont été entraînés dans les cavités souterraines où sont les restes de ceux qui peuvent y avoir vécu, s'y trouvent dans les âges les plus différents. Cependant, quoique les individus jeunes y soient assez nombreux, il paraît néanmoins que la plupart se rapportent à des espèces adultes; et ce sont, en effet, celles-ci qui constituent essentiellement la population des cavernes. Ce fait se remarque généralement dans toutes, soit que l'on y voie un mélange d'herbivores et de carnassiers, soit que l'on n'y découvre que des herbivores.

3° Cavernes de Mendipp, dans le comté de Sommerset.

On a indiqué une foule de cavernes à ossements, situées dans le comté de Sommerset et dans les montagnes de Mendipp, dont la population est toute particulière et différente de celle de Bannwell, que nous avons déjà mentionnée. Si ces cavernes sont différentes de cette dernière, ce qui nous paraît extrêmement probable, peut-être se trouvent-elles dans le calcaire de transition, et non dans le calcaire jurassique, comme on l'a annoncé.

Quoi qu'il en soit, la population de ces cavernes se

compose : 1° d'ours; 2° d'hyènes; 3° de loups; 4° de renards ; 5° de putois; 6° d'éléphants ; 7° de cochons ou
sangliers ; 8° de chevaux ; 9° de rats ; 10° de souris ;
11° de lièvres et de lapins; 12° de cerfs ; 13° de bœufs.

Avec ces mammifères terrestres, l'on a également découvert de nombreux débris d'oiseaux. Plusieurs de ces
débris ont paru analogues à ceux de la tribu des pélicans,
mais dont toute l'organisation annonçait pourtant une
grande puissance pour voler ou pour courir. Enfin, avec
ces divers débris organiques, l'on a rencontré des fragments d'une poterie noirâtre, extrêmement grossière,
et cela dans les mêmes limons.

D'autres cavernes, moins considérables que celle-ci, se
trouvent également dans le même comté de Sommerset ;
on n'y a aperçu que des ossements de diverses espèces de
cerf, d'antilope ou de mouton, avec des débris d'oiseaux.

Enfin, d'autres cavités souterraines existent dans le
Derbyshire, outre celles que nous avons décrites ; mais
ces cavités, n'offrant pas dans leur intérieur la moindre
trace de dépôts diluviens, ne recèlent pas non plus des
ossements. Une seule, creusée dans le calcaire jurassique,
est fameuse pourtant par le grand nombre de débris
organiques qu'elle renferme : c'est la caverne de Kent
dont nous allons donner une idée.

4° Caverne de Kent, dans le Derbyshire.

Cette cavité, explorée par M. Marc Enery, paraît ouverte dans un calcaire qui repose sur l'argile schisteuse.
Aussi doutons-nous beaucoup que ce calcaire se rapporte
à l'époque jurassique, d'autant que le sol de cette contrée se compose de schiste et de grauwake, et que l'on
a découvert dans cette caverne des galets pugillaires de
granite, de grunstein, et, dans les parties les plus basses,
des fragments de schiste, de grauwake, les uns roulés,
les autres anguleux, mêlés avec les ossements au-dessous
de la croûte stalagmitique.

La présence dans ces souterrains de cailloux roulés de granite et de grunstein, que l'on ne rencontre en place, dans les points qui en sont les plus rapprochés, que dans le canton de Dartmoor, indique assez à quelle cause elle doit être attribuée.

Les ossements découverts dans la caverne de Kent sont nombreux, et se rapportent à une assez grande quantité d'espèces. On y a signalé, en effet, 1° de grands ours; 2° différentes espèces d'hyènes; 3° des chats (*felis*) de la taille au moins du lion; 4° des chauve-souris; 5° plusieurs rongeurs, parmi lesquels les lièvres et les lapins sont les plus nombreux. Les autres sont principalement le rat d'eau (*mus amphibius*) et le mulot; 6° des pachydermes, parmi lesquels l'on a remarqué des éléphants, des rhinocéros et des chevaux d'une grande taille; 7° des ruminants du genre bœuf, parmi lesquels se trouve l'aurochs (*bos ferus*), et de plus une assez grande quantité de débris de diverses espèces de cerfs; 8° enfin, de nombreux restes d'oiseaux.

Parmi ces ossements, on en cite d'empreints de coups de dents, et plus ou moins rongés. L'*album græcum* ou les fientes des animaux qui, comme les hyènes, ont l'habitude de ronger les os, y sont abondantes.

5° Caverne de Torkay dans le Dewonshire.

Cette cavité souterraine offre tout à fait les mêmes circonstances et les débris des mêmes animaux que celle de Kent, dont elle est du reste fort rapprochée.

6° Caverne de Kirdale, dans le Yorckshire.

Celle-ci, ouverte dans les assises moyennes du calcaire jurassique, est la caverne à hyènes la plus fameuse de l'Angleterre. Ces carnassiers sont, du reste, loin d'être les seuls que l'on y découvre, ainsi que le prouvera l'énumération que nous allons en donner :

1° Plusieurs espèces de grands ours; 2° différentes espèces d'hyènes; 3° également plusieurs grands *felis* de la

taille du lion ou du tigre; 4° des loups; 5° des renards;
6° des belettes; 7° des lièvres et des lapins; 8° des rats
d'eau; 9° des souris; 10° des éléphants; 11° des rhinocéros; 12° des hippopotames; 13° des chevaux; 14° des
bœufs de la taille du bœuf domestique; 15° des cerfs, au
moins trois espèces; 16° des oiseaux analogues aux cor-
beaux, aux pigeons, à l'alouette, à une petite espèce de
canard, et à un passereau de la taille d'une grive.

Les ours sont peu nombreux à Kirdale. Il en est le contraire des hyènes, dont les débris se montrent tout aussi
rongés que ceux des autres animaux. Aussi, M. Buckland
a-t-il fait observer, dans ses *Reliquiæ diluvianæ*, que,
d'après ces faits, les hyènes devaient s'attaquer mutuellement et s'entre-dévorer.

D'après le même observateur, un grand nombre des
os que l'on découvre à Kirdale, sont frottés et polis d'un
côté, tandis qu'ils ne le sont pas de l'autre. D'après cette
circonstance, M. Buckland a supposé que les hyènes
marchaient ou se couchaient sur les ossements qui jon-
chaient le fond de la caverne. Du reste, ce qui est arrivé
aux os de cette cavité, est à peu près général à tous les
ossements, comme aux galets qui les accompagnent, et
même dans les cavernes où il n'existe pas de débris de
carnassiers.

7° Cavernes de Scaham-Dem.

Nous ne connaissons ces cavernes que par l'indication
que nous en avons trouvée dans le *Gentleman Magazine*
de septembre 1823.

Ces cavernes offrent, d'après la description qui en est
donnée, de nombreux débris de mammifères terrestres,
principalement des cerfs. Ce qu'elles ont de particulier,
c'est de montrer des ossements humains, confondus dans
les mêmes limons, où se rencontrent les restes des mammifères terrestres, et cela avec des coquilles marines,
soit bivalves, soit univalves.

Les cavernes de Dunnyre-Parck, comté de Kilkenny, présentent bien, comme les précédentes, des ossements humains; mais ceux-ci sont d'une tout autre date que les premiers. D'abord on ne les voit point ensevelis dans des dépôts diluviens, ni mêlés avec aucun débris de mammifères terrestres, quoique M. Hart, à qui l'on en doit l'indication, ait fait remarquer que des lapins vivaient en assez grand nombre dans ces souterrains. Enfin, ces derniers sont d'une origine tellement récente, que M. Hart a suivi la trace des eaux courantes qui les y ont entraînés d'un cimetière voisin.

Il en est de même des ossements humains que nous avons indiqués dans les cavernes de Durfort (Gard); ceux-ci, comme les restes de notre espèce qui se trouvent dans les limons supérieurs des cavernes de Mialet, y ont été visiblement apportés par des hommes. Ces débris n'ont rien de commun avec ceux que l'on voit disséminés et mélangés à des espèces perdues, et confondus dans les mêmes limons. Aussi, lorsqu'on visite des cavités souterraines, est-il essentiel d'avoir égard à toutes les circonstances du gisement des ossements humains; car autrement l'on risquerait de commettre des erreurs graves, relativement à l'époque où ces débris y auraient été transportés et entraînés. C'est, sans doute, parce que plusieurs observateurs n'ont pas tenu compte de ces circonstances, qu'il s'est élevé tant de discussions à cet égard. A la vérité, ces discussions sont devenues à peu près superflues, depuis qu'il a été prouvé qu'un certain nombre d'espèces, dont les cavernes recélaient les débris, présentaient des races distinctes et diverses; qu'en second lieu, certaines espèces s'étaient éteintes depuis les temps historiques, ce que nous annoncent à la fois les monuments et les écrits des anciens, et enfin, ce qui est encore plus remarquable, les observations de plusieurs auteurs modernes qui méritent toute notre confiance.

1° Cavernes des environs de Syracuse.

Les cavernes à ossements de la Sicile sont toutes ouvertes dans le calcaire tertiaire marin supérieur, ou calcaire moellon. Les unes sont caractérisées par les ours, et les autres par les hippopotames. Parmi les premières, on peut signaler celles des environs de Syracuse, dans lesquelles l'on a observé les espèces suivantes :

1° *Ursus cultridens* ou *etruscus* ; 2° des carnassiers du genre chien, *canis* ; 3° *hippopotamus major* ; 4° une espèce de bœuf assez rapprochée du bœuf à front bombé de l'Italie supérieure et du Val d'Arno ; 5° différentes espèces de chèvre et d'antilope.

2° Cavernes des environs de Palerme.

1° Caverne à ossements de San Ciro.

Cette caverne, ouverte dans le calcaire moellon, où abondent un grand nombre de coquilles analogues à celles qui vivent aujourd'hui dans la Méditerranée, renferme beaucoup d'ossements. Ces ossements s'y montrent plus ou moins roulés, et cimentés par du carbonate calcaire. La majeure partie appartient à l'hippopotame, et d'autres à l'*elephas primigenius*.

L'on y découvre également des dents et d'autres débris de grands carnassiers des genres *felis* et *canis*, et en outre des restes des *ursus etruscus* et *cultridens*. Les chèvres, les bœufs, les antilopes et les daims sont les principaux herbivores de cette ancienne population.

Une brèche osseuse s'étend au dehors de cette caverne ; elle diffère de la brèche ossifère de l'intérieur par une plus grande quantité de roches fragmentaires et de galets.

et une plus grande altération dans les débris organiques
qu'elle renferme.

Le sol de la caverne de San Ciro est couvert de coquilles
marines, dont les espèces paraissent analogues à celles
qui vivent aujourd'hui dans la Méditerranée ; il paraît
même que ses parois ont été polies et creusées par l'action des eaux, et perforées par les lithodomes. Aussi,
d'après ces faits, certains observateurs ont pensé que
cette partie des côtes de la Sicile a dû être élevée à
son niveau actuel, lorsque déjà la mer nourrissait les
animaux qui y existent aujourd'hui.

Suivant d'autres, au contraire, d'après ses ossements
et sa position sur un ancien rivage, cette caverne aurait
été plutôt un débouché souterrain des eaux des vallées
intérieures de la Sicile, analogue à ceux que MM. Boblaye
et Virlet ont reconnus en si grand nombre sur les rivages
de la mer, en Morée, lesquels ont succédé au soulèvement des dépôts subapennins.

2° Cavernes à ossements de Belliemi.

Ces cavernes, fort rapprochées de celle de San Ciro,
ont présenté à peu près les mêmes espèces que celle-ci.
On y a seulement signalé, de plus, des débris de bœuf
analogue au bœuf à front bombé de l'Italie supérieure et
du Val d'Arno.

––

CAVERNES A OSSEMENTS DE L'ITALIE.

Ces cavernes, ouvertes dans le calcaire jurassique,
ont été décrites par M. le professeur Savi. Elles présentent toujours les mêmes circonstances que celles que
nous avons déjà énumérées. Ainsi, par exemple, elles
offrent une grande quantité de cailloux roulés, disséminés dans le limon, et un épais glacis stalagmitique qui

recouvre, non seulement le limon, mais les ossements
eux-mêmes.

Ces ossements se rapportent à l'*ursus spelæus*, ainsi
qu'à de grandes espèces du genre chat (*felis*) et à des
cerfs.

Les fentes étroites que l'on aperçoit dans certains points
de ces cavernes, sont remplies par un ciment solide et
une masse d'ossements, lesquels y composent, comme
dans une infinité d'autres cavités souterraines, de véritables brèches osseuses. Aussi, les uns ont rapporté les
dépôts à ossements des environs de Gènes, aux cavernes
à ossements, tandis que d'autres, n'ayant reconnu que
les fentes étroites, les ont assimilés aux brèches osseuses.

—

CAVERNES A OSSEMENTS DE LA FRANCE.

Les cavernes à ossements de la France sont les plus
variées, sous le rapport des roches dans lesquelles elles
sont ouvertes. Le plus grand nombre s'y trouve dans le
calcaire jurassique. Une seule y est connue dans un calcaire inférieur à celui-ci : c'est la caverne de Sallèles.
Quant à celles que l'on observe dans le calcaire marin
tertiaire, leur nombre s'augmente de plus en plus, à
mesure que l'on observe mieux. Il paraît que les cavernes
à ossements ouvertes dans les terrains tertiaires, appartiennent au système méditerranéen, où les bancs pierreux
marins supérieurs ont pris la plus grande extension.

Du moins, l'on n'en a observé jusqu'à présent que sur
les côtes du midi de la France, ainsi que sur celles de la
Sicile et de l'Italie. A la vérité on en a cité deux dans le
bassin de Bordeaux, mais l'on sait que ce bassin, à une
distance à peu près égale de l'Océan et de la Méditerranée,

tient le milieu aussi bien par sa position, que par les
espèces fossiles qu'il renferme, entre les bassins océa-
niques et méditerranéens. Cette particularité d'offrir
également, comme les derniers de ces bassins, des cavernes à ossements, n'est pas le trait d'analogie le moins
frappant qui existe entre la grande vallée de la Gironde
et celles qui se rattachent d'une manière plus immédiate
à la Méditerranée.

Les cavernes de la France, ouvertes dans un calcaire
plus ancien que ceux qui font partie du système jurassique, offrent à peine des traces d'hyènes. Du moins,
jusqu'à présent, nous n'y avons observé que deux seules
dents de ce carnassier, et quelques pelotes d'*album græcum*, dans celles de Nabrigas et de Sallèles. Cette dernière
caverne est à peu près la seule, avec celle de Villefranche,
qui soit creusée dans un calcaire de transition.

I. *Cavernes à ossements ouvertes dans le calcaire de transition
inférieur.*

1° Cavernes à ossements de Villefranche (Pyrénées-
Orientales.)

Il existe dans les environs de Villefranche diverses
cavernes à ossements. Les unes se trouvent dans la montagne de Belloch, et dans l'intérieur de la citadelle de
cette petite forteresse. Les autres sont, au contraire,
dans la montagne Saint-Jacques, située au sud de Villefranche. Ces deux montagnes appartiennent l'une et l'autre
au calcaire de transition inférieur, et sont également
traversées par des failles et des cavités plus ou moins
considérables. Quant à la montagne Saint-Jacques, c'est
une sorte de contre-fort du Pla Guillem, c'est-à-dire du
système du Canigou, le point le plus élevé de la chaîne
des Pyrénées-Orientales. Ce contre-fort sépare la vallée
des bains du Vernet et de Corneilla, de celles de Sahorre

et de Fulla, vallées qui sont tout à fait au pied du Canigou, et qui en reçoivent les eaux.

Le calcaire de transition qui compose à la fois les montagnes de Belloch et Saint-Jacques, repose immédiatement sur le calcaire primitif. Le premier, du moins
dans ses couches supérieures, se montre fendillé dans tous
les sens, et percé de failles qui deviennent fréquemment
des cavités plus ou moins considérables, analogues à
celles que nous avons déjà indiquées. Les coupes que
l'on observe vers la base de ces montagnes, et particulièrement dans le lit de la Thet et du torrent de Corneilla
qui les séparent, permettent de juger d'une manière
certaine leur position au-dessus des roches primitives.
C'est aussi à cause de cette superposition immédiate, et
de ce que ce calcaire se rattache au système primordial
des roches qui composent le massif du Canigou, que nous
le rapportons aux plus anciennes des formations de
transition.

Quoi qu'il en soit, sa couleur est bleuâtre, et sa cassure présente des grains fins, cristallins, mais pas complètement rhomboïdaux. Par suite des nombreuses fissures
qui le traversent, il est recouvert, dans l'intérieur des
cavernes Saint-Jacques, de stalactites et de stalagmites
d'un beau blanc, lesquelles imitent les formes les plus
diverses. Le sol de cette caverne est couvert d'une couche
plus ou moins épaisse de dépôts diluviens, composés de
limon rougeâtre dans lequel sont disséminés de nombreux
cailloux roulés et des roches fragmentaires.

Il en est de même de celle de Belloch, dont l'entrée
est dans la citadelle de Villefranche. Nous y avons appris
que, lors de la construction de cette forteresse, les
limons de cette caverne avaient offert un grand nombre
d'ossements dont on ne retrouve presque plus de traces
aujourd'hui. Il en sera bientôt de même dans celle de
Saint-Jacques, par suite des travaux que le génie y fait
exécuter.

Nous devons à la complaisance de M. Ribot, capitaine du génie, ceux que nous allons signaler, et qui ne peuvent donner qu'une idée fort incomplète de la population de cette cavité souterraine. Du moins, cet officier nous a affirmé qu'avant lui, on avait extrait un grand nombre d'ossements, et que ceux qu'il m'adressait, n'étaient qu'une faible partie des os qu'il y avait recueillis. Nous ne pouvons donc donner qu'une idée de ceux que nous devons à son obligeance.

I. MAMMIFÈRES TERRESTRES.

1° CARNASSIERS.

1° *Ursus spelæus, pitorrii, et arctoïdeus;*
2° *Hyæna spelæa.*

2° RONGEURS.

1° *Lepus timidus, et cuniculus.*

3° PACHYDERMES.

1° *Rhinoceros incisivus;*
2° *Equus caballus,* en grand nombre.

4° RUMINANTS.

1° *Cervus,* plusieurs espèces indéterminées;
2° *Bos,* plusieurs espèces indéterminées.

II. ANIMAUX VERTÉBRÉS.

COQUILLES TERRESTRES.

1° *Bulimus decollatus;*
2° *Cyclostoma elegans.*

Ainsi, partout la population des cavernes est absolument la même; et quelle que soit la distance horizontale

qui les sépare, on retrouve, dans presque toutes, les
mêmes espèces animales, et cela, jusque dans les plus
petits détails. Une pareille uniformité en annonce une
non moins grande dans la cause qui a produit la réunion
de tant d'animaux dans les cavités souterraines.

II. *Cavernes à ossements ouvertes dans le calcaire de transition supérieur.*

1° Caverne à ossements de Salléles (Aude).

Cette caverne est creusée dans une sorte de marbre
d'un blanc grisâtre, lequel repose sur des phyllades mi
cacés satinés, et sur des schistes argileux de transition.
Les fentes qui y existent, sont remplies par des brèches
osseuses, dans lesquelles abondent des cailloux roulés et
des roches fragmentaires. Il en est de même des limons
que l'on voit disséminés sur le sol de ces cavités.

Quoique les ossements n'y soient pas très-nombreux,
ils se rapportent pourtant à une assez grande quantité
d'espèces.

Nous y avons reconnu :

1° Les *ursus spelœus, pitorrii, arctoïdeus* et *meles;*
2° l'*hyæna spelæa.* Les débris de ces carnassiers, et surtout ceux des hyènes, y sont peu abondants. En effet,
nous n'y avons observé qu'une seule dent de cette espèce,
et une seule pelote d'*album græcum;* 3° *canis lupus
vulpes;* 4° *elephas,* probablement le *primigenius;* car,
jusqu'à présent, le *meridionalis* de M. Nesti n'a pas été
découvert dans les cavernes. Du reste, le peu de débris
que nous en avons rencontré, ne permet pas de résoudre cette question; 5° *equus caballus,* au moins deux
races ; 6° *cervus Reboulii* et *Dumasii, nobis;* 7° *capreolus
Tournalii, Leufroyi, nobis;* 8° *antilope Christolii; bos tau
rus* et *ferus;* 9° un assez grand nombre de restes d'oiseaux;
10° quelques coquilles terrestres, principalement des

hélices; 11° des débris de l'industrie humaine, mêlés et
confondus avec les restes organiques que nous venons
d'indiquer.

III. *Cavernes à ossements ouvertes dans le calcaire jurassique.*

1° Cavernes à ossements de Joyeuse (Ardèche).

Ces cavernes ont été découvertes dans les environs de
Joyeuse (Ardèche) par MM. de Malbos et Bournet.
D'après eux, ces cavités recèleraient des débris de grands
pachydermes.

Le seul ossement retiré de ces cavernes que nous
ayons vu, est une tête qui nous a paru avoir appartenu
à un chevreuil d'une espèce détruite. Du moins, la saillie
des pariétaux est si considérable à l'endroit où ils se
réunissent à la portion écailleuse du temporal, qu'ils y
forment une bosse extrêmement prononcée. Ce caractère,
joint à la saillie de l'occipital vers sa protubérance, ne
paraît se présenter chez aucune espèce des cerfs connus
jusqu'à présent.

Nous donnerons, du reste, une description détaillée
de cette tête et des autres débris organiques qui ont été
découverts avec elle, lorsque nous aurons visité les cavernes où ont été rencontrés tous ces restes d'animaux
des temps déjà si éloignés de nous.

Pendant l'impression de cet ouvrage, M. Malbos nous
a transmis de nouveaux détails sur les cavernes à ossements de Joyeuse, renseignements que nous nous em-
pressons de publier.

D'après cet observateur, les cavernes de Joyeuse
(Ardèche), outre le chevreuil qui se fait remarquer,
non seulement par les caractères que nous avons signalés,
mais encore par la position singulière de ses cornes, recèlent une foule d'autres animaux. Ainsi, M. Malbos
paraît y avoir aperçu divers fragments des grands ours

des cavernes, et une tête presque entière du glouton
(*ursus gulo*), ou du moins d'une espèce analogue. Il y a
également rencontré des débris de très-grandes dimensions, qui semblent avoir appartenu au mammouth
(*elephas primigenius*), et enfin d'autres moins considérables, probablement se rapportant aux cerfs et aux bœufs.

Le calcaire qui compose cette caverne, ainsi que celles
en fort grand nombre de l'Ardèche (M. Malbos les évalue
à environ cent trente), est compacte, blanchâtre, couleur qui le distingue des calcaires inférieurs, sur lesquels
il est immédiatement superposé. Ce calcaire supérieur
commence à Banes, se dirige constamment du sud-ouest
au nord-est, allant se perdre au-dessous de l'Ardèche.
Cette roche, comme la plupart de celles qui appartiennent à l'état inférieur jurassique, est non seulement remarquable par les nombreuses cavernes qu'elle renferme
mais encore par l'aspect ruiniforme que présentent ses
couches supérieures.

Toutes les cavernes de l'Ardèche ne sont pas ouvertes
dans ce calcaire jurassique. Du moins, M. Malbos en cite
trois ou quatre dans le calcaire oolitique, trois dans le
grès et deux dans le terrain volcanique, si l'on peut
donner le nom de caverne à l'excavation qui se trouve
dans les terrains basaltiques du pont de la Beaume, et à
un trou ou galerie de quelques pieds de longueur, qui se
trouve dans le fond du cratère du volcan de Coupe, près
d'Entraigues.

Il nous paraît que ces trous ou ces excavations ne
peuvent, sous aucun rapport, être assimilés aux cavernes
et encore moins à celles qui renferment des ossements.
Du reste, la plupart de celles de l'Ardèche ne renferment
pas de débris organiques, peut-être parce que la plupart
sont à un niveau bien supérieur à celui auquel s'arrêtent
les dépôts diluviens.

On n'en a pas encore découvert dans la plus belle et la

plus vaste du département de l'Ardèche. Cette caverne
est celle de Tharenne, sur les rives de la Sère ; elle est
divisée en quatorze salles principales, toutes tapissées
par de brillantes et magnifiques stalactites et stalagmites.
Cette cavité est assez difficile à parcourir dans sa totalité,
en raison des puits nombreux et verticaux qui la coupent
dans différentes directions. Certains de ces puits n'ont
pas moins de 50 à 100 pieds de profondeur.

De toutes parts, d'après le savant observateur que
nous avons cité, on voit dans ces cavités souterraines,
des traces de l'action des eaux qui y ont entraîné des
dépôts diluviens, lesquels forment souvent des couches
distinctes de limons où sont disséminés, soit des cailloux
roulés, soit des roches fragmentaires. Ces limons, plus
ou moins argileux et plus ou moins calcaires, sont le
plus généralement d'un brun rougeâtre ou d'un brun
jaunâtre, parsemés de lames brillantes, gras au toucher,
et prenant en se desséchant une cassure conchoïde très-
prononcée.

Telles sont les observations qui nous ont été transmises
par M. Malbos ; nous espérons que ce savant les complè-
tera dans l'intérêt de la science, et nous fera connaître
l'entière population dont les débris ont été entraînés
dans les cavités souterraines de la contrée qu'il habite.
Puisse-t-il ne pas tromper notre espoir !

2° Cavernes à ossements des environs du Vigan.

Celles-ci recèlent principalement des débris d'ours,
lesquels se rapportent aux *ursus spelœus* ou *pitorrii*, et
très-certainement d'autres à l'*arctoïdeus*. L'on y découvre
également des restes de chevaux, avec d'autres ossements
qui signalent plusieurs espèces de cerfs et de bœufs.

3° Caverne de Brunniquel (Tarn).

Celle-ci paraît être dans la couche la plus inférieure
de la formation jurassique, c'est-à-dire dans le lias. Nous
n'y avons rencontré que des ossements de ruminants,

savoir : des cerfs et des bœufs, avec quelques débris d'oiseaux. Les mêmes animaux se rencontrent également dans les brèches ferrugineuses de cette localité, ce qui prouve l'identité de ces deux ordres de phénomènes.

4° Caverne d'Argou (Pyrénées-Orientales).

Cette caverne ouverte dans les couches des parties supérieures du lias, ne nous a présenté aucune trace de carnassiers. Nous y avons reconnu, 1° le *rhinoceros tichorinus;* 2° le *sus scropha;* 3° l'*equus caballus;* 4° les *bos ferus* et *taurus;* 5° l'*ovis tragelaphus;* 6° les *capreolus Tournalii* et *Reboulii.*

Cette caverne à ossements est remarquable à la fois par sa position, et par cette circonstance de présenter une grande quantité d'ossements et de limons tout à fait au dehors, s'étendant considérablement sur le sol extérieur. C'est même au dehors de la caverne que nous avons trouvé le plus grand nombre d'ossements, qui y ont été amenés de la partie supérieure de la montagne où elle est creusée.

5° Caverne de Villefranche (Aveyron).

Cette caverne, ouverte dans le lias, ne nous a présenté aucune trace de carnassiers. Les seules espèces de mammifères terrestres que nous y ayons découvertes, sont des ruminants.

Nous y signalerons, 1° le *procerus caribæus nobis;* 2° le *cervulus coronatus nobis;* 3° le *bos ferus.* Ces débris sont accompagnés d'un assez grand nombre de coquilles terrestres, parmi lesquelles l'on remarque principalement, les *helix nemoralis, nitida, cristallina* et *striata.*

6° Cavernes à ossements de Bognes (Aveyron).

Ces cavernes, ouvertes dans le lias, entre Bognes et Mostuéjouls, n'ont encore offert que des ossements humains et différentes espèces de cerfs.

7° Cavernes des environs de Meyrueis (Lozère).

Ces cavernes, assez rapprochées les unes des autres,

sont au nombre de quatre. On les désigne sous les noms
de Nabrigas, de Baume rousse, de Baume claire et de
Baume obscure. Les deux premières, surtout celle de
Nabrigas, sont les plus considérables et celles où l'on
découvre en même temps le plus grand nombre d'ossements. Elles sont situées à des hauteurs inégales sur les
flancs de la même montagne, laquelle est surmontée par
un plateau de la plus vaste étendue.

Voici les noms des espèces que nous y avons découvertes :

1° *Ursus spelæus*, *pitorrii* et *arctoïdeus*; principalement
les deux premières espèces; 2° *felis pardus*; 3° *hyæna
intermedia*; 4° rhinocéros; 5° sanglier; 6° cheval; 7"
bœufs; 8° grand antilope; 9° antilope moyen; 10° petit
antilope; 11° deux espèces de cerfs; 12° des oiseaux.

Les mêmes limons de la caverne de Nabrigas, ont
également offert des ossements humains, de la même
date que les autres ossements, avec divers produits de
l'industrie humaine. La caverne de Nabrigas est la seule
qui ait présenté l'entière série des espèces que nous
venons de signaler. Toutes sont, du reste, ouvertes dans
le lias ou le calcaire dolomitique jurassique (1).

La caverne de Nabrigas nous a présenté de très-jeunes
individus, du genre ours, aussi peu altérés que ceux de
Mialet, dont nous parlerons plus tard. M. Joly a également trouvé dans cette caverne une tête de l'*ursus arctoïdeus*, qui offrait, sur le pariétal gauche, une grave
blessure, laquelle avait percé la totalité de l'épaisseur
de cet os. Elle paraissait avoir été produite, soit par un
coup de dent d'un autre ours, soit par un coup de lance,
soit enfin par l'effet d'une tout autre arme piquante.
Cette blessure avait dû être suivie d'une cicatrice, et
avoir été guérie comme celles qu'avaient reçues les hyènes,, dont nous avons eu l'occasion de parler.

(1) Voyez l'Echo du Monde Savant, n° 29, 1854.

8° Cavernes de Fouvent (Haute-Saône).

Sous le nom commun de Fouvent, on comprend trois cavités différentes, qui, fort rapprochées les unes des autres, offrent les mêmes espèces et les mêmes limons diluviens. Ces limons les remplissaient même en totalité, lorsqu'elles ont été découvertes. Long-temps avant que nous eussions reconnu celles de Lunel-Viel, les cavernes à ossements de Fouvent étaient les seules qui fussent connues en France. Mais depuis que nous avons soutenu que ce phénomène était général, un grand nombre de pareilles cavités souterraines ont été observées dans notre patrie. Maintenant la France ne le cède à aucun autre pays sous ce point de vue.

On a remarqué qu'à Fouvent les herbivores y étaient singulièrement en excès, relativement aux carnassiers, du moins par rapport au nombre de leurs individus. Du reste, il en est de même à peu près partout.

On a considéré la caverne de Fouvent comme trop petite pour avoir servi d'habitation à des animaux carnassiers. Sa partie supérieure est seulement à environ deux mètres au-dessous de la surface du plateau où elle est située. Cette caverne se trouve entièrement remplie d'ossements mêlés avec une marne jaunâtre, et avec des fragments anguleux, soit de la roche environnante, soit des lieux voisins. Le tout était mêlé confusément et ressemblait aux dépôts *diluviens*, qui recouvrent les plaines et les vallées des lieux environnants.

Il n'a manqué à ce dépôt d'ossements, comme à celui que l'on voit dans la caverne de Banuwell et dans tant d'autres cavités souterraines, qu'un ciment calcaire solide, pour être semblable à celui que l'on découvre à Nice, à Sète et dans d'autres points des bords de la Méditerranée.

Ces cavernes, ouvertes dans le second étage du calcaire jurassique, recèlent des restes d'éléphant, comme les

10

autres cavités dans lesquelles l'on découvre des hyènes.
Voici les noms des animaux qui y ont été observés, et
dont M. Thiria, à qui nous devons la description de ces
cavernes et de celle d'Echenoz, a fait connaître la plus
grande partie.

1° *Ursus pitorrii*, *spelæus* et *arctoïdeus*; 2° *felis spelæa*;
3° *hyæna spelæa*, et peut-être une autre espèce; 4° *elephas
primigenius*; 5° *rhinoceros*; 6° *equus caballus*; 7° bœufs;
8° cerfs, plusieurs espèces.

9° Cavernes d'Échenoz (Haute-Saône).

Cette cavité, ouverte dans l'étage inférieur du terrain
jurassique, renferme toutes les espèces que l'on voit dans
celle de Fouvent. On y découvre cependant, de plus, des
restes de sanglier, et une grande espèce de *felis* encore
indéterminée, indépendamment du *felis spelæa* que l'on
voit aussi à Fouvent.

Ces ossements y ont été rencontrés au milieu d'une argile ou limon rougeâtre, qui renfermait une grande
quantité de cailloux arrondis, à surface lisse et dont la
grosseur est souvent céphalaire. Ces fragments sont tous
composés d'un calcaire lamellaire grisâtre, semblable
à celui dont les parois de la grotte sont formées, et qui
compose la plupart des roches des environs.

Indépendamment de ces cailloux qui ont été évidemment roulés par les eaux, et qui ne peuvent avoir pénétré
dans la grotte, que par quelques ouvertures qui se
trouvaient à la voûte et que l'on ne voit plus maintenant,
on rencontre dans l'argile ossifère des morceaux de
salactites et de stalagmites, dont les aspérités sont usées,
ce qui montre qu'ils ont été déplacés.

Le limon à ossements est recouvert partout par une
croûte de stalagmites épaisse. On ne trouve pas de cailloux
arrondis au-dessus de la croûte stalagmitique. D'après
cela, il est évident que les cailloux arrondis que renferme
le limon à ossements, ont été transportés par les eaux

et déposés dans la grotte avant la formation de la croûte calcaire.

Celle-ci, ouverte dans l'étage moyen jurassique, renferme une assez grande quantité d'ours.

Les espèces se rapportent aux *ursus spelæus*, *pitorrii*, et *arctoïdeus*. L'on y observe également une espèce du genre *canis*, plus petite que le loup, mais bien différente du renard. Des débris analogues à ceux de nos sangliers, de nos chèvres, et de nos bœufs, accompagnent les premiers ossements. Les espèces de ce dernier genre, se font remarquer par leur petite taille.

10° Cavernes à ossements d'Osselles près de Besançon (Doubs).

Ces cavernes, ouvertes dans le calcaire jurassique, étaient connues depuis fort long-temps ; mais elles n'ont acquis une certaine célébrité, que depuis que M. Buckland a reconnu qu'elles renfermaient une grande quantité de débris d'ours.

Ces ossements se rapportent aux *ursus spelæus*, *arctoïdeus*, et peut-être au *pitorrii*. Avec ces ours, l'on découvre une foule d'autres espèces; mais, comme elles n'ont pas encore été déterminées, nous n'en dirons pas davantage.

11° Cavernes à ossements d'Arcis (Aube).

Ces cavernes ont été indiquées par M. de Bonnard. D'après ce géologue, le sol de ces cavernes est recouvert par des limons graveleux, surmontés d'un épais glacis stalagmitique. Il a découvert dans ces limons des débris d'hippopotame, sur la détermination desquels il a d'autant moins de doutes, qu'il en a déposé les dents dans les collections du muséum d'histoire naturelle de Paris.

12° Cavernes à ossements de Miremont (Dordogne).

Ces cavernes seraient ouvertes, suivant les uns, dans l'étage le plus supérieur du terrain jurassique, et suivant les autres, dans la craie compacte inférieure. Ces deux ordres de formations sont tellement rapprochés dans la série, que ce point de fait est d'une très-faible importance. Il n'en est pas de même de celui des poteries, que M. de Lanoue dit y avoir découvertes dans des marnes argileuses, supérieures aux limons à ossements.

Ce dernier, rouge et tenace, offre non seulement des cailloux roulés et des graviers, mais, de plus, de nombreux débris de silex pyromaque. Les ossements y sont accompagnés de coquilles terrestres; la plupart d'entre eux sont brisés et fracturés. L'on n'y voit presque pas de stalactites, et par conséquent pas de trace du glacis stalagmitique, souvent si abondant dans les cavités souterraines.

On n'a encore cité, dans les cavernes de Miremont, que l'ours à front bombé, *ursus spelœus*; mais il est probable qu'il y a bien d'autres espèces de mammifères terrestres.

13º Cavernes à ossements de Plombières-lès-Dijons.

Ces cavités souterraines paraissent ouvertes dans le calcaire jurassique. On n'y a encore cité que trois genres: 1º Des ours d'une grande taille; 2º de très-grandes espèces de *felis*; 3º des cerfs d'une taille gigantesque.

Il serait curieux de s'assurer si les grands cerfs de ces cavernes se rapportent ou non au cerf à bois gigantesques, dont les restes sont si fréquents dans les dépôts diluviens de l'Angleterre et surtout de l'Irlande.

Un beaucoup plus grand nombre d'ossements que ceux que nous venons d'indiquer, se montrent ensevelis dans ces cavernes sous de grandes masses de stalagmites, qu'il faut rompre pour les en arracher. Aussi, paraît-il que les richesses géologiques de ces souterrains, ne sont pas moins considérables que celles des cavernes d'Osselles près de Besançon.

3° Cavernes à ossements dans la dolomie jurassique.

1° Cavernes à ossements de Mialet et de Jobertas (Gard).

Ces cavernes, peu distantes l'une de l'autre, sont ouvertes toutes deux dans la dolomie jurassique. Elles renferment également les mêmes animaux, parmi lesquels les ours sont les plus abondants.

Nous y avons néanmoins observé un assez grand nombre d'espèces, ainsi que le prouvera la liste suivante :

1° *Ursus spelœus*, *pitorrii*, *arctoïdeus*; 2° *felis pardus*, *spelœus*, *priscus*, *ferus*, et une analogue au serval; 3° *hyæna spelæa*; 4° *canis vulpes*; 5° *lepus timidus*, *cuniculus*; 6° *sus scropha*; 7° *equus caballus*; 8° antilope, deux espèces encore indéterminées, l'une de la taille du bouquetin, et l'autre de celle du chamois; 9° chèvre (*capra*); 10° *cervus Reboulii*; 11° *capreolus Tournalii*, et une autre espèce indéterminée; 12° *bos ferus*, *taurus* et *intermedius*; 13° divers débris d'oiseaux se rapportant à quatre espèces, l'une de la taille d'une oie très-grande, l'autre de celle de l'aigle noir. Quant aux deux dernières, leur grandeur et leurs autres caractères les rapprocheraient de l'effraie et de nos perdrix; 14° enfin, avec ces débris organiques, nous n'avons observé qu'une seule coquille, laquelle a paru se rapporter à l'*unio margaritifera*;

Des ossements humains de deux époques bien distinctes : les uns, ce sont aussi les seuls que l'on découvre dans les limons inférieurs, de la même date que les débris des ours, qui leur sont associés; les autres récents et aussi ensevelis, non dans les limons qui offrent des cailloux roulés ou des roches fragmentaires, mais dans les terres meubles qui les recouvrent.

L'on y a également découvert divers produits de l'industrie humaine, tels que des os et des dents d'animaux d'espèces perdues, percés et travaillés de différentes manières, des bracelets, et des poteries grossières. L'on nous a montré une petite figurine romaine, que l'on a prétendu y avoir découverte avec les autres objets d'industrie humaine, et cela dans les mêmes terres où sont les ossements humains récents. Quant aux fragments de poteries, disséminés de la manière la plus confuse avec les débris d'ours, tout annonce que ces fragments y ont été entraînés à la même époque que ces animaux. Les uns et les autres seraient donc de la même date, et il en serait également des ossements et des dents travaillés par la main des hommes.

Certains ossements des ours, appartenant aux espèces perdues que nous avons déjà indiquées, sont extrêmement peu altérés; ils sont même, sous le rapport de leur conservation, tellement semblables aux os frais, qu'on les dirait, pour ainsi dire, d'hier. Cette particularité se remarque principalement aux os qui ont dépendu de très-jeunes individus; elle est, au contraire, assez rare chez les os des individus adultes.

4° *Cavernes à ossements, ouvertes dans la craie compacte inférieure.*

1° Cavernes de Fausan, ou Aldenne, près Minerve (Hérault.)

Ces cavernes sont ouvertes dans la craie compacte inférieure, ou calcaire secondaire gris à nummulithes. Cette craie compacte repose immédiatement sur un calcaire noirâtre semi-cristallin de transition.

Les ours s'y montrent les plus nombreux, mais leurs débris n'existent pourtant que dans deux seules cavernes, quoiqu'il y en ait près de cent dans la même vallée. À la vérité, ces dernières ont leurs ouvertures pratiquées

de manière qu'elles n'ont pu recevoir ni les dépôts diluviens, ni les ossements; dès lors, l'on ne doit pas être
surpris de ne pas y en découvrir la moindre trace. L'une
de ces cavernes paraît avoir plusieurs lieues d'étendue;
aussi les ossements s'y montrent-ils à une fort grande
distance de l'ouverture qui nous est connue.

Ces débris d'ours des cavernes de Fausan, se rapportent aux mêmes trois espèces que nous avons si
souvent indiquées, savoir : 1° aux *ursus spelæus*, *pitorrii*,
arctoïdeus; 2° à une espèce du genre *canis*, très-rap-
prochée du chien ordinaire ; 3° à une espèce du genre
hyæna; 4° au *felis*, *leopardus*; 5° au lièvre et au lapin;
6° à l'*elephas primigenius*; 7° au cheval; 8° à plusieurs
espèces de cerf dont les débris sont trop brisés pour être
reconnaissables.

Des poteries et des verres émaillés y ont été rencontrés dans les mêmes limons où existent les restes des
ours. Tout porte à croire qu'ils sont de la même date
que ces débris, et d'autant plus que nous avons découvert un fragment d'un de ces verres émaillés dans l'intérieur du crâne d'un *ursus pitorrii*. Il paraît en être de
même des ossements d'espèces perdues, travaillés par la
main des hommes, et qui ont été trouvés dans les mêmes
limons que ceux où gisent les débris des ours.

Les cavernes de Fausan sont essentiellement des cavernes à ours; du moins ces animaux y sont hors de proportion avec les autres espèces qui leur sont associées.
La plupart de ces ours se font remarquer par l'extrême
usure de leurs dents, et particulièrement de leurs molaires, ce qui annonce leurs habitudes herbivores. En
effet ces animaux paraissent s'être principalement nourris
de substances végétales extrèmement dures, telles que
des écorces, des racines et des bois; ce qui explique
comment leurs màchelières sont aussi usées.

Du reste, il en est de même des ours de nos contrées

méridionales, qui sont généralement très-friands de l'écorce du bouleau, dont ils font de petites provisions, qu'ils emportent dans leurs tanières. Ceux-ci ne se retirent que dans des cavités très-peu spacieuses, ou plutôt dans des fentes de rochers si peu étendues, qu'elles méritent à peine le nom de trous; on n'en voit jamais dans les grandes cavernes.

Ces ours n'attaquent jamais l'homme; ils fuient constamment à son aspect, même les individus les plus forts et les plus âgés. Il en est certains qui sont désignés par des noms particuliers, tant ils sont connus des paysans, et tant ils leur inspirent peu de frayeur.

On n'a jamais trouvé aucune sorte de débris d'animal, dans les tanières des ours les plus vieux, mais uniquement des substances végétales en nombre plus ou moins considérable. Aussi, ils n'attaquent pas plus les animaux, qu'ils ne le font de l'homme dont ils n'approchent la demeure, que pour se procurer du miel ou des fourmis dont ils sont également friands.

Ces mœurs des ours vivants, qui semblent être les mêmes que celles des ours des temps géologiques, annoncent aussi que si ces derniers ont vécu dans les cavernes où l'on rencontre leurs débris, ils n'y ont certainement pas entraîné les restes des autres animaux que l'on découvre avec eux. On ne conçoit pas trop dès lors comment, si les ours ont jadis habité les cavernes de Fausan, ils ont pu y vivre en paix avec les chiens, les hyènes et les léopards, dont les restes sont cependant mélangés de la manière la plus confuse avec leurs débris.

2° Cavernes de Bize et de l'Hermite (Aude).

Ces cavernes, ouvertes dans les couches supérieures des calcaires oolithiques ou dans la craie compacte inférieure, n'offrent qu'un petit nombre d'espèces et surtout d'individus carnassiers. Nous n'y avons encore aperçu qu'un seul fragment d'ours. Les débris des herbivores y sont au contraire des plus nombreux, surtout ceux qui se rapportent aux chevaux, aux cerfs et aux bœufs.

Ces débris forment souvent, dans l'intérieur de ces cavernes, comme une masse ossifère où les os sont beaucoup plus abondants que le ciment qui les réunit. On peut donc dire que ces masses sont de véritables pâtes osseuses, qui ont cela de particulier, de ne renfermer que des os brisés, fracturés de mille manières différentes, et déposés de la manière la plus confuse. En effet, parmi ces os, il n'en est aucun dont la position ait le moindre rapport avec celle qu'il occupe dans le squelette ; mais il y a plus encore, il est rare que plusieurs os d'une même espèce soient rapprochés dans le même fragment.

Ces masses ossifères n'ont rien de commun avec les brèches osseuses qui ont rempli les fentes étroites des cavernes de Bize et de l'Hermite. Comme partout ailleurs, ces brèches renferment, presque uniquement, de petites espèces de mammifères terrestres, et par conséquent des débris de rongeurs. L'on n'y voit presque jamais, en effet, des restes d'animaux de la taille des chevaux et des bœufs : l'étroitesse de leurs ouvertures en est la cause. Enfin, dans cette caverne, comme dans plusieurs autres, les anciennes alluvions ont fixé à la voûte une assez grande quantité de débris de coquilles et de mammifères terrestres. Parmi ces débris, nous en avons détaché la partie inférieure d'un fémur d'aurochs, et d'un humérus humain. Les coquilles qui leur étaient mêlées se rapportaient principalement aux *helix nemoralis*, *nitida*, et au *cyclostoma elegans*. Avec ces coquilles et ces ossements humains, l'on trouve également un grand nombre d'objets travaillés par la main des hommes, comme des fragments de poteries, et même, ce qui est plus remarquable, des ossements d'espèces perdues.

Voici l'énumération des espèces organiques que nous y avons observées :

1° *Vespertilio murinus* , et *auritus* ; 2° *ursus arctoïdeus* ; 3° *canis lupus* , *vulpes* ; 4° *felis serval* ; 5° *lepus timidus* , *cuniculus* ; 6° *mus campestris major* ; 7° *sus scropha* ; 8" *equus caballus* , de plusieurs races ; 9° *cervus Destremii* et *Reboulii* ; 10° *capreolus Leufroyi* ; 11° *capreolus Tournalii* et une espèce indéterminée ; 12° *antilope Christolii* ; 13° *capra ægagrus* ; 14° *bos ferus* , *taurus* ; 15° des oiseaux de familles très-différentes : les uns appartenant à celle des carnassiers et de la taille du moyen-duc ou hibou ; d'autres, de celle de l'épervier commun; des gallinacés de la grandeur du faisan commun, de la perdrix; et d'autres, de celle du pigeon ordinaire; enfin des oiseaux palmipèdes de la taille du cygne.

Des coquilles marines et terrestres accompagnent ces ossements; parmi les premières, nous y avons reconnu la *natica mille punctata* ; le *buccinum reticulatum* ; le *pectunculus glycimeris* , le *pecten jacobæus* et le *mytilus edulis*. Nous pouvons signaler, parmi les seconds, les *helix nemoralis* , *hortensis* , *lucida* , *nitida* ; le *bulimus decollatus* , et le *cyclostoma elegans*.

3° Cavernes de Nîmes (Gard).

Les cavernes à ossements de Nîmes sont situées à un quart de lieue de cette ville, dans les propriétés de M. Privat, curé de la métropole. Ces cavernes, comblées presque entièrement par les mêmes limons qui ont rempli celles qui les entourent, n'ont du reste aucune ouverture extérieure apparente. On y est donc parvenu par hasard, et comme l'on n'a enlevé qu'une petite partie des limons qui les obstruent, on n'y a découvert encore que des ossements de chevaux, de lapins et d'oiseaux de la même date que ceux qui sont ensevelis dans les cavernes de Lunel-Viel.

Ces cavernes sont ouvertes dans la craie compacte inférieure, couche qui repose immédiatement sur le calcaire secondaire jurassique. Cette craie compacte , d'une-

couleur grisâtre, est très-distinctement stratifiée, et la
grande fissure qui s'y est opérée suit d'une manière bien
distincte le sens de la stratification.

5° *Cavernes à ossements ouvertes dans les calcaires tertiaires*
marins.

1° Cavernes ouvertes ou dans le calcaire marin tertiaire inférieur au
gypse (calcaire grossier), ou dans le calcaire marin supérieur au gypse
(calcaire moellon).

Cavernes des environs de Bordeaux.

1° Caverne de l'Avison près Saint-Macaire (Gironde).

— *Hyæna*, probablement la *spelæa*; — *ursus meles*; —
canis lupus; — *talpa*; — *mus* rapproché du campagnol
(*mus arvalis*); — sanglier; — bœuf; — cerf, plusieurs
espèces; — d'assez nombreux débris d'oiseaux; — des
mollusques terrestres, du genre des *helix*.

2° Cavernes de Haux, au pied du côteau de Courcouyat
ou des Clottes, près de Bordeaux (Gironde).

L'on y a découvert des débris de chevaux, de bœufs, de
plusieurs espèces de cerfs, ainsi que des restes de mammifères terrestres dont les espèces sont étrangères au
pays où ces cavernes sont ouvertes. Ces espèces n'ont pas
encore été déterminées.

Ces cavernes étaient, au moment de leur découverte,
remplies de dépôts diluviens, très-chargés de graviers et
de cailloux roulés. Tout ce que nous pouvons dire, c'est
que l'une et l'autre de ces cavités souterraines sont ouvertes dans un calcaire marin tertiaire; mais nous ignorons à quel ordre de formations se rapporte cette roche.
Il paraît cependant que ce calcaire se rattache plutôt
aux formations tertiaires inférieures qu'aux supérieures.

2° Cavernes ouvertes dans le calcaire marin tertiaire supérieur, ou
calcaire moellon.

Cavernes à ossements de Lunel-Viel, près Montpellier
(Hérault).

Nous ignorons encore les véritables ouvertures de ces
cavernes; nous n'y sommes parvenus que par un pur
accident, c'est-à-dire que parce qu'on a enlevé une
énorme masse de pierre qui en formait une des parois
latérales. Cependant, à en juger par la grande quantité
de limons, de graviers et de sables qu'elles renfermaient, les ouvertures de ces cavernes devaient être
considérables.

Les limons à ossements chargés d'une grande quantité
de galets quartzeux et calcaires, s'y montraient distinctement stratifiés. Dans les plus inférieurs seulement, l'on
voyait des débris de poissons et de coquilles de mer; mais
ces corps appartenaient évidemment au calcaire globaire
dans lequel ces cavernes sont ouvertes, et n'annonçaient
pas, comme on l'avait supposé, que les limons graveleux dans lesquels ils étaient disséminés y eussent été
transportés par des eaux marines.

Les ossements y étaient comme partout ailleurs brisés
et fracturés; peu d'entre eux paraissaient avoir été roulés,
et peu également montraient des indices d'avoir été
rongés. Cependant il en était plusieurs sur lesquels on
apercevait des traces qui ressemblaient à des coups de
dents. Les éclats et les fragments osseux étaient en nombre extrêmement considérable, dans certaines parties
de ces limons. La manière dont ils avaient été séparés
des os dont ils avaient fait partie, annonçait une action
violente et assez prolongée.

On a cité un seul exemple de parties qui étaient encore articulées et dans leur position naturelle. Ces

parties se rapportaient à une tête de cheval, suivie de plusieurs vertèbres cervicales. Tout ce que nous pouvons dire à cet égard, c'est que nous n'avons jamais rien observé de semblable, malgré la constante attention que nous avons apportée dans la direction des travaux que la recherche des ossements a nécessités.

Quant aux pelotes *d'album græcum*, elles étaient fort abondantes dans ces cavernes; elles paraissaient comme amoncelées dans les parties les plus inférieures et contre les parois de ces cavités, où se trouvait également la plus grande quantité de cailloux roulés et de graviers. Nous avons découvert, dans plusieurs de ces pelotes, des fragments osseux bien distincts, et même une petite phalange de rongeur encore entière. D'après les différentes formes et la grosseur de ces pelotes, elles ne semblaient pas se rapporter toutes à une seule espèce; la plupart pouvaient fort bien provenir des hyènes; mais il en était une foule d'autres qui dérivaient probablement des loups, des renards ou des chiens, animaux qui ont aussi l'habitude de ronger les os.

Comme les cavernes de Bize, et tant d'autres que nous pourrions citer, celles de Lunel-Viel avaient de trop petites dimensions, pour permettre aux animaux, dont nous y avons découvert les débris, d'y habiter, d'y vivre, en supposant que cela fût dans leurs habitudes. En second lieu, s'ils y avaient été transportés par des hyènes, ou par d'autres carnassiers, il n'y aurait certainement pas eu tant d'espèces différentes, surtout des plus formidables parmi ces mêmes carnassiers.

Ce qu'il y a de certain, c'est que les traces de l'action des eaux qui avaient transporté les limons à ossements dans ces cavités, y étaient des plus évidentes. D'abord, de nombreuses fentes étroites, ou des trous peu considérables, remplis d'un limon rougeâtre très-tenace, venu de dehors, presque sans graviers et sans cailloux roulés,

les encombraient à peu près généralement. Toutes les
parois étaient arrondies, et un glacis stalagmitique peu
épais existait sur les parties inférieures et latérales de
ces cavités. Enfin, du côté par où paraissaient s'être introduits les dépôts diluviens, abondaient les corps les
plus pesants, c'est-à-dire les galets, les graviers, les ossements, les pelotes d'*album græcum*, tandis qu'à l'extrémité opposée, on n'observait plus que des sables plus
ou moins fins, presque sans aucune trace de débris
organiques.

Enfin, ces cavernes ont démontré, plus qu'aucune
autre, l'influence qu'avait exercée la grandeur de leurs
ouvertures, sur les corps qui s'y étaient introduits. Les
fentes et les trous étroits n'ayant pas permis aux corps
d'un certain volume de passer par leurs ouvertures,
étaient aussi uniquement remplis d'une terre rougeâtre
d'une finesse extrême, la même que celle qui composait
les limons à ossements de l'intérieur. Cette terre devait
probablement sa grande finesse à ce qu'elle avait été, en
quelque sorte, tamisée à travers les fentes étroites, par
lesquelles elle s'était introduite dans l'intérieur de cette
caverne.

Les ossements disséminés dans les souterrains de Lunel-
Viel, se rapportent à des carnassiers et à des herbivores.
Les premiers, assez nombreux en espèces, l'étaient fort
peu en individus; il en était tout le contraire des herbivores. Les individus de ces derniers s'y montraient hors
de proportion avec les carnassiers, surtout ceux des chevaux, des bœufs et des cerfs.

Aucune différence appréciable ne se remarquait entre
l'état et la conservation des ossements des carnassiers et
des herbivores; il paraissait pourtant que les os de ces
derniers étaient généralement un peu plus entiers et
moins brisés.

Les recherches analytiques les plus délicates, n'ont

présenté non plus aucune différence entre les os des carnassiers et des herbivores.

Les différentes espèces que nous avons découvertes dans les cavernes de Lunel-Viel, sont les suivantes :

CARNASSIERS. — 1° *Ursus spelæus, arctoïdeus, meles;* 2° *mustela putorius, lutra;* 3° *canis familiaris, vulpes;* 4° *viverra genetta;* 5° *hyæna spelæa, prisca, intermedia;* 6° *felis spelæa, leopardus, serval, ferus.*

RONGEURS.—1° *Castor Danubii;* 2° *mus campestris major;* 3° *lepus timidus, cuniculus.*

PACHYDERMES ET SOLIPÈDES. — 1° *Elephas primigenius;* 2° *sus scropha, priscus;* 3° *rhinoceros incisivus, minutus;* 4° *equus caballus,* plusieurs races distinctes.

RUMINANTS. — 1° *Cervus,* au moins quatre espèces, savoir : le *pseudo virgininus,* l'*antiquus,* le *coronatus* et *intermedius;* 2° *ovis tragelaphus;* 3° *bos ferus, intermedius* et *taurus,* plusieurs races distinctes.

OISEAUX.—1° *Strix;* 2° *laxia;* 3° *ardea;* 4° *anas olor.* Les débris qui se rapportaient à cette dernière espèce, étaient les seuls déterminables spécifiquement.

REPTILES. — 1° *Testudo græca;* 2° *rana marina.*

POISSONS. — 1° *Squalus cornubicus, vulpes, glaucus;* 2° *raja,* espèce indéterminée.

COQUILLES TERRESTRES. — 1° *Helix variabilis, rhodostoma, nemoralis, fructicum;* 2° *bulimus decollatus;* 3° *cyclostoma elegans;* 4° *paludina vivipara.*

COQUILLES MARINES.—1° *Ostrea,* une espèce indéterminée; 2° *pecten opercularis* et une autre espèce indéterminable; 3° *arca Noe;* 4° *balanus tintinnabulum, miser.*

INSECTES. — 1° *Carabus;* 2° *trichius;* 3° *cetonia;* 4° *helops;* 5° *chrysomela.* Nous n'avons pas pu reconnaître à quelles espèces de ces différents genres, se rapportaient ces insectes.

On a pu voir d'après les faits qui précèdent, que parmi les espèces disséminées dans les limons à ossements

des cavernes, il n'en est pas de plus répandue que le
cheval. De plus, les débris de cette espèce, lorsqu'ils se
rencontrent dans ces limons, sont les plus nombreux en
individus, et constituent même quelquefois presque à eux
seuls, la plus grande partie de la population des cavités
souterraines. Il en est non seulement ainsi en France,
mais dans la plus grande partie de l'Europe. Des restes
de chevaux viennent également d'être découverts dans
les brèches osseuses de l'Afrique; en sorte qu'à peu près
généralement, toutes les fois qu'on observe des débris
organiques dans les fentes, soit verticales, soit longitudinales, des formations calcaires, on est à peu près
certain d'y découvrir des débris de chevaux.

Ces faits sont d'autant plus remarquables, qu'avant la période quaternaire, cette espèce paraît avoir été fort rare
sur la surface de la terre, à tel point qu'on avait long-
temps douté que le cheval eût existé lors de la période
tertiaire. Aujourd'hui ce point de fait ne peut plus être mis
en question, depuis que nous avons rencontré une assez
grande quantité d'ossements et de dents de chevaux, dans
les sables marins tertiaires des environs de Montpellier.

Ces derniers débris ne diffèrent pas, du reste, spécifiquement des premiers, et les uns et les autres ne peuvent
être distingués, du moins par leur squelette, de nos chevaux actuels. Cependant ceux des terrains tertiaires
offrent cette particularité, de présenter la plus grande
conformité dans leur type, comme cela a lieu chez nos
espèces sauvages. Les chevaux des dépôts diluviens,
présentent au contraire des races distinctes et diverses,
preuve incontestable qu'ils ont été ensevelis postérieurement à l'apparition de l'homme. En effet, l'homme seul,
par sa puissante influence, peut produire chez les espèces
des modifications assez profondes, pour y constituer des
races constantes et susceptibles de perpétuer les variations
qu'elles ont elles-mêmes éprouvées.

Les débris des chevaux universellement répandus dans les dépôts diluviens de l'ancien continent, ont donc été contemporains de l'espèce humaine : dès lors il est tout à fait inutile de se demander quelle a été la patrie primitive du cheval dans l'ancien continent, où il a uniquement apparu dans les temps géologiques. Du moins jusqu'à présent cette espèce n'a été observée nulle part en Amérique, et les couches fossilifères de cette partie du monde n'en ont offert aucune trace. Ainsi la patrie primitive du cheval, ce noble compagnon des périls et de la gloire de l'homme, serait donc dans tous les lieux où l'on en découvre les débris humatiles; d'un autre côté ces débris étant plus généralement dispersés que ceux de notre espèce, il faut qu'antérieurement aux temps historiques le cheval habitât des contrées plus diverses que l'homme, primitivement circonscrit sur une petite partie de la surface de la terre.

Devons-nous dès lors être surpris que l'homme ait saisi, dès les premiers pas qu'il a faits vers la civilisation, tous les avantages qu'il pouvait retirer du cheval devenu aujourd'hui son puissant auxiliaire, et qu'il l'ait réduit depuis si long-temps en domesticité. Il y a plus, les races diverses des chevaux ensevelis dans les cavités souterraines, avec des ours, des lions, des hyènes, des rhinocéros et des éléphants de races perdues, témoignent assez hautement de l'influence qu'il avait exercée, bien antérieurement aux temps historiques, sur ces mêmes animaux.

Aussi les preuves de l'ancienne domesticité du cheval, sont assez écrites sur tous les monuments de l'antiquité, comme dans les livres des premiers âges. La Bible, Homère, parlent avec assez de détails des principales races domestiques, telles que les bœufs, les ânes, les moutons et les chameaux, pour ne pouvoir pas conserver le moindre doute à cet égard. D'ailleurs, les bœufs dont

11

les débris abondent dans les limons meubles des cavernes,
et dont les races s'y montrent constamment modifiées
comme les chevaux, annoncent tout aussi bien que ceux-
ci tout le pouvoir et toute l'influence de l'homme. Si
nous ne pouvons pas encore en dire autant des ânes et
des moutons, c'est que les débris de ces animaux sont
trop rares dans les cavernes observées jusqu'à présent, pour être certains si ces débris ont été réellement
modifiés, c'est-à-dire, si, comme les bœufs et les chevaux,
ils présentent aussi des races distinctes et diverses. Une
incertitude bien plus grande règne sur le chameau,
puisque les restes de cette espèce n'ont pas été observés
jusqu'à présent dans aucune cavité souterraine. Le seul
os qui, par suite d'une restauration maladroite, avait
paru dans le principe de la découverte des cavernes de
Lunel-Viel, avoir quelques rapports avec ceux de ce
genre, rétabli dans sa véritable position, s'est trouvé
appartenir non au chameau, mais bien à l'aurochs.

Mais toujours reste-t-il que, parmi les animaux domestiques dont les débris fort rares dans les terrains
antérieurs aux dépôts diluviens, se montrent au contraire avec beaucoup d'abondance dans ces derniers
dépôts, il en est deux qui avant leur ensevelissement
dans les cavernes, devaient avoir été modifiés par
l'homme ; ces deux sont les bœufs et les chevaux, c'est-
à-dire, les principales de nos espèces domestiques.

Ce que nous venons de dire, relativement à la patrie
primitive du bœuf et du cheval, nous le pouvons également de deux végétaux, la vigne et l'olivier, dont on a
également recherché avec soin le point duquel ils nous
étaient parvenus. A cet égard encore, les faits géologiques
nous apprennent que les débris de ces espèces végétales
sont très-répandus dans les calcaires quaternaires des
contrées méridionales, et que dès lors, partout où on les
rencontre, on ne doit pas supposer que leur patrie pri-

mitive soit ailleurs. En vain donc la mythologie ancienne
nous représentera-t-elle Minerve foulant le sol de la
Grèce, et en faisant sortir l'arbre précieux devenu le
symbole de la paix; pour nous, éclairés par l'observation
des couches terrestres, nous ne verrons dans ce tableau,
qu'une de ces allégories fantastiques qui peuvent séduire
l'imagination, mais qui sont impuissantes devant les faits.

Du reste, les débris des chevaux se trouvant à la fois
dans les terrains tertiaires et quaternaires disséminés sur
la plus grande partie du sol de l'Europe, cette espèce
était par cela même extrêmement répandue dans l'ancien continent bien avant les temps historiques et doit
nécessairement être originaire de tous les lieux où l'on découvre ses débris. Si nous ne trouvons presque plus
aujourd'hui en Europe ses races à l'état sauvage, cette
circonstance tient sans doute aux progrès que la civilisation y a faits, et à ce que cette contrée offre peu de
déserts ou de solitudes assez vastes pour permettre aux
chevaux de s'y maintenir libres et indépendants.

Tel n'est pas le continent de l'Asie; ses immenses
plaines, ses grandes et profondes vallées, favorisent la
vie errante et vagabonde des chevaux qui fréquentent ces
vastes régions. Là, il leur est facile de trouver des abris
contre l'homme, d'éviter ses regards, et de vivre libres
et indépendants. Mais en supposant que quelques tribus
de ces chevaux sauvages puissent encore errer au milieu
de ces solitudes, comment y voir les souches primitives de
nos races domestiques? Ces souches qui ont appartenu à
une époque où vivaient des ours, des lions, des rhinocéros
et des éléphants, tout à fait inconnus dans la nature vivante, se montrent ensevelies avec eux dans les dépôts
les plus superficiels de la surface du globe. C'est là qu'est
leur véritable histoire, et non sur cette terre où n'er-
rent plus maintenant que leurs descendants.

Ces mêmes dépôts nous offrent également d'autres faits

analogues; du moins, c'est dans leur sein que nous
découvrons les traces des vignes et des oliviers des temps
géologiques, traces qui nous indiquent tout aussi bien
que les débris des bœufs et des chevaux, que partout
où on les rencontre, là a été leur première patrie et
leurs anciennes stations. Ainsi, les faits géologiques,
heureux suppléments de l'histoire, viennent ici nous
apprendre ces rapports qui lient les races des âges passés
avec les générations actuelles, et nous redire de quelle
manière les unes et les autres se sont succédé.

Nous invoquerons plus tard leur témoignage, afin
d'en mieux démontrer toute l'importance, et d'en faire
saisir tous les avantages. Nous n'en dirons pas davantage pour le moment, les détails que nous venons de
soumettre au jugement des géologues, étant plus que
suffisants pour que chacun puisse asseoir une opinion
sur une question jusqu'à présent extrêmement controversée, et qui n'a pas pu recevoir encore de véritable
solution.

Nous avons décrit jusqu'à présent les dépouilles si
nombreuses des races anciennes ensevelies dans les cavités souterraines, comme si elles étaient toutes à leur
état normal. Cependant les ossements malades que l'on
découvre dans les cavernes, et là plus qu'ailleurs, ne
peuvent manquer aussi d'attirer l'attention des observateurs. En effet, maintenant que nous possédons tant de
données sur la zoologie et la phytologie antédiluvienne,
il devient intéressant de former les bases, quoique encore incomplètes, de l'histoire des anomalies ou des
maladies qui affectaient les êtres des temps géologiques.

Ces maladies seraient donc plus anciennes que l'existence de l'espèce humaine, et des affections identiques
avec celles de nos jours, auraient altéré jadis, aussi
bien que maintenant, les parties les plus solides du corps
animal. Ce serait une singulière histoire que celle qui

consisterait à nous retracer les anciennes douleurs des
races dont il n'existe plus de vestiges sur la surface de
la terre. Cette histoire, en nous prouvant avec tant
d'autres faits, que les êtres vivants constamment soumis
aux mêmes impressions en ont aussi ressenti les effets de
la même manière, aurait peut-être encore l'avantage de
nous faire mieux connaître les causes de la destruction
de toutes ces générations, qui tour à tour se sont succédé
ici-bas, et qui en ont disparu à jamais. Nous n'avons
encore recueilli que quelques traits de ce tableau, et
lorsqu'ils seront un peu plus nombreux, nous essaierons
d'en donner une idée.

Nous nous bornerons maintenant à faire remarquer
que, parmi les ossements malades des espèces humatiles,
les plus nombreux appartiennent au genre ours, peut-
être à raison de l'abondance de leurs espèces dans les
cavités souterraines. Après ceux-ci, on peut signaler les
hyènes qui, comme les premiers, doivent, pour la
plupart, leurs lésions à des causes mécaniques externes.
Il en est également des maladies des os des chevaux et
des autres herbivores. Les plus communes de ces maladies sont, en effet, parmi les carnassiers, des fractures,
des exostoses, et pour les espèces herbivores, ce sont
plus particulièrement des caries, des nécroses et des
exostoses.

Nous citerons un fait remarquable que nous a présenté
une tête d'hyène découverte dans les cavernes de Lunel-
Viel. Cette tête, qui avait appartenu à l'*hyæna spelæa*,
présentait, à sa partie latérale, un peu en avant de l'occiput, au-dessous de la crête occipitale et du côté gauche,
une ouverture profonde intéressant toute l'épaisseur de
l'angle supérieur et antérieur du pariétal gauche. Cette
ouverture résultait d'une blessure qui paraissait provenir
d'un coup de dent d'un autre carnassier. Cuvier a également observé, dans les cavernes de Gaylenreuth, une

tête d'hyène qui avait éprouvé aussi une violente morsure à sa crête occipitale, et qui en avait guéri, comme celle des cavernes de Lunel-Viel (1).

Ces deux faits prouvent, ou que les hyènes s'attaquaient entre elles, ou qu'elles l'étaient par ces grands lions ou tigres dont les cavités de Lunel-Viel recèlent les dépouilles. Il est probable, du moins, que la blessure que l'on observe à notre tête d'hyène, a été faite par un de ces grands lions qui y ont été découverts, plutôt que par une hyène. A en juger par la profondeur de la plaie, il a fallu, pour l'opérer, un carnassier dont les dents fussent énormes, et l'écartement des mâchoires très-considérable. Quoi qu'il en soit, il est remarquable que deux têtes du même animal aient été trouvées, à d'aussi grandes distances, blessées de la même manière et dans des parties presque semblables. Il est peut-être non moins singulier que toutes deux aient guéri de leurs blessures, et aient vécu plus ou moins long-temps après les avoir reçues.

Cavernes à ossements de Poudres et de Souvignargues.

Ces deux cavernes sont ouvertes dans le calcaire marin tertiaire supérieur ou calcaire moellon. Elles sont l'une et l'autre peu considérables; les ossements de celle de Poudres sont non seulement dans l'intérieur de cette cavité, mais au dehors. Les limons sablonneux et graveleux dans lesquels sont disséminés ces débris organiques, s'y montrent en couches bien distinctes en dehors de ces mêmes souterrains, et les ossements y sont tout aussi abondants que dans leur intérieur.

Des ossements humains et des poteries s'y montrent mêlés aux nombreux débris des mammifères terrestres, parmi lesquels on a reconnu :

1° *Ursus arctoïdeus* et *meles*; 2° *hyæna spelæa*, avec des

(1) Recherches sur les ossements fossiles, tome IV, page 396.

pelotes d'*album græcum* ; 3° *lepus timidus* et *cuniculus* ; 4°
rhinoceros minutus ; 5° *equus caballus* ; 6° *cervus* de la division des *cataglochis* et de la taille de l'élaphe ; 7° *bos
ferus*, *taurus* ; 8° oiseaux de l'ordre des gallinacés ; 9° des
mollusques terrestres, principalement du genre des
helix.

Nous avons cherché à nous assurer, dans les nombreuses cavernes à ossements que nous avons visitées dans le
midi de la France, si leurs entrées et leurs ouvertures
n'étaient pas comblées par des fragments anguleux de
roches provenant des lieux les plus voisins, afin de
connaître l'époque à laquelle ces cavités auraient été
fermées. Nous avons constamment observé un seul et
même limon qui en remplissait l'intérieur et en bouchait
les ouvertures, du moins dans les cavernes qui, se trouvant dans leur état primitif, n'avaient point encore été
fouillées.

C'est surtout une observation que nous avons eu l'occasion de faire dans les cavernes de Bize, de Nabrigaz et
Lunel-Viel. Toutes ces cavernes étaient en grande partie
obstruées, et la dernière même était totalement fermée
par des cailloux roulés ou des roches anguleuses provenant d'une certaine distance. Ainsi, par exemple, les
dépôts diluviens des cavernes de Lunel-Viel, nous ont
paru de la même nature et provenir des mêmes lieux,
que ceux que l'on voit disséminés en si grand nombre
sur la plaine de la Crau.

Toute la différence qui existe entre ces deux dépôts
diluviens, consiste dans la diversité de grosseur des
cailloux roulés ; car leur nature, et par conséquent les
formations auxquelles ils appartiennent l'un et l'autre, est
la même. Ainsi, ces cailloux que l'on voit généralement
céphalaires dans la Crau, sont à peine pugillaires à Lunel-
Viel, par suite de la plus grande distance que ces derniers
ont parcourue. La même inondation qui a transporté les

cailloux de quartz, de grès vert, de calcaire jurassique
et d'eau douce sur la Crau, ainsi que sur les plaines des
environs d'Arles et de Nîmes, s'est également étendue
sur la plaine des environs de Montpellier, en allant se
terminer à la Méditerranée, et s'arrêtant à l'ouest, vers
la gauche du Lez, cette rivière étant en quelque sorte
sa dernière limite dans cette direction.

Aussi, lorsque après avoir traversé la Crau, on se dirige vers Arles, puis vers Nîmes et enfin vers Lunel, on
voit toujours les mêmes espèces de cailloux roulés disséminés dans les dépôts diluviens; mais à mesure que l'on
s'éloigne de la Crau, on les voit constamment diminuer
de grosseur, en même temps que leur nombre devient de
moins en moins considérable. Il y a plus, certaines roches roulées, déjà fort rares dans la Crau, le sont bien
plus à mesure que l'on s'en éloigne, soit que déjà réduites à de petites dimensions dans cette plaine, leur
volume ait été trop diminué dans leur transport subsé-
quent pour être aperçues, soit que disséminées sur de
plus grands espaces, elles soient plus difficiles à rencontrer. Ces roches, réduites à peu près uniquement à des
variolites verdâtres ou à des variolites de la Durance, sont
aussi les seules que nous n'ayons pas su trouver ailleurs.

A part ces variolites, déjà si rares dans la Crau, qu'un
assez grand nombre d'observateurs ont prétendu qu'il n'y
en existait point, toutes les roches que l'on voit composer les cailloux roulés si abondants sur cette plaine, se
montrent également dans les cavernes de Lunel-Viel,
et même dans les dépôts diluviens des environs de Montpellier, du moins dans ceux qui se trouvent au-delà du
Lez; telle est, par exemple, la variété de quartz nommée
aventurine (1).

---

(1) Voyez nos observations sur la Crau, insérées dans les Mémoires du
Muséum d'histoire naturelle de Paris, seconde collection.

Si donc, il est un fait constant, dans les cavernes à ossements du midi de la France, c'est que, quoique les
limons dans lesquels l'on y découvre les débris organiques, soient analogues aux dépôts diluviens des lieux
environnants, les cailloux roulés et les roches fragmentaire que l'on y découvre, proviennent d'une trop grande
distance pour être attribués aux effets produits par les
inondations actuelles. Or, si d'un autre côté tout démontre
que les ossements humains, disséminés dans ces limons,
ont été transportés avec les cailloux roulés qui les accompagnent, il s'ensuit que ce transport doit avoir eu
lieu postérieurement à l'existence de l'homme.

Ceci n'empêche point que les limons à ossements,
ainsi que les cailloux roulés et les roches fragmentaires
qui les accompagnent constamment, quoique appartenant à une seule et même période, n'aient été entraînés
dans les cavernes successivement, et à plusieurs époques
différentes, comme aussi de diverses manières ; car il
en a été de ces limons comme des dépôts diluviens, qui,
appartenant à une même période, n'en ont pas moins
été dispersés à des époques différentes et plus ou moins
éloignées les unes des autres.

La grande difficulté que l'on éprouve pour classer d'une
manière bien nette ces époques successives, ne nous a
pas permis de rendre compte de nos tentatives à cet
égard. Nous espérons pourtant être plus heureux à l'ave-
nir, d'après les recherches auxquelles nous nous sommes
livrés, afin de parvenir à ce but désirable, pour la distinction des cavernes et des fissures à ossements en plusieurs âges.

CHAPITRE II.

DES FISSURES A OSSEMENTS ET DES BRÈCHES OSSEUSES.

Nous avons prouvé que le phénomène du remplissage des cavernes à ossements était de même ordre, et dépendait des mêmes causes que celui des fentes verticales. Il suffit, du reste, de visiter les cavités souterraines où il existe en même temps des fentes étroites, pour en être convaincu; car, tandis que l'on voit les ossements des grands animaux disséminés sur le sol, les fentes étroites se trouvent remplies par les débris des petites espèces, empâtés dans un ciment plus ou moins endurci.

Peu de ces fissures qui ne dépendent point de cavités plus considérables, ont été découvertes depuis les travaux de Cuvier; tandis que, depuis lors, de nombreuses cavernes ont été observées dans toutes les parties du monde. La différence qui existe à cet égard tiendrait-elle à ce que la position des brèches osseuses est beaucoup moins variée que celle des cavités qui recèlent des débris organiques, lorsque les deux ordres de phénomènes ne sont pas réunis dans la même localité; c'est du moins ce que les faits amènent à penser.

Quoi qu'il en soit, nous allons tracer l'énumération des différentes fissures à ossements où des brèches osseuses se sont consolidées, et en suivant la marche que nous avons adoptée dans l'énumération des cavernes. Nous ne comprendrons pas dans cette liste les fissures à ossements

de Baillargues, de Saint-Julien, de Saint-Antoine et de
Vendargues, près de Montpellier, quoiqu'elles aient été
considérées par un géologue de nos contrées méridionales
comme se rapportant à la dernière période géologique.
En effet, ces fentes ne sont remplies ni par les mêmes
dépôts diluviens, ni par les mêmes espèces d'animaux
que l'on voit à Lunel-Viel et à Cette, mais par des espèces
tout à fait semblables à celles de l'époque actuelle (1).

Il y a d'autant moins de doute à cet égard, que les
animaux que l'on découvre dans ces fentes se rapportent
aux espèces qui vivent encore sur notre sol ; ce sont uniquement des loups, des renards, des putois, des fouines,
des moutons, des lièvres et des lapins. Ce qui prouve
encore leur nouveauté, c'est que l'on n'y observe pas le
moindre débris de cerf, genre qui n'a cependant disparu
de nos contrées méridionales que depuis peu de temps.

La plupart des brèches osseuses actuellement connues
se trouvent donc, comme à l'époque de Cuvier, situées
sur les côtes de la Méditerranée. On en voit peu ailleurs ;
ce qui explique le petit nombre de celles découvertes
depuis les observations que nous devons à ce grand
naturaliste. Par suite de cette position qui est à peu près
générale, les fissures à ossements sont aussi ouvertes,
pour la plupart, dans les divers étages des formations
jurassiques. On ne connaît guère, en effet, que les brèches de la Sardaigne et de la Sicile, qui soient dans les
terrains tertiaires ou supra-crétacés.

Il est même douteux que les formations ossifères de
ces deux contrées soient bien analogues à celles qui remplissent les fentes verticales des rochers avancés sur les
bords de la Méditerranée, et qui souvent ont coulé bien
au-dessous de cette mer. Si nous avons cité ici les brèches

(1) Observations générales sur les brèches osseuses, par Jules de
Christol. Montpellier, 1834.

osseuses de la Sardaigne et de la Sicile, c'est uniquement parce que nous les avons vu mentionnées dans un assez grand nombre d'ouvrages.

SECTION PREMIÈRE.

DES BRÈCHES OSSEUSES DE L'AFRIQUE.

Les bords africains de la Méditerranée, formés par les terrains qui composent, en Europe, ces mêmes rivages, offrent aussi avec eux une autre conformité : c'est la présence, dans leurs couches, d'un grand nombre de débris organiques ensevelis avec des limons rougeâtres, au milieu des fentes qui s'y sont opérées.

La parfaite identité de la pâte de ces brèches osseuses, et l'analogie des animaux qui s'y trouvent confondus, est une nouvelle preuve de la grande étendue du phénomène qui se raporte à leur formation et à l'identité de la cause qui l'a produit. Ces circonstances étant semblables sur l'un ou l'autre de ces rivages, conduisent également à l'identité de la simultanéité du remplissage de ces fissures ou de ces fentes où se sont consolidées les brèches ossifères. Du reste, lorsque les brèches osseuses de l'Afrique ne recèleraient pas les mêmes espèces animales que les brèches de l'Europe, cette différence ne prouverait pas que les unes et les autres n'ont pas été déposées à la même époque.

En effet, comme pendant la période quaternaire les climats n'étaient point encore semblables à ce qu'ils sont maintenant, l'Afrique a fort bien pu nourrir pendant la même époque des animaux différents de ceux qui habitaient nos régions tempérées, d'autant plus qu'il en est encore ainsi de nos jours. Ainsi, des espèces très-différentes, disséminées dans des régions diverses, n'indiquent

nullement que leur anéantissement ait eu lieu pendant
des périodes successives, et non simultanées. Autrement,
il faudrait considérer les animaux qui vivent actuellement dans la Nouvelle-Hollande et ceux qui habitent nos
contrées, comme appartenant à des périodes diverses.

On doit en juger seulement ainsi, lorsque des couches
fossilifères d'une même contrée offrent des débris organiques tout à fait dissemblables par leurs caractères
spécifiques, et que l'on ne peut attribuer cette diversité
à toute autre cause qu'à celle de leur ensevelissement à
des époques successives et non simultanées.

Les brèches osseuses des côtes d'Afrique ont été découvertes par M. Dessessart, capitaine du génie, au pied
de la montagne de Santa-Cruz, à Oran, ainsi que sur la
route qui conduit d'Oran à Mers-el-Kebir, sur les bords
de la mer. Elles sont formées par un tuf calcaire de
couleur rougeâtre, tout à fait analogue à celui qui compose les brèches osseuses de Gibraltar. Situées à environ
50 mètres au-dessus du niveau de la mer, elles se trouvent dans une pointe escarpée du mont Rammra, appe-
lée Moune. Ces brèches présentent, dans leur plus grande
longueur, environ 11 mètres, et on ne peut guère les
suivre que dans une hauteur de 10 à 12 pieds.

De chaque côté de cette masse tuffacée, on voit une
roche bréchoïde, composée de fragments d'un calcaire
bleu compacte, liés par du ciment rougeâtre ; le tout
est logé dans une grande fente verticale du même calcaire magnésien ou dolomite compacte, qui compose
aussi la montagne de Sète, et qui paraît appartenir aux
formations jurassiques inférieures.

Le tuf ferrugineux de cette brèche est très-dur, et renferme des fragments des roches sous-jacentes. On y aperçoit un grand nombre de petites cavités, dont plusieurs
paraissent avoir été formées par la présence de fragments
de végétaux, englobés dans la pâte pierreuse encore

liquide. Ces cavités, actuellement vides, sont cependant tapissées, dans certaines circonstances, de petits cristaux de carbonate de chaux. L'on y voit également une multitude d'os brisés, dont les fragments sont, pour la plupart, trop petits et trop fortement engagés dans le ciment ferrugineux, pour être déterminés.

Il en existe cependant d'autres d'un plus grand volume et d'une meilleure conservation, qui proviennent des mêmes espèces qui se trouvent dans la plupart des cavernes à ossements de l'Europe. On y reconnaît, en effet, des dents molaires de bœuf, une dent de cheval, divers fragments d'os de ruminants indéterminables, et un fragment de crâne d'ours.

Ce crâne, qui a appartenu à un très-jeune individu, a beaucoup plus de ressemblance avec celui de l'ours à longues lèvres actuellement vivant (*ursus labiatus*), qu'avec une tout autre espèce. Peut-être encore, est-il possible qu'il se rapporte à une nouvelle espèce humatile.

Les mêmes brèches renferment encore des dents isolées de poissons du genre des aloses (*clupea*), lesquelles proviennent des calcaires marins tertiaires, près desquels se trouvent les brèches osseuses. Ces calcaires appartiennent à la partie supérieure du second étage tertiaire ou calcaire moellon. Avec ces dents d'aloses, on en découvre également d'autres qui ont dépendu des dorades et des sargues, poissons dont les genres existent encore dans la Méditerranée, et enfin, quelques-unes d'un mammifère marin tout à fait inconnu, lequel devra probablement être rangé auprès des morses et des phoques. Les animaux auxquels se rapportent ces dents sont, d'une tout autre époque que les mammifères terrestres qui les accompagnent. Ces derniers sont les seuls qui soient contemporains de la formation des brèches osseuses; car relativement aux autres débris, ils ne se trouvent dans l'intérieur de ces brèches que d'une manière tout à fait accidentelle. En effet, préexistants dans la masse des calcaires moellons, ils en ont été détachés et transportés dans les mêmes fentes où se sont consolidés les dépôts diluviens, ainsi que les débris des animaux qui vivaient à l'époque de leur dispersion.

Les cavernes de Lunel-Viel nous ont montré également, dans leurs limons inférieurs, des dents de poissons et des coquilles marines, qui, après avoir été détachées des formations préexistantes, y avaient été entraînées, quelquefois même avec des fragments de la roche calcaire sur laquelle ces dents ou ces coquilles avaient été primitivement fixées.

Enfin, on voit, dans un point peu éloigné de la côte d'Oran, une brèche à ciment ferrugineux, qui ne diffère de la première que par l'absence d'ossements. Il en existe également de semblables, c'est-à-dire de tout à fait ferrugineuses, près le Cap Falcon, en Afrique.

SECTION II.

BRÈCHES OSSEUSES DE L'ALLEMAGNE.

Des brèches osseuses de Kœstritz (Saxe).

M. Schlotheim, qui a décrit ces brèches, y a observé un assez grand nombre de débris de mammifères terrestres, lesquels s'y trouvent mêlés à des ossements humains, ainsi qu'à des poteries.

Cet observateur y a signalé : 1° des rongeurs, soit lièvres, soit lapins; 2° un édenté colossal rapproché des tatous et appartenant au genre perdu des *megatherium*; 3° des pachydermes, des genres mastodontes, rhinocéros et cheval (*equus*); 4° des ruminants, se rapportant à différentes espèces de cerf; 5° des débris d'oiseaux.

SECTION III.

DES BRÈCHES OSSEUSES DE LA DALMATIE.

Les brèches de cette contrée, éparses sur différents points, occupent toute la côte de la Dalmatie vénitienne. Elles y remplissent, soit les grandes fentes verticales des rochers calcaires, soit les fentes horizontales. Chaque amas d'ossements est incrusté de calcaire concrétionné ou stalagmitique, comme cela est arrivé aux brèches osseuses des terrains secondaires.

L'on n'y a encore indiqué que différentes espèces de cerf; mais il est infiniment probable que la population de ces brèches n'est pas bornée à ces animaux.

SECTION IV.

DES BRÈCHES OSSEUSES D'ITALIE.

1° Brèches osseuses du cap Palinure, dans le royaume de Naples.

L'on n'y a encore signalé que différentes espèces de ruminants, encore indéterminées. Certains débris des animaux de cette famille ont pourtant été rapportés à une espèce de cerf intermédiaire entre l'élaphe et l'élan.

Un grand nombre d'ossements s'y montrent réunis dans une grotte creusée à l'extrémité d'une des fentes verticales où les brèches osseuses se sont consolidées. Cette circonstance, que l'on observe dans une foule de cavités souterraines, se montre également en Dalmatie, ainsi qu'à Ronca et dans le Véronais. Elle indique la liaison ou le passage des brèches aux cavernes, passage qui est tel que souvent il est fort difficile de distinguer

ces deux ordres de formations. En effet, les cavernes à
ossements ne diffèrent guère des fissures ou des fentes
verticales, que parce que, plus spacieuses, elles coupent
moins fréquemment le plan des couches, et offrent aussi
une plus grande quantité de débris de grands mammifères
terrestres. Ces débris se rapportent également, dans les
brèches osseuses, à des portions beaucoup plus considérables du squelette.

2° Brèches osseuses de Saint-Jean Illavione (Vicence.)

L'on n'a encore cité, comme se trouvant dans ces
brèches, que différentes espèces de cerfs.

3° Brèches osseuses du Véronais et du Ronca dans le
Vicentin.

Les ossements de ces brèches s'y trouvent épars dans
des fentes verticales, lesquelles coupent le plan des
couches, ainsi que dans des cavités caverneuses qui coïncident avec elles.

L'on y a rencontré une espèce du genre chien (*canis*),
laquelle est encore indéterminée; avec ce débris de
carnassier, l'on y a observé plusieurs espèces du genre
bœuf, dont une était peut-être analogue à l'aurochs
(*bos feru*).

4° Brèches osseuses d'Olivetto près de Pise.

M. Pentland y a indiqué la présence d'un carnassier.
Nous ignorons non seulement à quelle espèce se rapporte ce carnassier, mais encore quel est le genre dont
il dépend. Les débris des lièvres et des lapins y paraissent
fort nombreux, comme, du reste, dans la plupart des
fissures à ossements. Il en est de même des débris de
ruminants, particulièrement de ceux des cerfs. On y a
remarqué une espèce de ce genre, remarquable par sa
petite taille, ainsi que par des molaires entourées à leur
base de collets saillants, analogues à ceux que l'on voit
aux dents des cerfs de l'archipel des Indes.

Des coquilles terrestres, principalement des *helix* et le

12

cyclostoma elegans, accompagnent et sont mêlées de la manière la plus confuse avec les débris des mammifères terrestres.

SECTION V.

DES BRÈCHES OSSEUSES DU PIÉMONT.

1° Brèches osseuses de Nice.

Ces brèches, ouvertes comme les précédentes dans le calcaire jurassique, renferment un grand nombre de débris de mammifères, principalement des rongeurs, analogues à nos lapins, à nos campagnols et à nos rats d'eau. On y a cité également plusieurs carnassiers; les uns se rapportent à quelque grande espèce du genre chat, *felis*, soit lion, soit tigre ; et d'autres à une petite espèce du même genre ; et enfin les derniers à la panthère ou à une espèce voisine.

Parmi les pachydermes, on y a signalé des rhinocéros, des chevaux de grande taille, supérieure même à celle de nos plus grands chevaux de carrosse. Les ruminants y offrent aussi plusieurs espèces : on y découvre, en effet, 1° différentes espèces de cerfs, dont certaines ont leurs molaires entourées à leur base de collets saillants, comme celles des cerfs de l'archipel des Indes; 2° des moutons ou des antilopes d'une taille moyenne ; 3° un bélier ou une espèce analogue ; 4° un genre voisin du lama, du moins autant que l'on peut en juger par sa forme ; 5° un grand bœuf.

On y a encore cité 1° des débris de reptile, particulièrement une tortue de terre, voisine de la *testudo-radiata* de la Nouvelle-Hollande, 2° des coquilles terrestres appartenant aux *helix algira*, *vermiculata*, *nemoralis*, *lapicida*, *nitida* et *cristallina*; 3° enfin des coquilles marines des genres *pecten* et *patella*.

Les brèches osseuses que l'on observe dans la colline du château, à Nice, paraissent avoir été en partie une caverne qui a été détruite par les travaux des carrières qu'on y a exploitées de tout temps. Ainsi, l'étude des faits de détail, comme celle des faits généraux conduisent, également à considérer ces deux ordres de phénomènes comme identiques, les cavernes et les fissures à ossements.

On a observé également, dans les environs de Nice, plusieurs autres localités dans lesquelles on voit des fissures à ossements. Certaines de ces brèches osseuses sont au moins à 500 pieds au-dessus de la Méditerranée. Elles sont agrégées par un ciment rougeâtre et souvent cellulaire, à petites cavités enduites d'une couche de carbonate de chaux. La plupart contiennent des fossiles marins; et, par exemple, dans celles de Villefranche, l'on a trouvé des débris d'une *caryophyllia*.

On s'est peut-être trop pressé d'en conclure que ces brèches osseuses avaient dû être formées sous la mer, ce que leur élévation est loin d'indiquer, lors même que l'on n'aurait pas égard aux circonstances dont nous avons parlé, en nous occupant des cavernes de Bize et de Lunel-Viel.

SECTION VI.

DES BRÈCHES OSSEUSES DES ÎLES DE LA MÉDITERRANÉE.

1° Brèches osseuses de l'île de Cerigo, ouvertes dans le calcaire secondaire.

L'on n'y a encore reconnu que des ruminans des genres cerfs ou bœufs.

2° Brèches osseuses de Maridolce de San-Ciro près de Palerme et de Syracuse en Sicile, dans le calcaire marin tertiaire.

Les ossements s'y montrent tantôt dans les fentes verticales, tantôt dans de petites cavités d'une faible étendue, ainsi qu'à Syracuse et à San-Ciro.

3° Brèches osseuses de Sardaigne.

L'on y a découvert : 1° une musaraigne, ou du moins un carnassier insectivore, du genre *sorex*; 2° un *lagomys* plus grand que le *lagomys ogotonna*, mais plus petit que le *lagomys alpinus* et que celui de Corse; 3° des lapins d'un tiers plus petits que les nôtres; 4° plusieurs espèces de campagnols, dont l'une est assez semblable au rat d'eau, et l'autre au Schermauss. 5° Un reptile analogue au lézard vert du nord de la France.

Enfin, on assure y avoir trouvé comme à Bise un *mytilus* réuni aux autres débris organiques. Cette découverte a été faite dans les brèches osseuses de Cagliari, lesquelles sont à 150 pieds au-dessus de la mer, dans des fentes et de petites cavernes d'un terrain supracrétacé.

4° Brèches osseuses de Corse;

Ces brèches ouvertes dans le calcaire secondaire n'ont encore offert que des débris de rongeurs, de ruminants et de reptiles. Les premiers y sont représentés, 1° par un *lagomys* assez voisin du *lagomys alpinus* ou lièvre sans queue de Sibérie; 2° par des lapins de la taille de nos lapins sauvages; 3° par un rat voisin du *mus amphibius*, mais d'une plus petite taille. Les seconds appartiennent à des cerfs de la taille du daim. Quant aux reptiles, ils se rapportent, à ce qu'il paraît, à une tortue de la taille de la *testudo centrata* de Schœpfer.

SECTION VII.

DES BRÈCHES OSSEUSES DE LA FRANCE.

1° Brèches osseuses de Brengnes (Lot).

Les ossements humatiles de la commune de Brengnes

(Lot), ont été décrits par Cuvier comme se trouvant dans une cavité ; mais il paraît, d'après les observations récentes faites par M. Puel, que ces ossements se rencontrent plutôt dans une fente verticale que dans une fente longitudinale. Cette fente ou fissure de Brengnes, (arrondissement de Figeac) dont la profondeur est de 18 mètres, se montre au sommet d'un petit plateau calcaire appartenant à l'étage inférieur du calcaire jurassique. Sa hauteur au-dessus du niveau de la mer est d'environ 300 à 400 mètres. Les ossements s'y trouvent dans une terre rougeâtre mêlés avec des fragments de cailloux roulés , provenant évidemment des roches qui forment le sol des environs.

A l'époque où cette fissure fut découverte , dix à douze fragments qui en provenaient, furent envoyés à Cuvier ; ce grand naturaliste y reconnut une portion de crâne, des dents de rhinocéros, un fémur de cheval, un humérus de bœuf et divers ossements de renne.

Des fouilles, exécutées au mois de septembre 1837 par M. Puel, lui ont fait découvrir à Brengnes, une quantité considérable d'ossements des mêmes animaux. Il y a trouvé des débris qu'il a rapportés au lièvre, au campagnol, à l'âne, au cerf et des ossements d'animaux appartenant aux genres pie et perdrix.

La découverte de ces ossements a fait naître la question de savoir, si le renne humatile et le renne vivant ne formaient qu'une même espèce, ou s'il existait entre eux des différences essentielles.

Cuvier, quoique s'exprimant à cet égard avec une extrême réserve, semble pencher pour la première opinion , en observant toutefois que , parmi les innombrables variétés de bois de renne, il pourrait bien s'en trouver qui correspondissent au bois de renne de Brengnes; car, pour établir une comparaison utile, il faudrait, ainsi que le dit Cuvier, connaître positivement les caractères des bois du renne à l'état sauvage, caractères qui ne nous sont point encore connus.

Sans cependant avoir fait cette comparaison, MM. Schmerling et de Christol ne témoignent pas le même embarras que Cuvier; et, d'après eux, le renne humatile diffère essentiellement du renne vivant. Le premier s'est basé principalement sur la considération des bois qu'il avait trouvés dans quelques cavernes de la Belgique; mais comme ces bois ont de son aveu même la plus grande ressemblance avec ceux qu'à décrits Cuvier, peut-être eût-il bien fait, n'ayant pas d'autre motif de détermination que le grand anatomiste, de se tenir dans la même réserve.

Les observations de M. de Christol, n'étant pas plus concluantes que celles de M. Schmerling, ainsi que le fait remarquer M. Puel, la question reste encore indécise, et ne pourra être décidée que par la comparaison que Cuvier jugeait avec raison nécessaire pour la décider.

Dans l'examen des divers fragments du renne humatile que M. Puel a recueillis, il s'est trouvé des os semblables, provenant également d'animaux adultes et dont la longueur était fort inégale. Étonné de cette différence, cet observateur présuma que les grands pourraient bien avoir appartenu à des mâles, et les autres à des femelles. Ayant fait d'abord cette remarque à l'occasion de deux tibias, il ne tarda pas à en faire d'autres, qui sont venues à l'appui de son opinion, et elle a été confirmée par des recherches sur l'ostéologie des rennes vivants. Il est facile de juger de l'importance de cette observation relativement à la question qui nous occupe.

1° Brèches osseuses d'Antibes.

Les ossements ensevelis dans les fissures de cette localité sont peut-être encore plus brisés et plus fracturés qu'ailleurs. Certains d'entr'eux y paraissent comprimés et comme broyés par une grande force de pression. Les ossements disséminés dans ces fissures paraissent appartenir à des espèces distinctes et diverses, suivant les localités et les fissures où on les observe.

Consolidées dans les fentes du calcaire jurassique, les brèches osseuses d'Antibes recèlent de nombreux galets de dolomie compacte grisâtre. Le ciment qui a réuni ces galets et les ossements qui les accompagnent, est d'un rouge moins prononcé que celui des brèches osseuses de Nice. Cela ne fait pourtant pas que toutes ces brèches des bords et des côtes de la Méditerrannée n'aient un air de ressemblance et une identité de composition réellement remarquables.

Nous y avons observé, 1° des chevaux d'une grande taille; 2° plusieurs espèces de cerf, les uns de la taille de l'élaphe, les autres de celle du daim, et les autres plus petits; 3° un mouton ou antilope, ou tout autre ruminant analogue.

2° Brèches osseuses de Sète ou Cette (Hérault) (1).

Les débris des rongeurs sont de beaucoup plus abondants dans les brèches de Sète, surtout ceux qui se rapportent aux lièvres et aux lapins. Il existe au moins deux races de ces derniers : les uns de la taille de nos lapins, et d'autres d'un tiers plus petits. L'on y voit également des campagnols et d'autres espèces de rats. Ces brèches recèlent également des débris d'un *palæotherium*, peut-être du *medium* et des restes de chevaux. Les autres

---

(1) Nous aurions pu citer également ici d'autres fissures du même département, dans lesquelles on découvre quelques ossements; mais nous avons d'autant moins été portés à le faire, que ces ossements se rapportent tous à des animaux de notre époque, ainsi que nous l'avons déjà fait observer. Ces fissures sont celles de Baillargues et de Vendargues, près Montpellier, ainsi que celles de Gignac et d'Alignant-le-Vent, près Pézenas.

mammifères terrestres se rapportent à plusieurs espèces de cerf et au mouton.

Les oiseaux des brèches de Sète ont appartenu à trois familles (1), savoir : 1° à un passereau de la taille de la bergeronette ; 2° à un gallinacé de la stature des pigeons ; 3° à un palmipède de la grandeur des Goënlands (*larus*). Des débris de reptiles les accompagnent : 1° des tortues de terre de petite taille ; 2° des serpents de la grandeur de la couleuvre commune. Enfin des coquilles terrestres, des genres hélice et pupa, ainsi que le *bulimus decollatus* sont mêlés de la manière la plus confuse aux restes de tous ces animaux.

L'on a encore cité, dans ce même département, les brèches à ossements de Saint-Pons ; mais, depuis que nous avons vu ces prétendues brèches, nous avons reconnu d'abord qu'elles n'étaient point disséminées dans des fissures ou dans des fentes, mais bien disposées dans une couche stalagmitique, et à la surface du sol. Dès lors, il s'ensuit qu'on ne peut les considérer comme de véritables brèches osseuses. Du reste, sous un autre rapport elles ne sauraient être assimilées aux brèches que nous décrivons ; car les débris des animaux qui y sont enveloppés, appartiennent tous à des animaux de notre époque. Cette formation, dont l'étendue n'a pas quatre mètres, n'a également aucune importance sous ce dernier point de vue ; cependant, si ces calcaires concrétionnés avaient roulé dans des fentes, de manière à y réunir des ossements anciens, quelque petite qu'eût été l'étendue de cette formation, nous n'aurions pas omis de l'indiquer.

(1) Il nous paraît plus conforme à l'étymologie d'écrire *Sète* que *Cette;* cependant cette dernière orthographe a prévalu, quoique la montagne de Sète soit le Σιγίον ὄρος de Strabon.

SECTION VIII.

DES BRÈCHES OSSEUSES DE L'ESPAGNE.

1° Brèches osseuses de Concud, près de Teruel en Aragon.

L'on n'y a encore observé que des pachydermes et des ruminants ; les premiers se rapportent à des chevaux remarquables par leur petite taille ; les seconds dépendent des trois genres cerf, bœuf et mouton. Ces derniers se font également remarquer par leur petitesse.

Ces brèches, comme les suivantes, se trouvent dans un calcaire secondaire qui appartient à la formation du Jura.

2° Brèches osseuses de Gibraltar.

D'après MM. Sprix et Martius, on découvrirait dans les brèches osseuses de Gibraltar différents objets de l'industrie humaine, mélangés avec des ossements d'animaux perdus. Ils y ont, en effet, trouvé des clous de fer, des morceaux de verre dans l'intérieur même du ciment qui a réuni les os et les cailloux roulés (1). Ainsi, d'après ces faits, comme d'après ceux que nous avons énumérés, la formation des brèches osseuses et des cavernes à ossements aurait eu lieu postérieurement à l'apparition de l'homme et même à l'invention des arts.

Les brèches de Gibraltar n'ont encore offert que des débris de rongeurs et de ruminants. Un genre très-voisin des *lagomys* caractérise les premiers, ainsi que deux espèces de lapins, l'une très-voisine de nos lapins ordinaires et l'autre beaucoup plus petite. Deux espèces de cerf, dont l'une très-grande et l'autre de la taille du daim, signalent les seconds.

(1) Voyage au Brésil, année 1823.

En un mot, les brèches osseuses comme les limons à ossements des cavernes, et les brèches ferrugineuses dont nous allons nous occuper, sont des formations produites par les mêmes causes, et qui se rattachent à une même période, celle de la dispersion des dépôts diluviens. Ces diverses formations semblent avoir été opérées par des eaux courantes qui, en descendant de plateaux plus élevés sur des plateaux inférieurs, ont entraîné avec elles les débris des animaux disséminés sur le sol, et les ont ensuite entassés dans toutes les cavités et les fentes qui ont pu les recevoir. Ces débris organiques, mis à l'abri des agents extérieurs par le durcissement du ciment des brèches qui les a enveloppés de toutes parts, ou par le glacis stalagmitique répandu sur le limon de la plupart des cavernes, se sont beaucoup mieux conservés que ceux qui se trouvaient disséminés au milieu des dépôts extérieurs.

Quoique les fissures à ossements aient été remplies par les mêmes causes que les grandes cavités souterraines, elles semblent cependant plus bornées à de certaines localités que celles-ci, toutes les fois du moins qu'elles ne dépendent pas des cavernes. On les voit, en effet, constamment répandues à l'extrémité de certains versants, comme si elles n'étaient dues qu'à des causes locales dépendantes de la configuration et de l'élévation de ces mêmes bassins. Ainsi la plupart de ces brèches osseuses, se montrent à peu près uniquement sur les bords occidentaux et septentrionaux de la Méditerranée, comme dans un vaste bassin ou une sorte de Caspienne alimentée par les eaux qui arrivent des monts, des collines environnantes et de tous les points élevés.

CHAPITRE III.

DES BRÈCHES FERRUGINEUSES.

Les brèches ferrugineuses ne diffèrent des brèches osseuses que par la nature de leur ciment qui est beaucoup plus ferrugineux. Cette circonstance tient à la grande quantité de minerai de fer hydroxidé pisiforme qu'elles renferment. Quelquefois cette quantité est si considérable, que ces brèches fournissent un des meilleurs et un des plus riches minerais de fer.

Elles remplissent également de leurs dépôts, soit des fissures, soit des fentes, soit des cavernes ; mais elles communiquent toujours avec la surface du sol. On ne les voit donc jamais recouvertes par aucune roche stratifiée, tout au plus par des terrains d'attérissement ; et l'on sait qu'il en est de même des limons des brèches et des cavernes à ossements.

Enfin, les brèches ferrugineuses ne se sont guère produites que dans des roches calcaires, principalement dans les assises des terrains jurassiques, comme les brèches osseuses proprement dites. Ces circonstances, jointes à celle de l'identité des débris organiques que les unes et les autres renferment, annoncent assez la communauté de leur origine et de leur formation.

SECTION PREMIÈRE.

DES BRÈCHES FERRUGINEUSES DE LA CARNIOLE.

M. Necker de Saussure a reconnu, dans les mines de fer oxidé pisiforme qui se trouvent dans les grandes fentes verticales des calcaires jurassiques de la Carniole, des débris de l'*ursus spelæus*. Cette circonstance a porté les observateurs à considérer ces mines de fer pisiformes, mines qui sont exploitées, comme étant de véritables brèches ferrugineuses à ossements. Nous adopterons leur manière de voir. Il paraît aussi que, dans le district de Wochein, on a découvert des ossements de mammifères terrestres dans des circonstances semblables.

SECTION II.

DES BRÈCHES FERRUGINEUSES DE WURTEMBERG.

M. Schluber a reconnu, dans les mines de fer pisiforme de Salmandingen, un grand nombre de débris de mammifères terrestres, de genres et d'espèces perdues. Aussi depuis lors, les géologues ont rapporté ces mines de fer aux brèches ferrugineuses. Nous admettrons assez cette opinion, quoique nous ignorions cependant si ces fers en grenailles se rencontrent dans des fentes ou dans des fissures, comme les autres brèches ferrugineuses dont nous avons déjà parlé.

Quoi qu'il en soit, M. Schluber a reconnu dans ces fissures, ouvertes dans un calcaire secondaire jurassique, un assez grand nombre de pachydermes, parmi lesquels il a signalé des mastodontes, des rhinocéros, des lophiodons et des chevaux.

S'il en est ainsi, les brèches du Wurtemberg nous

fourniraient un second exemple de la présence d'un genre de mammifère inconnu dans la nature actuelle, que l'on avait cru, comme le *palæotherium*, particulier aux terrains tertiaires. Ainsi, les *lophiodons* et les *palæotheriums*, quoiqu'ayant été beaucoup plus nombreux pendant cette époque qu'à l'époque quaternaire, ne seraient pas cependant exclusifs aux formations tertiaires.

Des ruminants du genre cerf accompagnent enfin les débris des pachydermes que nous venons de signaler.

SECTION III.

DES BRÈCHES FERRUGINEUSES DE LA SUISSE.

L'on a enfin cité de nombreuses brèches ferrugineuses en Suisse; il ne paraît cependant pas que l'on y ait reconnu des ossements; mais comme il est probable que l'on y en découvrira comme ailleurs, lorsqu'on y fera des recherches, nous nous bornerons à mentionner les principales localités. Ainsi, on en a indiqué dans les environs de Bâle, ainsi qu'auprès de Délémont, de Lunel et dans plusieurs lieux du canton d'Arau.

SECTION IV.

DES BRÈCHES FERRUGINEUSES DE CANDERN EN BRISGAUD, GRAND DUCHÉ DE BADE.

Ces brèches ferrugineuses décrites par M. Walchnaer, de Carlsruhe, sont de deux ordres. Ainsi, ce géologue fait observer que, d'après M. Brongniart, les dépôts des minerais de fer pisiforme et réniforme et les brèches osseuses, montrent une concordance parfaite dans leurs relations géognostiques.

Ces dépôts, de même que ces brèches osseuses, se trouvent dans les fentes ouvertes; ils ont été formés en même temps, et ne sont jamais recouverts par d'autres roches en couches solides.

D'après Walchnaer, il existe deux sortes de terrains de fer pisiforme et réniforme très-différents par leur âge, et cela dans les environs de Candern.

L'un d'eux, et le plus ancien, se trouve au-dessus d'un calcaire jurassique compacte, qui paraît correspondre au coral-rag, ou portland-stone des Anglais.

Il se compose d'une masse d'argile sableuse, qui contient le minerai réniforme dans la partie inférieure, et le pisiforme dans la supérieure, en même temps que des sphéroïdes de silex et de jaspe.

Les minerais réniformes et les silex qui les accompagnent, contiennent des pétrifications; les premiers, des astrées, des ammonites; les derniers, des pectinites et des pointes de cidarites. Le tout est recouvert de conglomérats plus anciens que la molasse, ou bien aussi de la molasse même.

L'autre terrain de mine de fer réniforme et pisiforme, bien moins ancien que le premier, paraît être le produit d'une destruction partielle et d'une translocation du dépôt jurassique et d'autres formations secondaires plus anciennes.

Les minerais réniformes et pisiformes y sont souvent brisés; les jaspes et les silex y manquent entièrement, ou bien s'y trouvent également brisés.

Les minerais sont entremêlés de dents de poissons et d'ossements; ils se trouvent dans des fentes, des crevasses, des concavités en forme de bassins, d'entonnoirs ou d'auges, appartenant à différentes formations, et ne sont pas recouverts par des couches solides.

Les minerais de cette sorte de gîtes sont en partie véritablement pisiformes, c'est-à-dire, formés de couches

concentriques et composés d'une combinaison chimique
de silice et d'oxidule de fer, de véritables silicates de fer ;
en partie, ce sont aussi des grains de fer hydroxidé brun,
tantôt pur, tantôt argileux et souvent même du fer oxidé
rouge ; leur grosseur est ordinairement moindre que celle
des grains pisiformes, ils sont compactes et anguleux.

Ces minerais ont été roulés et plus ou moins arrondis
par cette action.

SECTION V.

DES BRÈCHES FERRUGINEUSES DE LA FRANCE.

Les brèches ferrugineuses paraissent assez abondantes
dans une foule de contrées calcaires de la France, particulièrement dans le Jura et l'Alsace. Mais les fissures qui
renferment les minerais de fer pisiforme, recèlent-elles
en même temps des ossements de mammifères terrestres?
C'est ce qui paraît d'autant plus probable que la plupart
des brèches ferrugineuses, observées avec soin, en ont
présenté.

Ainsi, d'après MM. Thiria et Walchnaer, il existe dans
le nord-ouest du Jura (Haute-Saône) et dans les environs
de Bâle, deux dépôts différents de minerai de fer pisiforme, dont l'un provient probablement, en grande
partie, de la destruction partielle de l'autre, qui se
trouve entre les terrains oolitiques et les terrains tertiaires. Le dépôt le plus récent contient quelquefois des
restes de rhinocéros et d'ours. D'après cette dernière
circonstance, sa formation paraît être de la même époque
géologique que les brèches osseuses.

Brèches ferrugineuses de Cherval, près Besançon
(Doubs).

Il paraît que l'on a rencontré dans ces brèches un assez grand nombre de débris d'ours qui se rapportent à

l'*ursus spelæus*. Ces brèches osseuses et ferrugineuses se
montrent dans les fissures d'un calcaire secondaire
jurassique.

Dans les mêmes lieux où l'on découvre les cavernes à
ossements de Brunniquel, existent également, dans les
mêmes calcaires secondaires, des brèches ferrugineuses,
lesquelles recèlent les mêmes animaux. Dans les unes et
dans les autres, l'on trouve des débris de ruminants du
genre cerf, et de grands oiseaux. Cette identité, jointe
au rapprochement des fissures de ces cavités, indique
assez la conformité de formation des unes et des autres.
Cette opinion paraît surtout extrêmement probable,
lorsqu'on visite les localités où l'on découvre et ces
cavernes et les fissures remplies de brèches ferrugineuses
qui en dépendent.

Enfin, outre les fentes dont nous venons de parler,
dans lesquelles se sont consolidées des brèches osseuses
et ferrugineuses avec des débris d'animaux terrestres, il
paraît qu'il y en a d'autres dans lesquelles on ne rencontre
que des animaux marins. Ces animaux semblent ne pas
différer de ceux qui vivent actuellement dans la Méditerranée. Aussi, y a-t-il lieu de croire que la brèche qui
les recèle a été formée à la même époque que les brèches osseuses. Quant à la circonstance de ne renfermer
que des espèces marines, elle peut tenir aux causes que
nous avons déjà énumérées. Nous attendrons, du reste,
pour nous expliquer à cet égard, d'avoir eu l'occasion
de visiter ces brèches à animaux marins. Enfin, ce qui
confirme leur rapprochement avec les brèches osseuses,
c'est que les caractères des substances minérales qui
entrent dans leur composition, sont analogues à celles
qui composent les cailloux roulés ou les roches fragmentaires des dépôts diluviens des lieux environnants.

LIVRE QUATRIEME.

DES CARACTÈRES GÉNÉRAUX DE LA POPULATION DES CAVER- NES, ET DES PREUVES QUI FONT SUPPOSER QU'ELLE A PÉRI POSTÉRIEUREMENT A L'APPARITION DE L'HOMME.

Pour donner une idée exacte des caractères de la po- pulation, ou de l'ensemble des êtres qui ont été entraînés, ou qui ont vécu dans les cavités souterraines, nous croyons nécessaire d'en tracer le tableau général, en indiquant seulement, d'une manière sommaire, les loca- lités où l'on en observe les débris (1). Nous dresserons ce tableau d'après les principes de classification adoptés maintenant, cette marche étant la plus simple et la plus commode pour asseoir une opinion sur les caractères généraux de cette population, et pour se faire une idée juste des espèces qui la composent.

(1) Ainsi, nous indiquerons par E. les espèces observées dans les ca- vernes de l'Europe, en les distinguant par les deux premières lettres qui commencent les noms des diverses contrées de ce continent. Quant à celles qui n'ont été observées encore que dans le nouveau monde ou en Amérique, nous les signalerons par les deux lettres majuscules N. M; et celles de la Nouvelle-Hollande, par les lettres N. H. Quant aux ossements humains et aux produits de notre industrie, nous ferons connaître nom- mément les cavernes où ils ont été rencontrés.

CHAPITRE PREMIER.

TABLEAU GÉNÉRAL DES DIVERS ANIMAUX DONT LES DÉBRIS ONT
ÉTÉ OBSERVÉS DANS LES CAVERNES DES DIVERS CONTINENTS.

BIMANES.

1" Ossements humains découverts en Amérique , dans
les cavernes du Kentucky , avec des restes de mégalonyx,
d'ours , de cerfs et de bisons.

2° Ossements humains découverts en Europe , dans les
cavernes de Kuhloch et de Zahuloch de la Franconie ,
mêlés , comme les précédents , à des débris d'espèces
perdues.

3" Ossements humains découverts en Europe , dans les
cavernes de la province de Liége , en Belgique , toujours
avec les mêmes circonstances.

4° Ossements humains découverts en Europe , dans les
cavernes de Burrington, en Angleterre , constamment accompagnés des mêmes faits.

5° Ossements humains découverts en Europe , dans les
cavernes de Scaham-dem, en Angleterre, avec les mêmes
circonstances que ceux des cavernes précédentes.

6° Ossements humains découverts en Europe , dans les
cavernes de la Lozère , particulièrement dans celles de
Nabrigas , avec des animaux d'espèces perdues.

7° Ossements humains découverts dans les cavernes de
la France, dans le département du Gard , principalement

à Mialet et Jobertas, toujours avec les mêmes circonstances.

8° Ossements humains découverts dans les cavernes de la France, dans le département du Gard, principalement dans celles de Pondres et de Souvignargues, toujours avec les circonstances précédentes.

9° Ossements humains découverts dans les cavernes de la France, dans le département de l'Aude, particulièrement à Bize, avec les mêmes faits.

Nous allons indiquer également, d'une manière sommaire, les diverses cavités souterraines dans lesquelles l'on a rencontré divers produits de l'industrie humaine : ces produits ayant la même importance que les os d'homme pour la fixation de la date des dépôts diluviens qui ont été entraînés dans les cavernes.

1° Produits de l'industrie de l'homme, découverts en Allemagne, dans les cavernes de Kuloch et de Zahuloch, en Franconie, avec des ossements humains.

2° Produits de l'industrie humaine, découverts en Angleterre, dans les cavernes de Mendipp; les principaux de ces produits se rapportent, pour la plupart, comme ceux des autres cavités souterraines, à des poteries noirâtres extrêmement grossières. Ces poteries sont formées de terres qui n'ont pas été lavées ni cuites au four, mais séchées au feu, ou peut-être seulement au soleil.

Ces poteries semblent, du moins d'après leur couleur, leur forme et la nature de leur pâte, avoir appartenu aux temps antérieurs à l'introduction des arts dans les Gaules.

3° Produits de l'industrie humaine, découverts dans les cavernes de la France, d'abord à Salléles, dans le département de l'Aude.

4° Produits de l'industrie humaine, découverts égale

ment en France , dans les cavernes de la Lozère , principalement dans celles de Nabrigas.

5° Produits de l'industrie humaine , découverts également en France , dans les cavernes de Miremont , dans
la Dordogne.

6° Produits de l'industrie humaine , découverts de
même en France, dans les cavernes de Fausan (Hérault).

7° Divers produits de l'industrie de l'homme , découverts en France , dans les cavernes de Bize , dans le
département de l'Aude.

8° Produits de l'industrie de l'homme , observés en
France , dans les cavernes de Pondres et de Souvignargues , dans le département du Gard , et cela avec les
mêmes circonstances que ceux dont nous avons déjà
parlé. En effet, ces produits, comme les ossements humains , sont mêlés aux débris des espèces perdues , et on
voit les uns et les autres ensevelis et confondus dans les
mêmes limons.

9° Bois et ossements d'espèces perdues , travaillés par
la main des hommes , découverts également dans les
limons de plusieurs cavernes , particulièrement dans
celles de Bize , de Mialet , de Nabrigas et de Fausan.

Il paraît donc bien établi , soit d'après ces faits, soit
d'après ceux que nous avons énumérés dans nos différents
travaux , que l'homme a été contemporain des espèces
perdues , disséminées avec ces débris dans certaines des
cavernes à ossements de l'Europe. Mais n'anticipons pas
sur ce que nous aurons à dire sur cet objet important.

Avant de quitter cet objet, nous ferons observer que
des produits de l'industrie humaine ont été également
rencontrés dans certaines circonstances , qui , quoique
n'annonçant pas une aussi haute antiquité que ceux que
nous venons de mentionner, n'en indiquent pas moins
une fort considérable à leur ensevelissement. Ainsi ,
par exemple , on a découvert , dans les environs de

Paris, deux dépôts d'arbres entassés les uns sur les autres, et dont quelques-uns sont assez bien conservés pour pouvoir servir de bois de charpente. Plusieurs de ces arbres sont convertis en une sorte de jayet noirâtre analogue à du charbon; ce qui annonce la haute antiquité de leur ensevelissement par les eaux de la Seine. Ces dépôts d'arbres charbonnés se trouvent, l'un auprès de Charenton, et l'autre dans l'île de Chatou.

Mais ce qu'ils ont de remarquable, c'est qu'au milieu de ces débris de végétaux, on a rencontré une ancienne pirogue celtique, creusée comme celles des sauvages, dans un seul tronc d'arbre, et qui prouve qu'à l'époque où la rivière a charrié ces masses végétales, il y avait déjà des habitants sur ses bords.

Mais si ces dépôts d'arbres, qui paraissent avoir appartenu à des chênes, étaient surmontés par les terrains diluviens, ce que nous ignorons complètement, ils seraient tout aussi anciens que ceux qui, dans les fentes longitudinales et verticales, nous montrent tant de produits de l'industrie humaine, mêlés et confondus avec une foule d'animaux qui n'ont plus de représentants sur la terre.

L'intérêt que présente une pareille question portera sans doute les géologues de Paris à examiner toutes les circonstances de ce singulier gisement de végétaux, afin de s'assurer s'il est antérieur ou postérieur à la dispersion des dépôts diluviens, et pouvoir reconnaître l'époque à laquelle la pirogue celtique y a été entraînée.

I. MAMMIFÈRES TERRESTRES.

1. *Carnassiers.*

1° CHEIROPTÈRES. 1° *l'espertilio murinus*. E. *Auritus*. E.

Les cheiroptères que nous voyons se trouver dans les cavernes à ossements, existaient également avant la formation des terrains tertiaires de nos contrées européennes, puisqu'on en découvre des restes indubitables dans la formation gypseuse des environs de Paris. Ces chauve-souris des terrains tertiaires étaient très-probablement contemporaines des *anoplotheriums* et des *palœotheriums*, puisque leurs ossements se trouvent dans les mêmes conditions géologiques.

Elles ont continué d'exister, depuis ces temps jusqu'à nous, et cela dans toutes les parties de l'Europe, puisqu'on en rencontre des restes dans le *diluvium* des cavernes et celui des brèches osseuses. Ces chauve-souris si anciennes ne différaient que fort peu, si même elles différaient, des espèces actuellement vivantes dans les mêmes contrées.

Les conditions d'existence nécessaires aujourd'hui à ces animaux, paraîtraient donc avoir été à peu près les mêmes aux époques où elles ont jadis vécu. Mais comme d'un autre côté, les chauve-souris ont été accompagnées d'espèces qui ne pourraient plus vivre dans nos régions à raison de la température élevée qu'elles exigent, il faut bien que ces animaux plus robustes aient résisté aux changements qui se sont opérés dans les *maxima* et les *minima* de la température de nos contrées aujourd'hui tempérées.

Ce que nous disons des chauve-souris s'applique également aux *palœotheriums* et aux *lophiodons*, qui ont également persisté depuis la période tertiaire jusqu'aux dépôts les plus récents de la période quaternaire, c'est-à-dire, jusqu'à l'époque où le *diluvium* et ses débris organiques ont été entraînés dans les cavités souterraines et les fentes verticales de nos rochers.

2° INSECTIVORES. — 1° *Erinaceus europæus*. E.

2° *Sorex*. — On a cité deux espèces de ce genre dans les cavernes de la Belgique. E.

3° *Talpa europæa*. E.

II. *Plantigrades.*

1° *Ursus spelœus.* Cuvier. E.
   Pitorrii. Nobis- Giganteus. Schmerling. E.
   Priscus. Cuvier.
   Arctoïdeus. Cuvier. E.
Ursus cultridens ou *etruscus.* — Il y a de l'incertitude
   sur la détermination de cette espèce d'ours,
   qui, du reste, n'a encore été indiquée que
   dans les cavernes de la Sicile. E.
   Gulo. Linné. E.
   Meles. Linné. E.

Plusieurs espèces d'ours ont été signalées comme se
trouvant dans les cavernes à ossements du nouveau-
monde. Mais, comme on n'en a point encore déterminé
les espèces, nous nous bornerons à les mentionner.

Les premières espèces d'ours que nous venons d'indiquer, sont les plus abondantes et les plus généralement
répandues. Elles le sont même tellement dans certaines
cavernes, qu'elles en caractérisent essentiellement la population. Telles sont, par exemple, en Allemagne, les cavernes de la Franconie, et une infinité de celles de la
France, parmi lesquelles nous citerons celles de Fausan,
du Vigan, de Mialet, de la Lozère et d'Osselle.

Quant à l'*ursus cultridens* ou *etruscus*, on ne l'a encore
rencontré que dans les seules cavernes des environs de
Syracuse, en Sicile.

2° Le grison (*viverra vittata.* Linné). — Cette espèce
de plantigrade n'a été observée jusqu'à présent, que
dans les cavernes de la Belgique.

DIGITIGRADES. — 1° *Mustela putorius.* Linné. Le putois. E.
   Lutra. Linné. La loutre. E.
   Vulgaris. Linné. La belette. E.

2° On a également cité quatre espèces de martes;

dans les cavernes de la Belgique ; mais comme on n'a
point encore fait connaître leurs noms précis , nous nous
bornerons à cette indication. Du reste , les espèces de ce
genre sont généralement peu répandues dans les cavernes
à ossements.

  3° *Canis familiaris* Linné. — Ou une espèce fort rap-
    prochée. E.

    Lupus. Linné. E.

    Vulpes. Linné. E.

  Les deux dernières espèces sont les seules que l'on retrouve assez fréquemment dans les cavernes à ossements.

  4° *Viverra genetta.* Linné. — Cette espèce est assez
rare parmi les débris d'animaux que l'on découvre dans
les cavités souterraines. E.

  5° *Hyœna spelœa.* Nobis. E.

    Prisca. Nobis. E.

    Intermedia. Nobis. E.

  Les hyènes , avec leurs excréments , sont assez abondantes dans certaines cavernes pour avoir fait supposer
que l'étrange rassemblement des animaux qui leur sont
associés , était dû à leur voracité. Nous avons vu ce qu'il
en était de cette supposition. Les principales cavernes à
hyènes sont : en Angleterre, celles de Kirdale , et en
France , celles de Lunel-Viel. Comme le nombre des espèces d'hyènes humatiles n'a été fixé que depuis les travaux que nous avons publiés avec MM. Dubreuil et
Jean-Jean , nous ignorons si les différentes espèces de ce
genre sont généralement répandues ; nous le présumons
pourtant , les ayant retrouvées dans les autres cavernes
de nos contrées méridionales , découvertes depuis celles
de Lunel-Viel.

  6° *Felis spelœa.* Nobis. E.

    Antiqua. Cuvier. E.

    Prisca. Cuvier. E.

    Leo. Linné. E.

Leopardus. Linné. E.
Serval. Linné. E.
Ferus. Linné. E.

III. *Marsupiaux.*

1° **Dasyure.** (*Dasyurus.* Cuvier.) N. H.
2° **Kanguroos.** (*Macropus.* Cuvier.) Trois ou quatre
   espèces, dont une d'un tiers plus grande que le
   kanguroo géant actuellement vivant. N. H.
3° **Phascolome Wombat.** (*Phascolomys*, Geoffroy ; *vel*
   didelphis ursina. — Une seule espèce. N. H.
4° *Halmalthurus.* Cuvier. — Deux espèces. N. H.
5° **Kanguroo rat.** (*Hypsiprimnus.* Illiger.) — Une seule
   espèce. N. H.
6° **Phalangiste.** (*Ballantia.* Illiger.) N. H.
7° **Koala.** N. H.

Tous ces genres de la famille des marsupiaux n'ont été
encore indiqués que dans les cavernes de la Nouvelle-
Hollande, où leurs analogues existent encore. Les observateurs qui les ont indiqués ne nous ont point fait connaître à quelles espèces se rapportaient les dasyures, les
kanguroos et les phascolomes humatiles de ce continent.
Il est néanmoins certain que parmi ces espèces, il en est
une qui paraît n'avoir plus de représentant parmi celles
qui vivent en Australie : c'est le kanguroo dont la taille
est de beaucoup supérieure à celle du kanguroo géant.

IV. *Rongeurs.*

1° *Castor Danubii.* M. Geoffroy Saint-Hilaire. — Cette
espèce n'a encore été observée que dans les cavernes de
Lunel-Viel et de la province de Liége. E.
2° *Mus amphibius.* Linné. Le rat d'eau. E.
   Campestris major. Brisson. E.

Arvalis. Linné. Ou le campagnol. E.

Sylvaticus. Le mulot. E.

Rattus. Linné. Le rat. E.

Musculus. Linné. La souris. E.

3° *Sciurus vulgaris.* Linné. L'écureuil. E.

4° *Lepus timidus.* Le lièvre. E.

Cuniculus. Le lapin. E.

Ces dernières espèces sont les seules répandues à peu près universellement dans les cavités souterraines. Les autres n'y sont guère que d'une manière accidentelle.

5° *Cavia Acuti.* L'agouti ordinaire, observé uniquement dans les cavernes de la Belgique. E.

V. *Édentés.*

1° *Megalonyx Jeffersonnii.* N. M.

Laqueatus. N. M.

La première de ces espèces avait à peu près la taille de nos bœufs.

2° *Megatherium.* N. M.

Les espèces de ces deux genres perdus, n'ont été rencontrées que dans les cavernes du nouveau-monde, continent où la famille des édentés a encore de nombreux représentants. Le seul genre des *megatherium* a été cependant observé en Europe, dans les fissures à ossements de Kæstriz.

VI. *Pachydermes.*

1° PACHYDERMES PROBOSCIDIENS. — 1° Éléphant dont l'espèce découverte dans les cavernes de l'Australie, paraît toute particulière. N. M.

2° *Elephas primigenius.* Blumenbach. E. — Cette espèce est assez commune dans les cavernes à ossements. On en a cité une autre dans les cavernes de Chokier, et on lui a trouvé quelques analogies avec l'éléphant des Indes.

3° Mastodonte (*mastodons*). — Une espèce encore indéterminée , appartenant à ce genre , a été observée dans les cavernes du Kentucky , dans le nouveau-monde.

2° PACHYDERMES ORDINAIRES. — 1° *Hippopotamus-major*. Cuvier. E.

2° *Sus priscus*. Nobis. E.

Scropha. Linné. Le sanglier. E.

Minutus. E.

3° *Rhinoceros tichorhinus*. Cuvier. E.

Incisivus. Cuvier ; Schleirmacheri de M. Kaup, ou *Megarhinus* de M. de Christol. E.

Minutus. Cuvier. E.

L'on a également signalé , dans les cavernes de Chokier, en Belgique , des débris de deux espèces de rhinocéros , qui paraîtraient différer de ceux-ci. L'une de ces espèces serait analogue au rhinocéros bicorne d'Afrique , et l'autre à l'unicorne d'Asie.

Les pachydermes sont , du reste , assez répandus dans les cavernes à ossements , moins cependant les hippopotames que les autres genres. En effet , l'on n'a encore observé les hippopotames que dans les cavernes de Kirdale , en Angleterre , de Syracuse et Ciro , en Sicile , et enfin dans celles d'Arcis , en France. Mais les espèces de ce genre se trouvant aussi dans plusieurs contrées , il est probable qu'à mesure qu'on portera plus d'attention sur leur détermination , le nombre des lieux où l'on en découvrira les débris , s'augmentera considérablement.

3° PACHYDERMES SOLIPÈDES. — 1° *Equus caballus*. Linné Le cheval. E.

Asinus. Linné. L'âne. E.

Minutus. Nobis. E.

Les débris des chevaux caractérisent , d'une manière essentielle , la population dispersée dans les cavités souterraines. On les voit , du moins , à peu près dans toutes ,

et leurs individus y sont des plus nombreux. Cette espèce
a dû être modifiée par l'homme, avant d'avoir été entraînée dans les souterrains où l'on en observe les restes;
car elle y présente des races distinctes et diverses, races
que l'homme seul a le pouvoir de produire.

VII. *Ruminants.*

1° RUMINANTS A BOIS.

PREMIER ORDRE CATOGLOCHIS. : 1° *Cervus Destremii.* Nobis. E.

Reboulii. Nobis. E.

Dumasii, Nobis. E.

Coronatus. E.

Antiquus. E.

Pseudo-virgininus. E.

Intermedius. E.

2° *Dama vulgaris* (*cervus dama.* Linné.). Le daim. E.
Une autre espèce, au moins, appartenant à ce
genre. E.

3° *Procerus tarandus.* Nobis. (*Cervus tarandus.* Linné.)
Le renne. E.

Caribœus. Nobis. E.

II° ORDRE, ANOGLOCHIS. — 1° *Alces vulgaris.* Nobis. (*Cervus
alces.* Linné.) L'élan. E.

2° *Capreolus Tournalii.* Nobis. E.

Leufroyi. E.

Une autre espèce, au moins, encore indéterminée.

3° *Cervulus coronatus.* Nobis. E.

2° RUMINANTS A CORNES CREUSES.

1° *Antilope Christolii.* Nobis. E.

Il existe, au moins, trois espèces d'antilopes, de tailles
diverses, dans les cavernes; mais comme nous ne sommes

pas complètement fixé sur leur détermination, nous n'en dirons pas davantage.

2° *Capra ægagrus*. Linné. La chèvre. E.

On a cru en reconnaître plusieurs autres espèces dans les cavernes de la Sicile.

3° *Ovis tragelaphus*. Linné. Le mouton ou mouflon de Corse. — Peut-être existe-t-il d'autres espèces de ce genre dans les cavernes à ossements; quoi qu'il en soit, les débris des moutons sont généralement en petit nombre dans les souterrains où on les observe. E.

4° *Bos ferus*. Vel *urus* de Gmelin. L'aurochs. E.

  Intermedius. Nobis. E.

  Taurus. Linné. Le bœuf domestique. E.

  Bubalus. Linné. Le buffle. E.

  Americanus. Gmelin. Le bison. N. M.

Cette dernière espèce a été uniquement rencontrée dans les cavernes du nouveau-monde. Les *bos ferus* et *taurus* sont les plus communs et les plus répandus dans celles de l'Europe. La dernière de ces deux espèces, analogue à nos races domestiques, s'y montre modifiée et présente des races distinctes et diverses, comme les chevaux.

Enfin, on a cité dans les cavernes de Syracuse, en Sicile, des débris d'une espèce de bœuf analogue à l'espèce à front bombé de l'Italie supérieure et du val d'Arno.

II. MAMMIFÈRES MARINS.

1° Dugong : nous croyons pouvoir rapporter à ce genre l'espèce indiquée par M. Schmerling, sous le nom d'*hippopotamus minor* de Cuvier; car il est bien démontré maintenant que cette espèce, loin d'appartenir aux mammifères terrestres, est un mammifère marin assez rapproché du genre dugong. Mais les débris que M. Schmerling dit se trouver dans les cavernes de la Belgique, n'y sont, ainsi que nous l'avons déjà fait observer, que parce qu'ils ont été détachés des formations préexistantes.

III. OISEAUX.

Les débris d'oiseaux signalés jusqu'à présent, dans les cavernes à ossements, se rapportent principalement à cinq familles, savoir : aux oiseaux de proie, aux passereaux, aux gallinacés, aux échassiers et aux palmipèdes. Les espèces qui appartiennent aux deux premières de ces familles, sont les plus nombreuses et les plus universellement répandues, avec celles des palmipèdes.

IV. REPTILES.

Les reptiles découverts dans les cavernes se rapportent aux trois familles des ophidiens, des cheloniens et des batraciens. La première y est signalée par une couleuvre, la seconde par une tortue analogue à la *testudo græca*, et la troisième par un crapaud voisin du *rana marina* de Gmelin.

V. POISSONS.

Les débris des poissons qui ont été observés jusqu'à présent dans les cavernes à ossements, se rapportent à des espèces marines qui caractérisent les formations tertiaires. Aussi ne s'y trouvent-ils que d'une manière tout à fait accidentelle, et parce qu'ils ont été détachés des terrains auxquels ils appartenaient.

On a cité, dans les cavernes de la Belgique, des écailles de poissons de mer et plusieurs dents de squales. Les dents de ce poisson cartilagineux se rencontrent également dans celles de Lunel-Viel. Elles y ont signalé les *squalus cornubicus*, *vulpes* et *glaucus*. Différentes portions

d'une raie d'une espèce indéterminée, principalement
des fragments de palais, y ont été aussi observées, avec
une de ces portions osseuses qui se trouvent dans le cerveau de certains poissons. Cette pièce se rapprocherait
beaucoup, par sa forme alongée, du *lepidolebrus trachy-*
rinchus de M. Risso.

VI. MOLLUSQUES.

1° COQUILLES TERRESTRES.

1° *Helix nemoralis.* — *Fruticum.* — *Variabilis.* — *Rho-*
dostoma. — *Nitida.* — *Lucida.*
  2° *Bulimus decollatus.*
  3° *Cyclostoma elegans.*
  4° *Paludina vivipara.*

2° COQUILLES FLUVIATILES.

Unio margaritifera.

3° COQUILLES MARINES.

1° *Natica millepunctata.*
2° *Buccinum reticulatum.*
3° *Ostræa.* — Une espèce encore indéterminée.
4° *Pecten jacobæus.*
         Opercularis.
      Une espèce encore indéterminée.
5° *Pectunculus glycimeris.*
6° *Mytilus edulis.*
7° *Arca Noe.*
8° *Balanus tintinnabulum.*
         Miser.

Parmi les différentes coquilles que nous venons d'indiquer, les seules espèces terrestres et fluviatiles nous

paraissent de la même date que les ossements. Il n'en
est pas de même des marines. En effet, à l'exception des
natica, des *buccinum*, des *pectunculus*, et des *mytilus* des
pecten jacobæus, les autres sont d'une tout autre époque,
appartenant à la période tertiaire.

Il est donc remarquable que toutes les coquilles humatiles de la même date que les ossements, appartiennent,
sans exception, à des espèces actuellement vivantes, et
vivantes même près des lieux où gisent leurs débris.
Ces faits confirment puissamment ce que nous avons déjà
dit, relativement à la nouveauté de la dispersion des
dépôts diluviens.

VII. INSECTES.

1° Carnassiers. — *Carabus.*
2° Lamellicornes. — 1° *Trichius.* — 2° *Cetonia.*
3° Sténélytres. — 1° *Helops.*
4° Cycliques. — 1° *Chrysomela.*

Quoique nous n'ayons pu déterminer exactement les
espèces d'insectes des cavernes de Lunel-Viel, nous pouvons dire cependant que leurs formes rappellent plutôt
celles des espèces de nos régions que des contrées loin-
taines. Il est probable qu'à mesure que l'on observera
mieux les débris organiques des cavernes, l'on y découvrira des insectes, comme nous l'avons fait dans celles
de Lunel-Viel, que nous avons fait fouiller avec le plus
grand soin.

D'après les tableaux précédents, les causes qui ont
entraîné dans les cavernes et les fissures à ossements, les
animaux que l'on y voit accumulés, n'ont donc nullement transporté et mélangé les espèces d'un continent
avec celles d'un autre. En effet, les cavités souterraines
de chaque continent ont leurs espèces particulières,

analogues à celles qui y vivent encore. Ainsi, les mégalonyx n'ont été rencontrés, du moins jusqu'à présent,
que dans les cavernes du nouveau monde, comme les
dasyures, les kanguroos et les phascolomes dans celles
de la Nouvelle-Hollande. Cependant, tandis que les cavernes de l'ancien continent n'offrent aucune trace des
mastodontes que l'on découvre dans celles de l'Amérique,
l'on en voit des débris dans les brèches osseuses et ferrugineuses de l'Europe. Aussi, la population accumulée
dans ces fentes est-elle encore plus singulière et plus
anomale que celle des cavernes.

Ainsi, d'une part, l'on y découvre des restes d'un
édenté d'une taille colossale, rapproché des tatous, et
ayant appartenu à un genre perdu, celui des *megatheriums;*
de l'autre, l'on y voit des débris de trois genres également éteints, c'est-à-dire des mastodontes, des *palæo-*
theriums et des *lophiodons.* La présence de ces deux derniers genres est d'autant plus remarquable, dans des
formations aussi récentes, que long-temps, et lorsqu'on
attachait une importance trop exclusive aux débris
organiques, on avait considéré ces animaux comme
signalant une époque beaucoup plus ancienne.

Sans doute, ces pachydermes se trouvent ailleurs que
dans les terrains de la période dite palæothérienne ;
mais il faut avouer que leurs débris y sont plus nombreux
que dans les formations qui les ont précédés ou qui les
ont suivis. Ainsi donc, les *palæotheriums* et les *lophio-*
dons, comme les autres pachydermes ordinaires qui
vivent dans les lieux humides et marécageux, caractérisent généralement la période tertiaire, sans pouvoir
cependant être considérés comme signalant une époque
particulière de cette grande période.

Quant aux autres pachydermes, soit les proboscidiens,
soit les genres sanglier, rhinocéros et hippopotame
parmi les pachydermes ordinaires, comme les chevaux

14

parmi les solipèdes, ils se montrent tout aussi bien dans la période tertiaire que dans celle qui lui a immédiatement succédé. Les débris des solipèdes, ainsi que ceux du genre sanglier, ne se trouvent cependant en grand nombre que dans les dépôts de l'époque quaternaire. A peine en voit-on, en effet, dans les terrains qui appartiennent à la période tertiaire.

Mais le caractère essentiel de la population des cavernes et des fissures à ossements, tient à la présence de certains genres de ruminants, tels que les bœufs et les cerfs, dans celles de tous les continents, celui de la Nouvelle-Hollande excepté. En Europe, cette population est encore caractérisée par l'abondance des débris de chevaux, et dans quelques-unes par les restes de différentes espèces d'ours. Les rongeurs, parmi lesquels dominent essentiellement des espèces analogues à nos lièvres et à nos lapins, la distinguent également d'une manière éminente, surtout dans les brèches osseuses, où leurs débris la composent en quelque sorte à eux seuls.

Enfin, avec ces différentes espèces, l'on rencontre encore d'autres carnassiers, principalement des genres *felis* et *hyæna*, ainsi que divers pachydermes des genres éléphant, rhinocéros et hippopotame. Ces derniers s'y montrent pourtant beaucoup plus rarement que les premiers, que l'on voit assez généralement répandus dans les cavités souterraines, surtout dans celles qui renferment des débris d'hyènes.

Nous ferons encore observer que les ours parmi les carnassiers, comme les bœufs et les cerfs parmi les ruminants, se trouvent aussi bien dans les cavernes du nouveau monde que dans celles de l'ancien continent. Ces espèces sont donc celles que l'on voit le plus généralement répandues dans cet ordre de formation. A la vérité, les ours, les cerfs et les bœufs, ensevelis dans les différentes cavités souterraines, n'appartiennent point aux mêmes

espèces, car les lois de distribution que l'on voit maintenant entre les productions de la nature, paraissent
avoir constamment été les mêmes à toutes les époques.

Ainsi, les chevaux que l'on n'a point encore rencontrés
en Amérique, ne s'y trouvent pas non plus à l'état fossile
ni à l'état humatile, et il en est de même de nos bœufs
domestiques. Quoique ce dernier genre ait des représentants dans les cavernes du nouveau monde, il ne faut
pas s'attendre à découvrir la souche de nos bœufs domestiques au milieu des dépôts diluviens de cette contrée, pas plus que d'y voir leurs tribus errantes au milieu
des vastes savanes, à moins que celles-ci ne soient les
descendants des races que nous y avons transportées.
Ainsi donc, à toutes les époques, chaque contrée a eu
ses animaux particuliers, d'autant plus différents entre
eux, que les continents auxquels ils se rapportent ont des
dates plus diverses et plus opposées.

Une remarque assez singulière que nous avons déjà
faite, tient à l'espèce de rapport que l'on voit exister
entre la présence simultanée des hyènes et des éléphants
dans les mêmes souterrains. Nous ne saurions encore
déduire de ce fait remarquable aucune conséquence, si
ce n'est qu'il est difficile de supposer que des animaux
aussi lâches que le sont les hyènes, aient jamais eu l'audace d'attaquer ces colosses de la nature vivante. L'on
sait, en effet, que les lions les plus terribles, comme
les tigres les plus vigoureux, n'osent jamais s'élancer sur
les éléphants, ni même combattre contre les rhinocéros et
les hippopotames, dont la force est d'autant plus grande
que ces animaux vivent presque toujours en troupes plus
ou moins nombreuses.

Les restes des mammifères terrestres sont loin d'être
les seuls débris des êtres vivants qui paraissent avoir fait
partie de l'ancienne population des cavernes. En effet,
des oiseaux, des reptiles, des poissons, des coquilles de

terre et de mer, ainsi que des insectes, en font également
partie, et même, à ce qu'il paraît, des mammifères marins. Quant à ces derniers, s'ils existent réellement dans
des cavités souterraines, probablement leurs débris,
comme ceux des poissons et des coquilles de mer, y ont
été transportés par les courants qui les avaient détachés
des formations préexistantes.

Il n'en est certainement pas de même des oiseaux, des
reptiles, des coquilles terrestres et des insectes que l'on
observe dans les cavernes. Ces débris ne sont nullement
de la période tertiaire, comme ceux des poissons et des
coquilles de mer dont nous venons de parler; ils appartiennent évidemment, au contraire, à l'époque quaternaire. Aussi, on ne les voit nullement pétrifiés; ils
conservent tous leur nature et leur substance propre. Ils
sont également tous, ou à peu près tous, analogues aux
espèces qui vivent encore près des localités où l'on rencontre leurs débris. Une exception assez remarquable
nous a cependant été fournie par les cavernes de Lunel-
Viel; elles nous ont, en effet, présenté le radius d'un
reptile qui semble tout à fait étranger à nos contrées
méridionales.

Du moins ce radius, comparé avec le plus grand soin
à de pareils os des reptiles, a paru se rapprocher de celui
d'un crapaud décrit par Gmelin, sous le nom de *rana
marina*, et par Daudin, sous celui de *rana agua*. Ce qu'il
y a de singulier, cette espèce ne vit plus aujourd'hui que
dans la Guyane. Sans doute, un pareil rapport ne peut
suffire à lui seul pour faire regarder ces deux espèces
comme parfaitement identiques; mais il annonce, du
moins, un crapaud totalement différent de ceux qui fréquentent actuellement nos contrées méridionales.

Ainsi, à part cette exception, les oiseaux, les reptiles,
les poissons, les coquilles terrestres et marines de l'époque quaternaire, ainsi que les insectes des cavités souter-

raines, se rapportent tous à des espèces de nos régions.
Dès lors, on ne doit pas être surpris de n'observer aucun
genre perdu de mammifère terrestre dans les cavernes
de l'Europe. Sans doute, l'on y découvre un grand nombre d'espèces qui semblent ne plus avoir de représentants sur la terre, mais aucune de ces cavités n'a montré
des formes inconnues dans la nature vivante.

Les cavernes de l'Europe se distinguent donc, sous ce
rapport, de celles du nouveau monde, ainsi que des
brèches osseuses de l'ancien continent. En effet, celles
de l'Amérique ont présenté un genre totalement inconnu
dans la nature actuelle, celui des mégalonyx, tandis que
celles de l'Europe n'ont rien offert de semblable.

Quant au nombre des genres perdus, découverts dans
les brèches osseuses, il est plus considérable encore ; en
effet, on y a signalé des *megatheriums*, des *mastodontes*,
des *palœotheriums*, des *lophiodons*, genres dont les formes
semblent ne s'être plus perpétuées, car l'on n'en découvre
aucune trace parmi celles de la nature actuelle.

En un mot, le caractère le plus général et le plus
distinctif de la population des cavernes de l'Europe, est
d'offrir beaucoup plus d'espèces analogues aux nôtres
que dans les formations antérieurement déposées. L'on y
voit bien encore un assez grand nombre d'espèces ou de
races éteintes, mais leurs individus, à l'exception de
ceux qui se rapportent aux genres des ours, sont loin
d'être dans une proportion aussi considérable que les
espèces semblables aux races actuellement vivantes.

L'analogie de cette ancienne population avec la population actuelle, annonce la nouveauté des dépôts diluviens dans lesquels elle est disséminée. Ces faits sont loin
d'être les seuls qui amènent à une pareille conséquence.
En effet, n'avons-nous pas déjà fait observer que toutes
les coquilles terrestres et marines, qui se rapportaient à
la même époque, étaient non seulement analogues, mais

semblables aux espèces qui vivent encore près des localités où l'on découvre leurs débris humatiles. Or, cette
similitude en prouve une très-grande dans les circonstances sous l'influence desquelles les unes et les autres
ont vécu ; et, par suite, que les temps auxquels ces
espèces se rapportent, ne doivent pas être séparés par
des intervalles fort considérables.

L'observation des débris des insectes que l'on rencontre
dans les cavités souterraines, confirme encore cette conclusion. Ces débris se rapportent en effet à des genres
connus, quoique l'on ne puisse être complètement certain des espèces auxquelles ils ont appartenu ; leurs
formes sont tellement rapprochées de celles des insectes
de nos régions, qu'il est difficile de ne point supposer
qu'ils sont plutôt de nos contrées que des pays lointains.
Or, une pareille analogie annonce également que ces
insectes ont vécu dans les temps géologiques les plus
rapprochés de l'époque actuelle.

L'on ne doit pas perdre de vue qu'un assez grand nombre de cavités souterraines offrent à la fois des ossements
humains et des produits de notre industrie. Cette double
circonstance, aujourd'hui bien constatée, démontre que
la dispersion des limons à ossements a eu lieu, non seulement après l'apparition de l'homme, mais même après
l'invention des arts ; du moins, après celle des arts les
plus grossiers et les plus nécessaires à notre existence.

Sans doute, la présence des ossements, dans les mêmes
limons où existent tant d'animaux perdus, a pu être
révoquée en doute à l'époque où l'on croyait que des
espèces ne pouvaient disparaître que par suite de révo-
lutions et de catastrophes violentes. Mais depuis que l'on
a reconnu qu'un assez grand nombre de races s'étaient
éteintes depuis les temps historiques, on n'a plus considéré la contemporanéité de l'homme et des espèces dont
on ne retrouve plus les analogues dans la nature vivante.

comme aussi étrange et aussi singulière qu'elle avait d'abord paru. L'on s'est en quelque sorte borné à se demander si réellement les débris de notre espèce se trouvaient dans des circonstances de nature à les faire considérer comme fossiles.

Pour se déterminer à cet égard, cette question rentrant en quelque sorte dans notre sujet, il s'agit de savoir quels sont les corps organisés qui peuvent être envisagés comme *fossiles*.

Si l'on considère comme tels tous ceux que l'on voit ensevelis dans les dépôts anciens, avec des races perdues ou éteintes, les débris de notre espèce se trouvant dans de pareilles circonstances, ces débris doivent être regardés comme fossiles.

Mais si l'on restreint cette dénomination aux corps dont les débris existent dans des couches déposées antérieurement à la rentrée des mers dans leurs bassins respectifs, c'est-à-dire, aux couches tertiaires, l'homme, ou les restes de notre espèce, ainsi que les produits de notre industrie, n'ayant jamais été découverts dans des couches aussi anciennes que les tertiaires, l'homme fossile, du moins dans le sens de cette définition, n'aurait jamais été rencontré.

Il y a plus, il paraît qu'il n'est nullement probable qu'on le découvre jamais dans de pareilles circonstances. En effet, les mammifères terrestres n'ont commencé à paraître que pendant la période tertiaire; et parmi ces mammifères, les débris des pachydermes, animaux qui vivent principalement dans les lieux humides et marécageux, sont les plus nombreux en espèces, comme en individus.

Les carnassiers, les solipèdes, les ruminants et les rongeurs y sont au contraire des plus rares; leurs espèces, comme leurs individus, ne deviennent en effet abondants que dans les terrains produits après la rentrée des

mers dans leurs bassins respectifs, ou dans les terrains
quaternaires.

Or, cette succession, dans l'apparition des animaux
terrestres, peut, ce semble, faire supposer avec quelque
raison que l'homme, ou l'être dont l'organisation est la
plus compliquée, n'a apparu qu'un des derniers. Dès
lors, on ne doit pas par conséquent en trouver les restes
dans des terrains d'une date aussi ancienne que le sont
les terrains tertiaires.

Mais si l'homme ou les produits de notre industrie
n'ont pas été découverts dans des circonstances telles
qu'on puisse les considérer comme fossiles, on doit du
moins les regarder comme humatiles.

En effet, les ossements humains, ainsi que les objets
de notre industrie, sont contemporains des dépôts diluviens, c'est-à-dire, des couches quaternaires. Or, ces
terrains ont été déposés après la rentrée des mers dans
leurs bassins respectifs, et après l'action des causes qui
ont détruit et anéanti les nombreux débris d'animaux
terrestres, ensevelis dans les formations de la période
quaternaire. Ces formations ayant donc été opérées par
des phénomènes d'un ordre totalement différent que les
tertiaires, on doit nécessairement désigner sous un nom
particulier les restes organiques qu'on y découvre. L'on
avait d'abord proposé de donner à ces débris le nom de
subfossiles, pour indiquer ainsi leur nouveauté, relativement aux *véritables fossiles*. Il nous a paru pourtant pré-
férable de les désigner sous le nom d'*humatiles*, dénomination dérivée du mot latin *humatus*, dont la signification
est à peu près la même que celle de *fossilis*, avec cette
différence que le premier exprime plutôt l'idée d'un corps
enseveli d'une manière accidentelle que naturellement.

Un fait extrêmement remarquable prouve encore la
nouveauté de l'époque à laquelle a eu lieu la dispersion
des dépôts diluviens. Ce fait se rapporte aux races dis-

tinctes et diverses que l'on reconnaît chez certaines espèces des cavernes, telles que les chevaux et les bœufs.
Or, si l'homme a seul le pouvoir de modifier les espèces,
au point d'y produire de grandes variétés constantes,
auxquelles on a donné le nom de races, il est évident
que les espèces ainsi modifiées doivent être postérieures
à son existence. C'est en effet ce qui résulte de leurs débris, débris qui présentent trop de différence d'un individu à un autre, pour ne pas y voir des effets de notre
influence.

Ainsi, par exemple, tandis que certains individus de
ces chevaux et de ces bœufs offrent une taille et des
proportions supérieures à celles des plus grandes races
existantes, d'autres présentent une stature moyenne, et
d'autres, enfin, de plus petites dimensions que les races
les plus chétives de ces animaux. Ces rapports, outre les
proportions de ces diverses races, ne sont pas les seules
différences que l'on y remarque; il en est une foule
d'autres relatives à la forme et à la disposition des parties. Mais ces différences ne sont jamais assez grandes
pour faire perdre de vue le type duquel dépendent ces
races, et pour constituer des espèces distinctes et diverses.
Du reste, nous avons trop insisté sur ces faits dans nos
Recherches sur les cavernes à ossements de Lunel-Viel et
de Bize, pour nous étendre davantage sur cet objet.

Nous ferons seulement remarquer que nous ne pouvons
dire si les débris des chiens, des moutons, des chèvres
et des cochons, que l'on voit avec les bœufs et les chevaux, ont été modifiés comme ces derniers animaux. Ces
débris, ou du moins ceux que nous avons pu réunir, ne
sont ni assez différents, ni assez nombreux, pour permettre d'élucider cette question par une comparaison
minutieuse.

Il nous a paru seulement que les chevaux dont on découvre les restes dans les terrains tertiaires, autant du

moins que l'on peut en juger d'après le petit nombre de
ceux que l'on y découvre, n'offrent pas des races distinctes
et diverses, comme ceux des formations quaternaires,
ce qui est encore une preuve de la nouveauté de ces
dernières.

Il est donc constant, d'après les faits que nous venons
d'exposer, que les espèces dont l'homme a fait particulièrement la conquête, et qu'il a soumises à la domestication, fort rares dans les terrains tertiaires, caractérisent
au contraire l'ancienne population des cavernes. Leurs
débris, extrêmement nombreux dans la plupart des cavités souterraines, surtout ceux des chevaux, des cerfs
et des bœufs, signalent donc d'une manière essentielle
les formations quaternaires. La présence de ces animaux,
ainsi que celle des cochons, des moutons, des chèvres,
des chiens et des chats, ne peut-elle pas nous apprendre
quelles ont été, parmi ces espèces, celles que l'homme
a soumises les premières à la domestication.

Cette question se rattache trop à l'objet qui nous occupe, pour la passer tout à fait sous silence.

Parmi les espèces dont les débris se trouvent au milieu
de limons à ossements, il en est qui présentent la plus
grande uniformité, et qui se rapprochent beaucoup plus
des races sauvages que des races domestiques analogues.
Ceci est surtout évident pour les individus du chat ordinaire, qui se rapportent tous uniquement au *felis ferus*,
et non à notre race domestique. Dès lors, cette espèce
n'avait pas dû être soumise à la domestication, lorsqu'elle
a été ensevelie dans les cavités souterraines. Quoique ce
point de fait ne soit pas aussi évident pour les individus
du genre cochon (*sus*), il paraît cependant qu'il en a été
de ces individus comme de ceux du chat, et que les uns
et les autres étaient à l'état sauvage lorsque leurs débris
ont été saisis par les limons diluviens.

Quant aux chèvres, aux moutons et aux chiens dont

on découvre les restes dans les mêmes circonstances que
ceux du sanglier et du chat, leurs ossements y sont généralement si peu nombreux qu'il est difficile de reconnaître s'ils ont été ou non modifiés, et plus ou moins
soumis à l'empire de notre influence. Ainsi donc, l'on
doit rester dans l'incertitude à l'égard de ces espèces,
tandis qu'il paraît que les sangliers et le *felis ferus* des
cavernes n'ont nullement éprouvé les effets de la puissance de l'homme, antérieurement à l'époque de leur
ensevelissement. Les chevaux et les bœufs sont les seuls
sur lesquels les effets de cette influence ont été assez
puissants pour y produire des races distinctes et diverses.

Ces faits établis, voyons s'ils n'annoncent point que ces
animaux ont dû être les premiers qui aient été soumis à
la domestication ; nous examinerons ensuite ce que nous
apprennent à cet égard les écrits des naturalistes, ainsi
que les monuments historiques.

D'après Buffon, le chien aurait été le premier animal
dont l'homme aurait fait la conquête, tandis que d'après
l'opinion des Grecs, opinion que M. Dureau de la Malle
a cherché tout récemment à fortifier, le mouton aurait
été le premier asservi.

En faveur de l'hypothèse admise par Buffon, on peut
observer que le chien est fort rare à l'état sauvage et
dans son état primitif, et en même temps que les variétés
de cette espèce sont les plus nombreuses. Cette observation est loin d'être sans importance pour la solution de
cette question ; car une espèce est d'autant plus sujette
à varier, qu'elle s'éloigne davantage de son type primitif, et ses variétés sont d'autant plus nombreuses qu'elle
appartient à une race plus ancienne. Or, les races primitives du chien, soit qu'on veuille n'en considérer
qu'une seule, soit que l'on veuille en voir plusieurs,
n'existent plus en quelque sorte nulle part. Il s'ensuit
donc que les variétés de cette race ou de ces races primi-

tives sont si multipliées, que l'on est réduit à se demander où en sont les types. Dès lors, il semble que ces variations ont dû commencer à se produire à une époque fort reculée, et que la domestication du chien doit être fort ancienne.

D'un autre côté, il est difficile de supposer que l'homme presque sauvage, ait prévu et combiné d'abord tous les avantages futurs qu'il tirerait de l'association du chien, pour réduire et dompter les autres animaux. Il le pouvait d'autant moins, ce semble, que le chien indépendant est d'un naturel féroce, hardi, et qu'il est aussi fort et presque aussi à craindre que le loup.

Enfin, les chiens sont rarement représentés sur les monuments de l'antiquité la plus reculée, tandis que ces monuments offrent en foule la représentation des chevaux et des bœufs. Ceci peut-être nous servira à expliquer pourquoi les débris des chiens sont si rares dans les terrains quaternaires, et particulièrement dans les limons à ossements des cavernes qui en dépendent.

Quant à l'opinion des Grecs et de Varron, qui est aussi celle de M. Dureau de la Malle, elle est fondée sur l'utilité et la douceur du mouton, l'animal le plus approprié aux besoins de la vie humaine, puisqu'il nous donne sa chair, son lait pour nourriture, en même temps que la laine et les peaux dont nous faisons nos vêtements (1). Le penchant naturel de cette espèce à suivre ses semblables, a dû également rendre sa domestication facile aux premiers hommes, d'autant que l'utilité du mouton a probablement attiré leur attention.

(1) La laine est à la vérité un produit de la domestication du mouton ; mais l'on trouve déjà, dans les poils épais et serrés des moutons, une forme et une disposition analogues à celles de la laine de nos moutons domestiques. La nature du pelage n'a point subi dans toutes nos espèces domestiques la modification qui l'a converti en poils laineux ; certains ont en effet conservé les caractères de leur type primitif.

Enfin, cette espèce a dû être soumise à l'homme dès les premiers pas qu'il a faits vers la civilisation et la vie pastorale. Il est du moins à supposer que pour lors la garde et l'éducation des bestiaux a été sa principale occupation.

Mais si le mouton avait été soumis d'aussi bonne heure à l'état domestique que les chevaux et les bœufs, pourquoi les figures de ces animaux seraient-elles si rares sur les monuments de la plus haute antiquité. Comment, enfin, leurs débris seraient-ils si peu nombreux dans les limons où l'on découvre pourtant une si grande quantité d'individus de certaines de nos espèces domestiques. Cette rareté, comparée à la fréquence des restes des chevaux et des bœufs dans les dépôts diluviens, nous annonce, ce semble, que la domestication des animaux n'a pas dû commencer ni par les chiens, ni même par les moutons.

Cette conclusion, d'accord avec les faits géologiques, ne l'est pas moins avec les faits historiques. Du moins, les débris des chevaux et des bœufs, les plus nombreux en individus, comme les plus généralement répandus dans les dépôts diluviens, sont aussi ceux dont les images ont été reproduites en plus grand nombre sur les monuments antiques. Ces figures ne laissent pas non plus le moindre doute sur la domestication de ces animaux à ces époques anciennes; car les uns sont montés par des hommes, et les autres, attelés à une charrue grossière, sont occupés à labourer la terre.

Les faits historiques confirment également ce que nous apprennent les monuments. En effet, on lit dans le chapitre VIII⁰ de la Genèse, que toutes les bêtes sauvages sortirent de l'arche, ainsi que les animaux domestiques; et dans le chapitre IX, Noé est représenté s'appliquant à l'agriculture, ainsi qu'à labourer et à cultiver la terre. Il s'ensuit donc que la domestication des animaux avait commencé avant le déluge historique; dès lors, on ne doit pas être étonné de découvrir tant de traces des ani-

maux que l'homme avait soumis à son empire , au milieu
des dépôts antérieurs ou contemporains de cette grande
époque.

Les premières occupations des peuples les plus anciens.
loin de les empêcher de se livrer à la domestication du
cheval, les y ont au contraire probablement excités.
L'idée de se servir de cet animal, devenu aujourd'hui le
compagnon le plus inséparable de notre espèce, est une
idée si naturelle, qu'elle a dû nécessairement venir dans
l'esprit de tous les hommes qui s'en trouvaient rapprochés, et d'autant plus, que le cheval a, comme le mouton,
un penchant naturel à suivre ses semblables. La grandeur
et la docilité de cette espèce, ont dû aussi y engager les
premiers peuples, et les mêmes motifs les ont aussi probablement portés à s'emparer du bœuf, animal dont
l'utilité pour l'homme est encore plus grande que celle
du mouton, malgré les nombreux avantages qu'il retire
de ce dernier.

Ainsi la géologie se lie avec l'histoire ; et, ce qui peut
être sujet à quelques contestations, lorsqu'on n'appuie
ses conclusions que sur une seule des branches des connaissances humaines, prend un caractère d'évidence
lorsqu'on les fait concourir pour arriver à un même but.

Les chevaux et les bœufs, dont les débris existent dans
les terrains quaternaires, mêlés et confondus dans les
limons qui recèlent les restes de tant d'espèces éteintes,
offrent des races distinctes et diverses. Ce fait seul
annonce que les limons et les débris organiques qu'ils
renferment ont été dispersés postérieurement à l'apparition de l'homme. On peut d'autant moins se faire de
doutes à cet égard, que dans un assez grand nombre de
localités où l'on découvre de pareils limons à ossements.
l'on voit à la fois des débris humains et des produits de
notre industrie. La présence des restes de notre espèce
a été constatée non seulement dans les cavernes et les

fissures à ossements, mais, de plus, dans des couches
d'eau douce de la période quaternaire. Cette observation
a été faite d'abord par MM. les docteurs Thionville et
Vanderbach, qui ont découvert un annulaire humain
dans l'intérieur d'une couche quaternaire d'eau douce,
avec des vertèbres, des côtes d'un grand saurien, et
diverses coquilles d'eau douce (1).

M. Boué a aussi indiqué des ossements humains dans
les dépôts diluviens ou d'alluvions anciens, lesquels
s'élèvent de deux ou trois cents pieds au-dessus de l'Aar
dans les environs de Baden. Le même savant en a signalé
également dans plusieurs autres points de l'Allemagne.
Enfin le comte Razou-Morosky a de même observé des
ossements humains, et particulièrement des crânes, dans
un grand nombre de dépôts diluviens de l'Allemagne,
ossements mêlés de la manière la plus confuse avec des
débris de mammifères terrestres, qui ont appartenu à
des espèces détruites, ou à des races des régions équatoriales. Enfin on en a également signalé dans les marnes
d'eau douce des bords du Rhin et du Danube.

Les têtes que l'on découvre dans diverses localités de
l'Allemagne n'ont rien de commun avec celles des habitants actuels de cette contrée. Leur conformation est
remarquable, en ce qu'elle offre un aplatissement considérable du front, semblable à celui qui existe chez tous
les sauvages, qui ont adopté la coutume de comprimer
cette partie de la tête. Ainsi, certains de ces crânes, et
par exemple ceux trouvés dans les environs de Baden en
Autriche, ont offert de grandes analogies avec ceux des
races africaines ou nègres ; tandis que ceux des bords du
Rhin et du Danube ont offert d'assez grandes ressemblances avec les crânes des Karaïbes ou avec ceux des
anciens habitants du Chili et du Pérou.

(1) Annales des Sciences naturelles, année 1829 (décembre), p. 154.

D'après leur singulière disposition , ces crânes ont
donc appartenu à un peuple ancien qui habitait l'Allemagne à une époque sur laquelle l'histoire ne nous
apprend absolument rien. Ils sont donc antérieurs aux
temps historiques, et comme ceux des cavernes et des
fissures à ossements, ils sont tout au moins contemporains
de la dispersion des dépôts diluviens, les uns et les
autres appartenant à la même époque géologique.

Il est enfin un fait qui amène à la même conclusion,
et sur lequel nous croyons devoir revenir, à raison de
son importance. Ce fait se rapporte à la présence d'ossements d'espèces perdues travaillés par la main des
hommes; ossements que l'on découvre dans les limons
des cavernes. En général, façonnés de la manière la plus
grossière, ou percés de différentes façons, peut-être
pour servir d'amulettes, ils ont dû être travaillés lorsqu'ils
étaient dans leur état de fraîcheur, car autrement ces
os auraient été trop cassants pour recevoir les formes
qu'on aurait voulu leur donner. Dès lors, les hommes
qui les ont ainsi travaillés, ont dû être contemporains
des animaux auxquels ils avaient appartenu , et par conséquent ils ont existé à la même époque que ces espèces,
dont nous ne retrouvons plus maintenant aucune trace
sur la terre.

On doit donc en conclure que les restes de notre espèce,
que l'on découvre , soit dans certaines couches pierreuses
quaternaires, soit dans les dépôts diluviens, mêlés avec
des débris d'animaux qui n'ont plus de représentants
sur la terre , sont de la même époque géologique que
ces formations et la destruction de ces animaux.

Cette conclusion contre laquelle on s'est tant élevé et
qui n'est cependant que l'expression des faits les plus
positifs et les mieux établis, est-elle donc si extraordinaire? Elle l'est si peu, que lorsque les observations
n'étaient pas assez avancées pour l'admettre, on ne savait

comment expliquer l'absence de tout débris humain dans
les dépôts diluviens, dont la date est évidemment postérieure à l'apparition de l'homme sur la surface de la
terre.

Aussi en considérant non comme fossiles mais comme
humatiles, les débris organiques ensevelis dans ces
dépôts, ainsi que tous ceux qui ont été produits depuis la
rentrée des mers dans leurs bassins respectifs, nous
croyons avoir fait saisir par cette seule expression la
grande différence qui existe entre ces deux ordres de
phénomènes, sous le rapport de leurs époques. Il reste
donc toujours vrai, ainsi que Cuvier l'avait constamment
soutenu, que ces débris de l'espèce humaine n'ont pas
jusqu'à présent été rencontrés à l'état fossile, mais uniquement à l'état humatile. Ainsi quoique l'homme ait été
contemporain d'un grand nombre d'espèces perdues, ce
qui est si peu extraordinaire qu'il en est certaines qui
se sont éteintes depuis les temps historiques, il n'a pas
du moins été témoin des dépôts des plus jeunes couches
terrestres. Ces événements paraissent avoir été antérieurs
à son existence, et en être séparés par des intervalles de
temps que nous ne saurions évaluer d'une manière même
approximative.

Si cependant des observations nouvelles venaient démontrer le contraire, il faudrait bien admettre que
l'homme a aussi subi l'effet de ces convulsions terrestres
qui ont fait périr un si grand nombre d'êtres vivants.
Du reste il est à présumer que si les débris de notre
espèce sont jamais rencontrés dans de véritables couches
stratifiées régulièrement, ce sera au pied des vastes plateaux de l'Asie centrale que de pareils débris seront
découverts. Cette supposition est d'autant plus admissible,
que l'Asie paraît avoir été le berceau du genre humain,
et le point duquel l'homme est parti pour répandre ses
divers rameaux sur la terre. Dès lors, si les restes de

l'espèce humaine ou les premières traces de son industrie peuvent être quelque part, ce doit être, ce semble, dans les lieux mêmes où elle a fait ses premiers pas.

Enfin, l'observation récente de restes de quadrumanes ou de véritables singes au milieu des dépôts tertiaires, et par conséquent à l'état fossile, est venue donner un certain poids à cette supposition. Du moins, avant elle, les singes n'avaient pas plus été observés à l'état fossile que les débris de notre espèce ne l'ont été jusqu'à présent. Sans doute, comme les êtres vivants se sont succédé en raison inverse de la complication de leur organisation, il n'y a pas tout à fait parité sous ce point de vue entre l'homme et les singes; mais cependant il n'y a pas d'impossibilité réelle à ce que, puisque les derniers ont été rencontrés dans les couches tertiaires les plus inférieures, l'homme ne le soit dans les plus récentes de ces mêmes couches. On peut d'autant plus le présumer, que déjà nous avons prouvé que les mêmes espèces, ensevelies dans les limons des cavernes, se rencontraient également dans les dépôts les plus jeunes des formations tertiaires, c'est-à-dire, au milieu des sables marins tertiaires.

Du reste ce que nous venons de dire sur la probabilité, que si les débris de l'espèce humaine viennent jamais à être découverts quelque part à l'état fossile, ils seraient certainement plutôt en Asie qu'ailleurs, vient d'acquérir encore une nouvelle probabilité par suite des observations de MM. Baker et Durand. Ces naturalistes ont en effet trouvé dans les collines près de Sutly (Sub-Himalaya), un fragment d'une tête, avec le plus grand nombre de ses dents, qui paraît avoir appartenu à une espèce gigantesque d'un animal quadrumane.

Ce fossile se rapproche, d'après l'ensemble de ses caractères, du genre semnopithèque. Les divisions de la canine, et la grosseur et la forme des fausses molaires,

sont tout-à-fait semblables à l'exemple choisi par M. F.
Cuvier et appartenant au *semnopithèque maure*, espèce qui
se trouve à Java. Si le dessin de ce naturaliste avait été
fait d'après le *semnopithèque entellus*, espèce qui habite
l'Inde, la comparaison aurait été encore plus concluante.

Enfin, si ce n'était la taille des canines et de la cin-
quième molaire, l'échantillon de Sutly présenterait quelques ressemblances avec les dents du macaque donné
comme type des genres *macaque* et *cynocéphale*; mais, par
la petitesse des canines et la grandeur des molaires, il se
rapproche bien davantage du *semnopithèque*. La différence
est cependant assez grande entre l'espèce vivante et
l'espèce fossile. En effet, le *semnopithecus entellus* atteint
la longueur de trois pieds et demi; tandis que la grandeur de l'animal des Sub-Himalaya, à en juger par l'espace occupé par les molaires et leur grosseur, devait
être égale à celle du *pithecus satyrus*.

Cette circonstance et d'autres séparent ce fossile des
espèces appartenant au genre cynocéphale ou semnopithèque. Quoique l'échantillon recueilli par MM. Baker
et Durand soit très-imparfait, il n'en indique pas moins
l'existence d'une espèce gigantesque d'animal quadrumane qui a été contemporain des nombreux pachydermes
et ruminants aussi remarquables par leurs dimensions
que par leurs caractères, dont les Sub-Himalaya nous
ont montré récemment les traces de l'ancienne existence.

Ce fait est du reste doublement intéressant, puisque
si d'une part il confirme la découverte des singes fossiles
dans les terrains tertiaires de nos contrées méridionales;
de l'autre, il nous montre la possibilité de rencontrer
en Asie quelques débris de notre espèce ensevelis dans
les vieilles couches du globe.

TABLEAU GÉNÉRAL DES DIVERS ANIMAUX

DONT LES DÉBRIS ONT ÉTÉ OBSERVÉS DANS LES BRÈCHES OSSEUSES ET FERRUGINEUSES.

—

I. DÉBRIS ORGANIQUES DES BRÈCHES OSSEUSES

MAMMIFÈRES TERRESTRES.

I. *Bimanes.*

1° Ossements humains et objets de l'industrie de l'homme, principalement des poteries découvertes dans les brèches osseuses de Kœstriz, en Saxe.

2° Ossements humains et objets de notre industrie, découverts dans les brèches osseuses de la Dalmatie.

3° Objets divers de l'industrie humaine, découverts dans les brèches osseuses de Gibraltar.

II. *Carnassiers.*

1° INSECTIVORES. — *Sorex.* Ce genre se présente à la fois dans les brèches osseuses et les cavernes à ossements. Du reste, les musaraignes sont peu abondantes dans ces deux formations.

2° PLANTIGRADES. — *Ursus.* On n'a point encore fait connaître les espèces auxquelles se rapportent les débris de ce genre.

3° DIGITIGRADES. — 1° *Felis pardus.* La panthère.

Outre cette espèce bien déterminée, il en existe plusieurs dans les brèches osseuses. On en a déjà distingué
deux, l'une sous le nom de grand felis, et l'autre sous
celui de petit felis.

2° *Canis.* Les espèces de ce genre sont encore indéterminées, comme la plupart des carnassiers. Leurs débris
sont trop brisés pour rendre leur détermination possible.

III. *Rongeurs*

1° *Lepus timidus.* Linné.
   Lepus cuniculus. Linné.
   Lepus minutus. D'un tiers plus petit que le pré-
cédent.

2° *Lagomys*, une espèce plus grande que le *lagomys
ogotoma*; plus petite cependant que l'*alpina* et que celui
de Corse.

Une autre de la taille du *lagomys alpina.*

3° *Mus.* Une espèce fort rapprochée du *mus amphibius*,
ou du rat d'eau.

Une seconde espèce, plus petite que le *schermauss*, ou
le *mus terrestris* de Linné.

Une troisième espèce, voisine du *mus arvalis* ou du
campagnol.

IV. *Édentés.*

1° *Megatherium.* Une espèce de ce genre a été observée
dans les brèches osseuses de Kœstriz; nous ignorons si
elle est la même que celle qui a été découverte dans
les cavernes du nouveau monde. Cette dernière, de la
taille du rhinocéros, a été trouvée dans les dépôts diluviens du nouveau continent, dans trois lieux différents,
savoir : auprès de Buenos-Ayres, de Lima et dans le
Paraguay.

V. *Pachydermes*.

1" PROBOSCIDIENS. — 1° *Mastodontes*. Ce genre remarquable se trouve à la fois, comme le précédent, dans les
brèches de Kœstriz ainsi que dans les cavernes du nouveau
continent.

2° ORDINAIRES. — 1° *Rhinoceros*.

2" *Palæotherium*, peut-être le *medium*.

SOLIPÈDES. — *Equus*. Les chevaux découverts dans les
brèches d'Antibes sont d'une très-grande taille. Nous
ignorons s'il en est de même des espèces des autres
localités

VI. *Ruminants*.

1" SANS CORNES. — 1° *Camelus llacma*. Linné. (Le lama.)

2" *Procerus*. (Le renne.) De nombreux doutes s'élèvent
sur la question de savoir si les fragments osseux du genre
procerus, retirés soit des cavernes, soit des fissures à
ossements, se rapportent ou non au renne vivant. Cette
question ne pourra être résolue que lorsqu'on connaîtra
parfaitement les caractères des bois du renne à l'état
sauvage.

2" A BOIS. — *Cervus*. Plusieurs espèces, les unes de la
taille du daim; d'autres intermédiaires entre celles de
l'élan et de l'élaphe.

3" A CORNES CREUSES. — 1° *Antilope* ou mouton. Peut-
être existe-t-il plusieurs espèces du genre antilope dans
les brèches osseuses, comme il y en a plusieurs dans les
cavernes à ossements.

2" *Bos ferus*.

Taurus. Peut-être y a-t-il d'autres espèces de ce
genre.

VII. *Reptiles.*

1° CHÉLONIENS. — 1° *Testudo*. Une petite espèce qui se rapproche de nos tortues de terre.

2° *Testudo*. Une espèce assez rapprochée de la *testudo radiata*, de la Nouvelle-Hollande.

3° Une autre espèce de la taille de la *testudo centrata* de Schœpfer.

2° OPHIDIENS. — Un serpent de la taille de la couleuvre commune (*coluber natrix*).

3° SAURIENS. — *Lacerta*. Espèce indéterminée, analogue au lézard vert du nord de la France.

OISEAUX.

Un assez grand nombre de débris de cette classe, qui se rapportent principalement à des passereaux, à des gallinacés et à des palmipèdes. Tous ces débris rappellent des espèces de petite taille, surtout ceux de la première de ces familles. Les espèces de la famille des passereaux ne dépassent pas la taille des bergeronnettes, et celles des familles des gallinacés et des palmipèdes ont des dimensions à peine égales à celles de nos pigeons et de nos goélands.

MOLLUSQUES.

1. COQUILLES TERRESTRES

1° *Helix algira*. Draparnaud
  Vermiculata. id.
  Nemoralis. id.
  Lapicida. id.
  Nitida. id.
  Crystallina. id

2° *Bulimus decollatus.* Draparnaud.
3° *Pupa.* Une espèce indéterminée.
4° *Cyclostoma elegans.*

2 COQUILLES MARINES

1° *Patella.*
2° *Mytilus.*
3° *Pecten.*

3. ZOOPHYTES.

Caryophyllia. Une espèce indéterminée.

II. DÉBRIS ORGANIQUES DES BRÈCHES FERRUGINEUSES

MAMMIFÈRES TERRESTRES.

I. *Carnassiers.*

Ursus spelæus. Cuvier.

II. *Pachydermes.*

1° PROBOSCODIENS. — *Mastodontes.* Ce genre et les suivants ont été indiqués dans les brèches ferrugineuses du
Wurtemberg.
2° ORDINAIRES. — 1° Rhinocéros.
— 2° Lophiodons.
3° SOLIPÈDES. — Chevaux (*equus*).

III. *Ruminants.*

Cerf (*cervus*). Plusieurs espèces encore indéterminées.

OISEAUX.

L'on a découvert dans les brèches ferrugineuses d'assez
grandes espèces de cette classe ; mais l'on n'a point fait
connaître encore à quelle famille et à quel genre elles
se rapportaient.

Après cet exposé du tableau de la population dont les

vestiges ont été entraînés dans les cavités souterraines, il nous paraît utile de comparer cette population avec celle que l'on découvre au milieu des sables marins tertiaires. Ces sables diffèrent sans doute d'une manière essentielle des dépôts diluviens ; contrairement à ceux-ci, ils ont été produits dans le sein des mers, ou du moins ont-ils été rejetés par les mers sur leurs anciens rivages. Les dépôts diluviens n'ont nullement dû leurs formations à l'action des eaux marines; leur dispersion s'étant opérée par des eaux courantes, dont les effets ont été assez généraux par suite de l'universalité de la cause qui les a produits.

Les sables marins et les dépôts diluviens diffèrent donc essentiellement par la diversité de nature des eaux qui les ont dispersés; ils n'ont d'autres rapports entre eux que parce que les uns et les autres sont des terrains d'alluvion. Cette diversité de nature des eaux, auxquelles ces terrains ont dû leurs formations, peut nous faire concevoir les différences qui doivent nécessairement exister entre les populations dont on y découvre les débris. Il est évident, par exemple, que les animaux marins doivent être fort abondants dans les sables tertiaires, tandis que les dépôts diluviens doivent en être privés; à moins toutefois que, par des causes accidentelles, quelques restes de ces animaux, détachés des formations préexistantes, y aient été entraînés, comme, par exemple, dans les cavernes de Lunel-Viel. Ainsi la présence d'un grand nombre d'animaux de mer doit signaler les sables tertiaires, tout comme leur absence les dépôts diluviens, qui ont été essentiellement l'œuvre des eaux douces.

Parmi ces deux populations, on ne peut donc comparer que celles qui se rapportent aux animaux terrestres, car ce sont les seules qui puissent nous donner une idée de celles qui existaient sur les terres sèches et découvertes à l'époque du dépôt des sables marins et de la dispersion du *diluvium*. Si nous découvrons de nombreuses analogies entre les animaux terrestres de l'une et de l'autre de ces époques, il faudra bien en conclure qu'elles ne doivent pas avoir été séparées par de longs intervalles, et que, si les fleuves ont apporté leurs débris dans le sein des mers, des eaux débordées ont fort bien pu les entraîner sur les continents, et surtout dans les cavités qu'ils présentaient. Ainsi les débris des mêmes espèces terrestres, découverts dans ces deux formations d'époque géologique si différente, servent naturellement à expliquer leur présence dans les cavités souterraines, présence qui n'est pas aussi facile à concevoir, qu'au milieu des sables de mer.

Du reste, n'anticipons pas sur les conclusions qui pourront résulter des faits que nous allons exposer, et, avant de le faire, étudions-les avec soin. Nous suivrons dans l'exposé de ces faits, l'ordre que nous avons déjà adopté en mentionnant toutefois après chaque espèce, sa présence dans les cavernes.

I. ANIMAUX VERTÉBRÉS

MAMMIFÈRES TERRESTRES.

I. *Carnassiers.*

1° PLANTIGRADES. — *Ursus spelæus.* Cuvier. Cette espèce est, comme on le sait, extrêmement abondante dans les cavités souterraines.

2° DIGITIGRADES. — 1° *Canis* ou le *canis lupus*, ou le *canis familiaris*, et peut-être tous les deux. Ces espèces se trouvent également dans les cavernes.

2° *Hyæna.* Plutôt la *spelæa* que tout autre, reconnue dans les sables marins, par des canines et des pelottes d'*album græcum*. Cette espèce est, comme on le sait, fort répandue dans les cavernes à ossements.

3° *Felis*. Une grande espèce encore indéterminée, qui, comme le *felis serval*, se rencontre également dans les cavités souterraines. Enfin d'autres débris de ce genre semblent signaler une troisième espèce de *felis*, plus petite que le *felis serval*.

II. *Rongeurs*.

1° *Castor Danubii*. M. Geoffroy St-Hilaire. Cette espèce, trouvée récemment dans les marnes jaunes tertiaires marines des environs de Montpellier, a été aussi découverte au milieu des dépôts diluviens entraînés dans les cavernes.

2° *Lepus timidus* ; — *Lepus cuniculus*. Ces deux espèces sont extrêmement communes dans les cavernes, et surtout dans les fissures à ossements.

III. *Pachydermes*.

1° PROBOSCIDIENS. — 1° *Elephas meridionalis* Nesti. De plus l'*elephas primigenius* de Blumenbach. Cette espèce se rencontre également dans les cavernes du midi de la France. La première n'avait été jusqu'à présent observée, du moins dans nos contrées, que dans les dépôts quaternaires stratifiés; mais les travaux, entrepris pour la confection du chemin de fer, ont démontré la présence des débris de cette espèce dans nos sables marins.

2° *Mastodons angustidens*. Cuvier.

Les débris de cette espèce et particulièrement les dents, sont souvent d'une conservation remarquable. Mais parmi les faits qui prouvent que les débris évidemment transportés dans le bassin de l'ancienne mer par les eaux courantes, ou seulement par celles-ci, dans les lieux où on les découvre, sont souvent tout aussi bien conservés que ceux qui peuvent avoir appartenu à des animaux qui vivaient sur le sol même où l'on observe

leurs restes, nous en citerons un dont nous devons la
connaissance à M. Lartet. Cet observateur a, en effet, découvert au milieu des ossements fossiles du département
du Gers, une bonne moitié au moins du squelette d'un
mastodonte à dents étroites. Mais ce que cette moitié de
ce squelette d'une conservation remarquable, surtout en
égard à l'état dans lequel se trouvent d'ordinaire les
grands animaux, a de plus particulier, c'est qu'elle paraît se rapporter indubitablement au même individu (1).

Rien de pareil n'a encore été observé dans les cavernes
à ossements, à l'exception du rhinocéros de Dream-Cave
en Angleterre, mais que tous les géologues et même
M. Buckland considèrent comme ayant été transporté dans
cette caverne. La parfaite conservation des débris organiques est donc loin de pouvoir être considérée comme
une preuve que les animaux auxquels ils se rapportent
ont vécu dans les lieux où on les découvre, puisque tant
d'animaux évidemment transportés, offrent leurs restes
dans un état d'intégrité souvent parfaite, et présentent
parfois une bonne moitié du squelette d'un même
individu.

2" ORDINAIRES. — 1" *Hippopotamus major*. Cuvier.

2" *Sus priscus*. Nobis. Cette espèce que nous avons
signalée comme caractéristique des animaux des cavernes,
vient d'être retrouvée dans les sables marins, par suite des
travaux qu'a exigés le chemin de fer de Sète à Montpellier.
Comme les débris que l'on en a rencontrés se rapportent
à des dents, il n'y a pas de doute sur la véritable détermination de cette espèce.

3" *Tapirus minor*. Cuvier.

4° *Palæotherium aurelianense*. Cuvier. Ce genre se re-

(1) Comptes rendus dans la séance de l'Institut, année 1858. 1er semestre, n. 19, 1er mai, pag. 656.

trouve également avec les débris des animaux que l'on
observe dans les fissures à ossements.

5° *Lophiodon monspeliense*.

6° *Anthracotherium*. Leurs débris sont fort rares dans
les sables marins.

7° *Rhinoceros tichorhinus*. Cuvier. — *Rhinoceros incisivus*. Cuvier. Cette espèce a été trouvée dans les limons
à ossements des cavernes; elle s'y montre avec une espèce
plus petite qui n'a pas encore été observée dans les
sables marins tertiaires.

8° SOLIPÈDES. — 1° *Equus caballus*. — 2° Une autre beaucoup plus petite que nos ânes, et qui pourrait avoir
appartenu ou à cette espèce, ou à l'*equus minutus* ou
peut-être aux *hipparions*. Nous n'en possédons encore
qu'une seule molaire; cette dent offre la même particularité que présentent les pareilles molaires des *hipparions*.
d'avoir la presqu'île très-nettement séparée du corps de
la dent. Elle a été trouvée dans les sables marins, lors
des travaux du chemin de fer. Cette dent n'est certainement pas le seul débris de ce solipède; aussi probablement
ceux que ces travaux feront découvrir, nous mettront à
même d'en indiquer l'espèce d'une manière précise.

IV. *Ruminants.*

1° RUMINANTS A BOIS. — 1° *Cervus*. Une espèce d'une
haute stature de la taille du *cervus destremii*. Nobis. — Une
autre espèce de la taille du daim ou de celle de l'élaphe.
Peut-être existe-t-il d'autres espèces de ce genre dans les
sables marins tertiaires; mais comme nous n'avons pas
rencontré des bois des différentes espèces, il est bien
difficile de les déterminer d'une manière précise, d'autant
que les débris que nous en avons recueillis sont fort
incomplets.

2° *Capreolus australis*. Nobis. Cette espèce a été déter-

minée à l'aide de bois. — *Capreolus*, une autre espèce à
bois droits et à cercle de pierrure très-considérable. —
Une troisième, de la taille du chevreuil ordinaire. — Une
quatrième d'une dimension beaucoup plus petite et analogue à celle du *capreolus muntjac*.

3° *Cervulus cusanus*. La même espèce que celle qui a
été décrite par M. Croizet, sous le nom de *cervus cusanus*.
— *Cervulus coronatus*. Nobis.

2° RUMINANTS A CORNES CREUSES. — 1° *Antilope recticornis*.
Nobis.

2° *Bos*. Une espèce, tout au moins de la taille du bœuf
domestique.

3° *Capra*. Une espèce dont les dimensions sont supérieures à celles de nos chèvres ordinaires.

MAMMIFÈRES MARINS.

1. *Cétacés*.

1° Lamantin (*manatus*. Cuvier.) Plusieurs espèces
indéterminées. Leurs ossements sont souvent articulés
dans les sables où on les rencontre, circonstance qui ne
s'est peut-être pas présentée pour les os des mammifères
terrestres.

2° Dauphin à longue symphyse.

3° Dauphin très-voisin du dauphin ordinaire (*delphinus
delphis*. Linné.) Reconnu par une portion de tête, laquelle
offre à peu près la moitié des racines des dents du
maxillaire inférieur. Ces racines sont très serrées les unes
contre les autres, comme dans le dauphin ordinaire. La
forme du museau est également alongée comme celle de
l'espèce vivante, et le profil du crâne se trouve aussi
dans les mêmes proportions, dans l'une comme dans
l'autre.

3° Dugong (*halicore medius*). De nombreux débris de

celle espèce qui appartenaient particulièrement à la tête, et que nous avons découverts dans les environs de Montpellier, ont fait reconnaître que ces débris se rapportaient à l'*hippopotamus medius* de Cuvier.

4° Baleine (*balæna*). Plusieurs espèces indéterminées.

5° Cachalot (*physeter*). Plusieurs espèces indéterminées, dont certaines devaient être fort grandes, à en juger par les dimensions de leurs dents.

6° Rorqual. Quelques espèces indéterminées.

II. *Oiseaux*.

1° Des oiseaux échalliers, les uns de grande taille et d'autres de celle des plus petites espèces de hérons (*ardea*).

2° Des oiseaux palmipèdes, dont certains au moins de la taille du cygne commun (*anas olor*).

III. *Reptiles*.

1° CHÉLONIENS. — 1° *Trionyx*, peut-être le *trionyx egyptiacus*. Leurs débris sont fort communs, surtout dans les sables marins tertiaires.

2° *Chelonia*. Quelques espèces sur la détermination desquelles nous ne sommes point encore fixés.

3° *Emys*. La même incertitude règne sur les diverses espèces de ce genre.

4° *Testudo*. Des espèces terrestres de fort petite taille, également indéterminées. Les cavernes à ossements ont de même offert des débris de tortue de terre.

2° SAURIENS. — 1° *Crocodilus*, probablement plusieurs espèces. Toutes sont indéterminées par suite des débris incomplets qu'on en a rencontrés.

IV. *Poissons.*

1° CHONDROPTÉRYGIENS. — 1° *Squalus cornubicus ;* — 2°
Squalus vulpes ; — 3° *Squalus glaucus ;* — 4° *Squalus car-
charias ;* — 5° *Squalus giganteus.* Les dents de cette dernière espèce ont au moins 0^m,11 de longueur sur 0^m,10
de largeur à leur base. Ces dimensions peuvent donner
une idée de la taille et de la force de cette espèce.

2° *Raia.* Un assez grand nombre d'espèces de ce genre
encore indéterminées, reconnues par des piquants et des
fragments de palais.

2° PLECTNOGNATHES. — Une espèce du genre *Ostracion,*
dont les dimensions paraissent avoir été bien plus considérables qu'aucune espèce vivante de ce genre. Les coffres ont été reconnus à l'aide de fragments considérables
de peau passée à l'état pierreux, peau dont l'épaisseur
n'était pas moindre de 10 millimètres, tandis que celle
de nos *Ostracions* est à peine de 3 à 4 millimètres. La surface de cette peau se trouve, comme celle de nos coffres,
divisée par des compartiments pentagonaux de formes
inégales et irrégulières. Ces compartiments ont peut-être
une forme encore plus irrégulière que celle que présentent nos ostracions. Leurs dimensions sont également
plus considérables ; car tandis que les plus grands compartiments n'ont dans nos poissons vivants que 25 à 30
millimètres, ceux de l'espèce fossile offrent de 45 à 48
millimètres.

Enfin, ce qui prouve que cette espèce plus rapprochée
de l'*Ostracion bicaudalis* de Bloch que de tout autre, en
différait essentiellement, c'est que tandis que les plus
grands compartiments avaient jusqu'à 48 millimètres,
les plus petits atteignaient à peine 11 millimètres, et
cependant ceux-ci se montraient très-rapprochés des
premiers. De pareilles différences n'existent pas entre
ceux du coffre triangulaire à deux épines.

3° ACANTHOPTÉRYGIENS. — 1° Des *sparus* ou daurades, reconnus par des dents.

2° Des annarhiques (*annarhicas*), reconnus également par des dents qui signalent plusieurs espèces.

4° MALACOPTÉRYGIENS. — 1. Des turbots (*rhombus*. Cuvier), reconnus par des empreintes.

D'autres poissons de divers ordres encore indéterminés.

II. ANIMAUX INVERTÉBRÉS.

MOLLUSQUES.

I. *Céphalés* ou *univalves*.

1° *Cerithium cinctum*. — 2° *Cerithium basteroti*.

2° *Turitella vermicularis* et d'autres espèces indéterminables.

3° *Monodonta*, espèces indéterminées.

4₀ *Turbo*.   id.

5° *Trochus*.   id.

6° *Auricula myosotis*. — *Auricula buccinea*. — *Auricula ovata*.

7° *Bulimus sinistrorsus*.

8° *Helix*, espèces indéterminées.

9° *Phasianella prevostina*.

10° *Paludina rana*. — *Paludina striatula*. — *Paludina globulus*. — *Paludina macrostoma*. — *Paludina acuta*.

II. *Acéphales* ou *multivalves*.

1₀ *Lutraria solenoides*.

2° *Panopœa faujasii*.

3° *Solen vagina*. — *Solen siliqua*.

4° *Tellina zonaria*. — *Tellina compresa*.

5° *Venus*, espèces indéterminées.

6º *Mytilus arcuatus.*

7º *Modiola lithophaga.* — *Modiola cordata.*

8º *Anomia ephippium* et autres espèces indéterminées.

9º *Ostrea undata.* — *Ostrea flabellula.* — *Ostrea virginica.* — *Ostrea edulina.* — *Ostrea crassissima.*

III. *Multivalves* ou *cirrhopodes.*

1º *Balanus tintinnabulum.* — *Balanus miser.* — *Balanus semiplicatus.* — *Balanus perforatus.* — *Balanus sulcatus.* — *Balanus pustularis.* — *Balanus patellaris.* — *Balanus crispatus.*

Annélides.

1º *Septaria arenaria.*

2º *Clavagella brochii.*

3º *Serpula quadrangularis.* — *Serpula arenaria* et autres espèces indéterminées.

D'après l'ensemble des faits que nous venons de faire connaître d'une manière sommaire, les principales es-pèces de mammifères terrestres découverts dans les sables marins de nos environs, se rencontreraient également dans les cavernes à ossements de Lunel-Viel. Or, il est par trop évident que si leurs débris se montrent au milieu de ces sables, c'est parce que les fleuves les ont transportés dans le bassin de l'ancienne mer. Mais puisque les animaux dont ces dépouilles nous révèlent l'existence, ont persisté jusqu'à l'époque de la dispersion des dépôts diluviens, l'on ne voit pas pourquoi les violentes inon-dations qui pendant cette période ont ravagé la surface de la terre, ne les auraient pas entraînés dans les fentes verticales ou longitudinales des rochers, comme l'action naturelle des eaux courantes l'avait déjà fait pour ceux qu'elles avaient charriés dans le sein des mers.

Ainsi le transport des uns, opéré évidemment par l'action des eaux courantes, nous fait concevoir qu'il a pu en être de même pour les autres, qui, n'ayant pas été entraînés dans la mer comme les premiers, ne peuvent pas aussi en receler les produits. La cause de l'accumulation d'un si grand nombre d'ossements dans les cavités souterraines, serait donc semblable à celle qui en a transporté un si grand nombre dans tant de lieux différents de la surface des continents. Cette cause toute géologique est du reste bien plus propre, d'après l'universalité des effets qui en ont été les résultats, à nous faire concevoir pourquoi ce phénomène a été si général et si constamment accompagné des mêmes circonstances, quelle que soit la distance horizontale qui sépare les lieux où on l'observe.

Cette uniformité dans les circonstances qui ont accompagné le remplissage des cavités souterraines par les dépôts diluviens, et celle que l'on observe dans la dispersion de ces dépôts sur la surface de la terre, annonce une seule et même cause. D'un autre côté la généralité de ce phénomène dans tous les continents, prouve assez qu'il n'a pu être produit que par une cause universelle, comme l'est, par exemple, celle qui a répandu ces mêmes dépôts diluviens, dans lesquels on voit ensevelis sans distinction d'âge, de taille, de force et d'habitudes un si grand nombre d'animaux différents. Ainsi l'ensemble des faits connus bien appréciés semble nous apprendre que la réunion de tous ces animaux a été l'effet de la dernière et grande révolution qui a ravagé la surface du globe, révolution aussi bien démontrée par les faits physiques, qu'établie sur les traditions les plus constantes et les plus universelles.

Quant à la conservation de ces débris de la vie des temps d'autrefois, plus complète dans les cavernes qu'ailleurs, elle est une suite de la position de ces débris à l'abri des agents extérieurs. Aussi toutes les fois que les restes des animaux ont été également mis hors de cette action, ils se sont aussi bien conservés à l'extérieur que dans l'intérieur des cavités souterraines. C'est ce qui est arrivé pour les fameux dépôts à ossements du Val d'Arno, de Canstadt, et pour ceux de l'Auvergne, qui paraissent à peu près du même âge que les dépôts osseux des cavernes. A raison de cette analogie et de celle qui existe entre ces populations, les dépôts à ossements d'Issoire sont en quelque sorte des cavernes extérieures; car les débris des anciennes hyènes, ainsi que leurs fœces ou *album græcum*, y sont tout aussi abondants, que dans les cavités où l'on en voit le plus grand nombre.

En un mot, sous quelque rapport que l'on envisage le phénomène de l'entassement de tant de débris d'animaux dans les fentes longitudinales ou verticales des rochers calcaires, dans son ensemble et dans sa généralité, on voit qu'il a été opéré par l'action d'une même cause, aussi violente qu'universelle. Cette cause n'empêche pas que dans certaines circonstances, les carnassiers, par suite de la police qu'ils ont exercée constamment sur les autres animaux, n'y aient eu aussi quelque part; mais ce qu'il y a du moins de certain, c'est qu'ils ne l'ont point opéré dans sa généralité, puisqu'il est un si grand nombre de cavernes où l'on n'en découvre pas le moindre vestige, et d'autres, où leurs débris sont si rares qu'on ne saurait leur attribuer l'entassement réellement prodigieux des grands herbivores qui ont été leurs contemporains.

Les cavernes de Bize (Aude) peuvent être citées comme un des exemples les plus remarquables de la réunion, dans les mêmes souterrains, d'un nombre infini d'herbivores, et d'une très-petite quantité de carnassiers, d'espèces peu redoutables pour des aurochs et des chevaux dont les débris sont hors de proportion avec ceux des autres herbivores qui les accompagnent.

Enfin, en résumant les observations nombreuses que nous venons de rapporter sur les cavernes à ossements et les brèches osseuses, on peut en déduire, ce semble, les conséquences suivantes :

1° La population, ensevelie dans les cavernes, est beaucoup plus semblable à l'actuelle qu'à celle qui l'avait précédée.

2° L'on n'y découvre pas, en effet, des genres perdus, mais seulement des espèces détruites, du moins dans l'ancien continent. Le nouveau monde a seul présenté un genre qui paraît éteint, celui des *megalonyx*.

3° Il n'en est pas ainsi de la population des fissures à ossements, même dans l'ancien continent : cette population diffère beaucoup plus de l'actuelle que celle des cavités souterraines. Ces deux ordres de formations semblent pourtant avoir été produits pendant la même période et par les mêmes causes.

4° A la vérité, peut-être n'est-on pas en droit de tirer cette conclusion ; car nous manquons tout à fait de caractères positifs pour distinguer l'âge relatif du diluvium des différentes contrées. Il est cependant probable qu'il existe plusieurs sortes de dépôts diluviens, puisqu'on s'accorde assez généralement, soit en géologie, soit en histoire, à admettre plusieurs grands cataclysmes. Sous ce point de vue, les caractères zoologiques ne seraient plus en opposition avec les caractères géologiques.

5° La population des fissures à ossements offre non seulement, comme celle des cavernes, des espèces détruites, mais de plus l'on y découvre des genres perdus. comme les *megatheriums*, les *mastodontes*, les *palæotheriums* et les *lophiodons*.

6° A part cette grande différence, ces deux populations ont cela de commun d'être principalement caractérisées par des espèces semblables aux espèces actuellement vivantes, lesquelles appartiennent pour la plupart à des

rongeurs, des solipèdes, des ruminants et des carnassiers.
Les espèces dominantes de ces familles appartiennent
aux genres des lièvres, des chevaux, des cerfs, des
bœufs, des ours, des hyènes et des chats. Elles ont encore
cela d'analogue de recéler un assez grand nombre de
coquilles terrestres, dont les espèces sont, sans exception,
semblables à celles qui vivent maintenant.

7° L'une et l'autre de ces populations semblent avoir
péri postérieurement à l'apparition de l'homme, et même
après l'invention des arts, puisque des ossements humains
et des objets de notre industrie en accompagnent les débris. Il y a plus encore, un certain nombre d'espèces
paraissent s'être éteintes depuis les temps historiques,
d'après ce que nous apprennent les traditions et les
monuments.

8° Quant aux circonstances qui ont dispersé ces races
aujourd'hui éteintes, ainsi que les restes de notre espèce
dans les dépôts diluviens, elles sont postérieures à la
rentrée des mers dans leurs bassins respectifs. Dès lors,
les débris organiques que l'on découvre au milieu de ces
dépôts, qu'ils se rapportent ou non à des espèces perdues, ou qu'ils soient semblables aux races actuelles, ne
doivent pas être considérés comme *fossiles*; mais bien
comme *humatiles*.

9° Le remplissage des cavernes, comme celui des fissures à ossements, est un phénomène géologique général
et soumis à des lois constantes. En supposant donc avec
nous que plusieurs des espèces dont on y découvre les
débris, peuvent y avoir vécu ou y avoir été entraînées par
des carnassiers, il est difficile de ne point admettre en
même temps que de violentes inondations ont pu seules
amonceler dans les fentes des rochers l'étrange rassemblement des animaux que l'on y voit réunis.

10° En un mot, ces deux ordres de phénomènes, les
cavernes et les fissures à ossements, dépendent des mêmes

causes et se rattachent l'une et l'autre aux dernières catastrophes qui ont ravagé la surface de la terre, lesquelles
ont dû exercer aussi bien leur influence sur l'homme
que sur les autres animaux vivants.

Il semble enfin que l'on peut déduire de ces faits les
conséquences suivantes, qui n'en sont en quelque sorte
que les corollaires :

1° Des inondations, plus ou moins violentes et successives, paraissent avoir opéré généralement le remplissage
des cavernes et y avoir accumulé les limons, ainsi que
les cailloux roulés, les graviers, les sables et les ossements que ces limons renferment.

2° De pareilles inondations ont pu seules produire l'é-
trange rassemblement des divers et nombreux animaux
que l'on observe, aussi bien dans les fissures les plus
étroites de nos rochers que dans les fentes ou les cavités
les plus étendues.

3° Si dans quelques circonstances l'on peut supposer
que certains de ces animaux ont vécu dans les cavernes
ou y ont été entraînés par des carnassiers, ces circonstances, inapplicables au plus grand nombre de cas, ne
peuvent expliquer ces phénomènes dans leur généralité ;
car ils ne sont nullement liés aux lois géologiques, auxquelles ces phénomènes semblent soumis.

4° Ces lois géologiques, aussi simples que claires, sont
que l'on ne découvre des ossements que dans les fentes
ou les grandes cavités dont les ouvertures, rarement
supérieures à 700 ou 800 mètres au-dessus du niveau des
mers, ont permis aux cailloux roulés, aux sables et aux
graviers de s'y introduire, ces ossements se trouvant
constamment associés à des terrains d'alluvion analogues
aux dépôts diluviens.

5° Enfin, les inondations auxquelles se rattachent
ces phénomènes, paraissent se rapporter aux mêmes
causes et à la même période que celle pendant laquelle

s'est opérée la dispersion des dépôts diluviens, période qui a été contemporaine de l'apparition de l'homme sur la terre, ainsi que de la destruction d'un grand nombre d'espèces vivantes.

LIVRE CINQUIÈME.

LES ANIMAUX ET LES VÉGÉTAUX ENSEVELIS DANS LES COU-
CHES TERRESTRES DONT ON NE RETROUVE PLUS LES ANA-
LOGUES A LA SURFACE DE LA TERRE, PEUVENT-ILS ÊTRE
CONSIDÉRÉS COMME LES SOUCHES DES RACES ACTUELLES ?

OBSERVATIONS GÉNÉRALES.

L'étude des animaux ensevelis dans les fentes, soit
longitudinales, soit verticales, des rochers calcaires, nous
amène à examiner la question de savoir si ces animaux,
comme ceux qui, avec des végétaux, se montrent dans les
formations plus anciennes que les dépôts diluviens,
peuvent être considérés comme les souches des races
actuelles.

Cette question, qui naît si naturellement du sujet que
nous venons d'examiner, est aussi délicate que difficile ;
car, parmi les phénomènes de la nature, les uns peuvent être saisis par l'observation et l'expérience, tandis
que d'autres ne peuvent l'être que par la voie de l'induction et de l'analogie. Ainsi, relativement à ceux qui se
rattachent à la question qui va nous occuper, on peut en
apprécier certains à l'aide du premier moyen d'investigation, tandis qu'il n'en est pas de même de plusieurs autres.

Nous pouvons, par exemple, suivre très-bien la filia-

tion de nos espèces actuelles, et remonter, par une
chaîne non interrompue, jusqu'au moment où elles ont
commencé. On les voit, en effet, se succéder les unes
aux autres par la voie de la génération, et se perpétuer
par ce moyen d'une manière indéfinie. Quant à ces espèces, soit que l'on consulte leurs restes conservés dans
les anciennes catacombes, soit que l'on examine leurs
images ou leurs figures qui se trouvent sur les monuments
de l'antiquité, on ne voit pas qu'elles aient varié, si ce
n'est dans des limites extrêmement restreintes. Dès lors,
il paraît bien difficile de supposer et encore moins d'admettre entre elles des transformations successives depuis
les temps historiques que l'homme peut supputer et évaluer avec une certaine rigueur.

Ces faits sont donc à peu près tous du domaine de
l'observation et de l'expérience; saisissables à l'aide des
moyens d'investigation qu'elles nous fournissent, ils peuvent nous amener à des conséquences rigoureuses, si ces
conséquences sont déduites de manière à n'être que l'expression générale de leurs résultats.

Il est du reste facile de juger qu'il ne peut en être de
même de ceux qui se rattachent à la question de savoir
si les races fossiles et humatiles sont ou non les souches
desquelles sont dérivées les espèces actuelles. Évidemment les faits qui se rapportent à cette partie de la question sont pour ainsi dire hors du domaine de l'expérience;
il est tout au plus possible de les saisir par la voie de
l'observation et surtout par celle de la comparaison. En
rapprochant, en effet, les espèces de l'ancienne création
de celles de la nouvelle, il est facile de reconnaître si les
lois qui ont jadis présidé à l'organisation des premières
ont agi de la même manière sur celle des secondes. Cet
examen conduit naturellement à cette belle et importante conséquence, qu'à toutes les époques et à toutes
les phases de la terre, la nature a toujours procédé de

la même manière, et que ses lois, aussi simples qu'universelles, ont été constamment les mêmes.

Si donc les mêmes lois ont présidé à tous les ouvrages
de la nature, le passage des espèces les unes dans les
autres ou leurs transformations successives n'ayant jamais
eu lieu dans les temps présents, l'analogie nous indique
qu'il doit en avoir été de même chez les races éteintes.
En effet, puisque les lois qui ont présidé à l'organisation
des unes et des autres sont semblables, il semble que tant
que l'on ne prouvera pas qu'il y a eu des différences à cet
égard, toutes les analogies nous disent qu'il doit en avoir
été des premières comme de nos races actuelles, chez
lesquelles de pareils passages ne paraissent jamais s'être
opérés.

Cette conséquence, quoique fondée sans doute, n'est
cependant déduite que par induction et par analogie;
aussi nous a-t-il paru nécessaire de l'appuyer de quelques
faits propres à mieux en faire saisir toute l'exactitude et
toute la justesse. Pour y parvenir, nous avons comparé
un certain nombre d'espèces des deux créations, afin de
nous assurer s'il était réellement possible de supposer
que celles qui ont appartenu à la plus ancienne de ces
créations, aient pu produire celles qui composent la
nouvelle. Cette comparaison nous a démontré qu'il ne
pouvait pas en avoir été ainsi, d'après du moins les différences essentielles que l'on remarque entre l'organisation
des unes et des autres, en choisissant même pour exemples
les espèces les plus voisines et les plus rapprochées.

D'autres considérations, déduites à la vérité par induction et par analogie, nous ont de même indiqué que
de pareilles transformations ne pouvaient jamais avoir
eu lieu; car l'on serait toujours en droit de se demander
comment les causes de destruction que l'on suppose assez
violentes pour avoir anéanti les parents, auraient été
sans action comme sans effet sur leurs descendants.

Il nous semble donc qu'en envisageant les faits dans leur ensemble et leur généralité, on est frappé de la différence des deux créations, à peu près comme dans les temps présents nous le sommes, lorsque nous nous transportons d'un continent dans un autre. Quant à la cause de ces différences, elle semble avoir plutôt dépendu de l'influence des milieux ambiants, que des transformations qui se seraient opérées entre les espèces organisées; car ces transformations n'auraient jamais pu s'exercer entre des espèces qui n'ont entre elles aucune analogie de famille ou de genre, et encore moins quelque rapport spécifique!

Il faut cependant en convenir, ce point fait pour ainsi dire toute la difficulté de la question qui va nous occuper. Puisse l'attention que nous y avons portée en avoir aidé la solution, et mieux faire saisir tout l'intérêt qu'elle présente!

Occupé depuis long-temps de cette question, qui intéresse autant les progrès de la géologie que ceux de la zoologie, science à laquelle elle semble pourtant liée d'une manière plus immédiate, nous avons réuni des preuves assez nombreuses pour sa solution, et ces preuves nous avaient fait pencher pour la négative. Au moment où nous allions publier notre travail, nous avons su que le même sujet avait occupé les méditations d'un de nos plus illustres zoologistes actuels; dès lors, nous avons dû attendre le résultat des travaux de ce grand naturaliste pour nous décider en définitive sur une question qui nous paraît de la plus haute importance.

Ce n'est donc qu'après avoir médité sur les observations publiées récemment par M. Geoffroy-St-Hilaire, que nous nous sommes décidé à livrer les nôtres à l'impression. Nous l'avons fait uniquement dans l'intérêt de la vérité, puissant mobile auquel ne savent ni ne peuvent résister ceux qui s'adonnent avec ardeur à l'étude des sciences.

Pour reconnaître si les animaux de l'ancien monde ont réellement produit, par des transformations successives, ceux qui peuplent notre monde actuel, il semble qu'il faut d'abord établir en quoi consiste l'espèce organique, et, en second lieu, dans quelles limites elle peut varier.

Ces points principaux une fois fixés, nous verrons s'il existe, soit dans la nature détruite, soit dans la nature vivante, des êtres intermédiaires entre telle ou telle espèce bien déterminée. En supposant qu'il en existe de pareils, nous examinerons ensuite pourquoi les causes de destruction qui ont fait périr les souches d'où seraient provenues nos races vivantes, auraient seulement épargné ces dernières ou les descendants des premières races.

CHAPITRE PREMIER.

DES ESPÈCES ORGANIQUES ET DES CAUSES DE LEURS VARIATIONS.

—

SECTION PREMIÈRE.

DE L'ESPÈCE ORGANIQUE.

La reproduction de l'espèce est le point le plus important de l'économie vivante; l'on peut même ajouter que cette reproduction en est le fait le plus nécessaire; car tout être organisé doit tendre à se perpétuer et à faire durer l'espèce à laquelle il appartient, ou, en d'autres termes, le type de forme qui lui est propre.

Aussi voyons-nous toutes les espèces dont nous pouvons suivre la reproduction, se perpétuer par la génération. Sans doute cette génération a lieu de bien des manières différentes; mais dans ces diverses manières de se reproduire, la nature arrive toujours à son but final, la durée et la perpétuité de l'espèce.

Dès lors, la génération semble devoir être considérée comme le type de l'espèce, et le seul fondement sur lequel on puisse l'établir d'une manière rationnelle et certaine.

En effet, tout être vivant qui ne peut point reproduire des descendants pareils à lui-même, ne saurait être considéré comme un être normal et régulier.

Cet être infécond, imparfait dans son essence comme dans sa nature, ne saurait être comparé à celui qui possède en lui la faculté de se reproduire, et par conséquent, l'avantage inappréciable de faire durer sa race.

Aussi ces êtres inféconds, ces métis, ces mulets, ces hybrides enfin, ne sont point de véritables espèces, ni des êtres sortis des mains de la nature, mais des races créées par suite de notre influence. C'est nous seuls qui les avons produites en associant, malgré toute leur répugnance, des espèces distinctes et différentes, ou en les soumettant à l'influence de circonstances toutes nouvelles.

Rien de semblable n'est le résultat de la réunion des mêmes espèces; et il a fallu toute notre puissance pour arriver à un but si opposé à celui que la nature semble s'être proposé dans la création des êtres vivants.

Ainsi donc, on peut avec l'immortel Cuvier, en cela d'accord avec Buffon, concevoir l'espèce « comme la « réunion des individus qui descendent les uns des autres « ou de parents communs, et qui leur ressemblent autant « qu'ils se ressemblent entre eux. »

L'espèce ainsi définie est donc un fait réel et constant, et une œuvre de la nature, puisqu'elle repose sur la reproduction ou sur le mode de génération. En effet, la reproduction par voie de génération, est le caractère essentiel et dominant de l'espèce. Aussi trouve-t-on dans ce fait et la raison de la continuité des espèces, et la raison des limites étroites dans lesquelles leurs variétés sont restreintes. On peut y voir également une preuve que les animaux fossiles et humatiles perdus, ne doivent point être les souches de nos races actuelles; car pour qu'il en fût autrement, il faudrait que ces animaux eussent changé de genre ou d'espèce. Cependant ce qui caractérise les espèces de chaque âge du globe, prises en elles-mêmes, c'est leur continuité et leur permanence. Aussi par suite de cette loi générale de la nature, les espèces d'un âge, comparées à celles d'un autre, montrent des formes essentiellement différentes, et une discontinuité frappante.

Du reste, de la réalité du fait de la constance et de la perpétuité en quelque sorte invariable des espèces, dérive la force de toutes ces considérations abstraites et générales, dont l'enchaînement forme nos méthodes. Enfin Linné a prétendu que le genre est aussi un fait qui était aussi bien donné par la nature que l'espèce; mais, évidemment, on ne peut admettre cette proposition de l'immortel auteur du *Systema naturæ*, qu'en restreignant le mot genre à ceux qui, naturels, ne réunissent que des espèces dont les caractères principaux ont une communauté réellement remarquable. Alors seulement on peut dire que la nature donne à la fois les espèces et les genres; l'art et la nature donnent les ordres et les classes, comme la culture ou la domesticité, les variétés.

Buffon, en se fondant sur des considérations zoologiques, partagea les opinions des anciens sur l'invariable perpétuité des espèces, et adopta comme principe, que l'en-

semble des êtres nés les uns des autres, ou de parents
communs, devait prendre le nom d'espèce. Cette opinion,
il la puisa dans l'observation de la nature, ainsi que dans
les écrits d'Aristote et de Pline, qui avaient également
embrassé, sous cette qualification, certaines conditions
d'existence ou d'isolement des êtres.

Aussi ce grand homme a-t-il constamment repoussé
cette idée, qu'une espèce quelconque ait pu jamais être
produite par la dégénération d'une autre. « S'il en était
« autrement, il n'y aurait plus, dit-il, de bornes à la
« puissance de la nature, et l'on n'aurait pas tort de
« supposer que, d'un seul être, elle aurait su tirer tous
« les autres êtres organisés qui existent. Ainsi, tous les
« animaux seraient provenus d'un même animal, qui
« dans la succession des temps aurait produit, en se per-
« fectionnant ou en dégénérant, tous les autres. »

Cependant malgré des termes aussi précis, M. Geoffroy-
St-Hilaire pense que Buffon n'a point adopté l'opinion
que nous lui prêtons, ou du moins que c'est contestable.
« Il y a erreur, dit-il, non dans les termes de la citation,
« mais en égard aux vues définitives de ce grand natu-
« raliste. Comme cela fut pour Goëthe, Buffon n'est de-
« venu naturaliste qu'après ses quarante ans révolus; en
« sorte que ses premiers écrits ne doivent compter qu'au
« titre d'une paraphrase des idées de son temps. C'est
« plus tard qu'il a donné les fruits de sa propre raison et
« de ses vues synthétiques. Là seulement sont les vraies
« pensées de Buffon sur la nature, qu'il a étudiée et com-
« prise en s'aidant de sa théorie savante des faits néces-
« saires (1). »

Voilà de quelle manière l'illustre académicien pré-
tend à la fois prouver que Buffon n'a point adopté

(1) Comptes rendus de l'Académie des sciences de Paris, 1836.
1... semestre, n° 22, pag. 521.

l'opinion que nous soutenons, et détruire la portée des faits qui lui donnent une base aussi ferme que solide. On le conçoit aisément, nous devons attendre que M. Geoffroy-St-Hilaire ait fait connaître les passages de Buffon dans lesquels il croit avoir aperçu les germes de la théorie des métamorphoses successives, pour nous rendre, du moins quant à Buffon, à l'avis du savant zoologiste.

Linné a également adopté l'opinion professée plus tard par l'Aristote des temps modernes, Cuvier. Aussi a-t-il considéré l'espèce comme un point de départ donné par la nature, et la base la plus essentielle de tout système zoologique ; c'est du moins sur la valeur de cette première coupe, qu'il a établi sa nomenclature binaire qui a tant contribué au progrès des sciences naturelles. En effet, d'après une observation faite, pour ainsi dire, de tous les temps, Linné comprit qu'un certain nombre d'espèces composaient comme de petits groupes particuliers et distincts. Il donna à ces groupes le nom de genres, et il y réunit toutes les espèces qui se faisaient remarquer par une communauté de principes. Ainsi, par l'heureuse combinaison de cette utile invention, toutes les espèces eurent deux noms ; le premier qui exprimait le groupe dont elles dépendaient, et le second relatif à leur individualité proprement dite.

Les expressions *Felis leo*, *Canis vulpes*, par lesquelles Linné dans sa nomenclature binaire, désignait le lion et le renard, sont tout-à-fait équivalentes à celles à l'aide desquelles le peuple désigne les diverses espèces de rat, telles que le rat des montagnes, le rat des bois ou des champs, le rat des maisons, et enfin le rat d'eau.

Le rat comprend, en effet, une idée tout à fait semblable à celle par laquelle Linné entendait indiquer ces groupes supérieurs à l'espèce, et dans lesquels il a réuni toutes celles qui, à ses yeux, présentaient le même ordre et le même genre de caractères. Quant à la seconde de ces

dénominations, elle est qualificative, ou pour mieux dire
elle sert proprement à distinguer l'individu, ou l'espèce
qui, comme le disait Linné, est immédiatement donnée
par la nature.

M. Geoffroy-St.-Hilaire se demande enfin, si les différences qui existent entre ces rats, tenant uniquement à
de légers accidents de couleur, de longueur ou d'épaisseur
du poil, nous devons les considérer comme des espèces
distinctes et invariables.

Le principe que nous avons posé répond à cette argu-
mentation. Oui, dirons-nous, si ces espèces ne s'accouplent
point les unes avec les autres, de manière à produire des
individus féconds, et si nous ne voyons ces caractères distinctifs, quelque légers qu'ils puissent paraître, s'éva-
nouir par degrés, au point de rendre ces espèces toutes
uniformes et semblables. Jusque-là, il semble plus
rationnel de les considérer comme des espèces distinctes
et diverses, que comme n'en formant qu'une seule.

Sans doute, les différences qui existent entre un lévrier
et un mâtin, paraissent peut-être plus grandes que
celles qui distinguent le rat des champs de celui des
maisons. Mais toutes les variétés de chiens produisent
par leur réunion des individus féconds, ce que sont loin
de faire les diverses espèces de rat.

M. Geoffroy-St-Hilaire croit pourtant prouver le contraire, en observant « que si l'on transportait ces rats
« dans une contrée lointaine et très-différente, et si on
« laissait l'action du temps peser sur une suite de géné-
« rations, probablement de ce séjour nouveau, de cette
« autre patrie, il naîtrait un nouvel être. » Mais ce qu'il
demande, et les expériences qu'il réclame ont été faites.
Nos vaisseaux n'ont-ils pas, en effet, transporté dans toutes
les parties du monde, nos rats et nos souris ; l'on ne voit
pas cependant que, malgré tous les changements qui
en ont été la suite, ces rats soient devenus semblables

à ceux qui fréquentent nos rivières ou qui ravagent nos
champs.

Il est dès lors nécessaire d'admettre certaines formes
qui se sont perpétuées depuis l'origine des choses, sans
excéder ces limites; en sorte que tous les êtres appartenant à l'une de ces formes, constituent ce que l'on
appelle espèce. Les races actuelles ne seraient donc
point, ainsi qu'on l'a supposé, des modifications de ces
races, plus anciennes, dont l'existence nous a été révélée
par leurs dépouilles fossiles.

La définition de l'espèce une fois établie, il faut bien se
garder de considérer les genres qui la composent, comme
quelque chose de bien réel. Les genres ne sont en effet
qu'une pure abstraction de notre esprit, naturellement
porté à grouper les êtres qui lui présentent une certaine
conformité dans l'ensemble de leur organisation. Il
n'existe en effet dans la nature, que des individus, ou si
l'on veut des espèces. Cependant l'homme, après avoir
examiné les caractères distinctifs de l'un de ces individus
ou de ces espèces, pris comme type, les a comparés
à ceux d'un autre qui lui paraissait avoir avec le premier
des traits de ressemblance, et lorsqu'il a acquis la con-
viction de la conformité de leurs caractères, il les a
réunis tous deux et en a formé un genre, dans lequel il
a fait entrer tous les êtres qui lui ont paru avoir une
grande conformité avec ceux qui lui avaient servi de
point de comparaison. Mais comme les principes sur
lesquels les genres sont établis, n'ont rien d'aussi fixe que
ceux sur lesquels les espèces sont fondées, les genres ont
singulièrement varié, suivant l'opinion des auteurs qui
les ont constitués. À peine, par exemple, de nos jours a-
t-on laissé intacts ceux qui paraissaient les plus naturels
et les mieux circonscrits, tant il est vrai qu'il n'y a rien
de bien réel dans ce mode de groupement des espèces.
Ce qui est arrivé pour les genres, a eu lieu également

pour les ordres et les classes; divisions supérieures à
ceux-ci, et bien plus évidemment une création de notre
esprit.

Ainsi la fixation des genres naturels est encore bien
plus difficile que celle des espèces, dont le principe
immuable est dans la génération qui les perpétue et
les conserve, tant qu'elles se maintiennent à l'abri de
l'influence de l'homme. Aussi comprendrons-nous sous ce
nom, tous les individus qui se sont perpétués depuis
l'origine des choses avec les mêmes formes. Sans doute,
les zoologistes modernes ont multiplié les espèces, en
attachant une importance beaucoup trop grande aux plus
légères différences. Mais cet abus, qui réclame un puissant
réformateur, fait-il que l'espèce n'existe point? Non, sans
doute, car où est la preuve que ces êtres considérés
comme des espèces distinctes, soient ou ne soient pas différents de ceux dont on supposerait qu'ils sont provenus.
Pourtant, c'est le point unique et décisif de la question.

Dès lors, peut-on dire qu'Aristote et Pline ont eu tort
d'embrasser sous cette même qualification certaines conditions de groupement ou d'isolement des êtres? Peut-
on également prétendre que Cuvier se soit trompé en
relevant l'importance de ce degré dans l'ordre des classifications, quand il a déclaré que la nature avait pris
soin de protéger les espèces contre l'action des agents
modificateurs? Non, sans doute, car les faits bien examinés nous forcent d'admettre certaines formes qui se sont
perpétuées depuis l'origine des choses, sans excéder ces
limites; en sorte que tous les êtres appartenant à l'une de
ces formes, constituent ce que l'on appelle une espèce.

Buffon, qui ne croyait pas non plus qu'une espèce pût
être produite par le perfectionnement ou la dégénération d'une autre, n'embrassait pas dans ses raisonnements un espace de temps aussi considérable que Cuvier,
le bornant à l'intervalle écoulé depuis Aristote. Mais,

remarquons que Buffon ne pouvait avancer que les espèces
n'avaient pas varié depuis l'origine des choses, sans ha-
sarder une proposition qu'il n'aurait pu appuyer sur des
preuves précises et positives. Cuvier seul le pouvait; car
lui seul a porté ses profondes investigations, autant sur
les êtres de l'ancienne création que sur ceux de la nouvelle; par cela même, il pouvait prétendre que les espèces, dont chacun de ces êtres dépendaient, n'avaient
pas varié depuis l'origine des choses.

Aussi, dans ses belles recherches sur les ossements
fossiles, établit-il en principe que les races actuelles ne
sont nullement des modifications de ces races plus anciennes, qui nous sont révélées par l'existence de leurs
dépouilles.

Si donc l'on conçoit la génération comme le type essentiel, ou si l'on veut, rationnel de l'espèce, il s'ensuit
que tous les animaux, quelque grandes que soient les
différences qu'ils peuvent présenter, lorsqu'ils sont
susceptibles de produire des individus semblables à eux-
mêmes et des individus féconds, devront être considérés
comme des espèces.

Dans ce sens, il n'y aurait qu'une seule espèce d'homme, ainsi que l'a soutenu avec tant de force et de ta-
lent, Blumenbach, puisque les races humaines les plus
différentes et les plus opposées, sont toutes susceptibles
de produire par leur réunion des individus féconds, lesquels se perpétuent indéfiniment comme les parents dont
ils sont provenus. Sans doute ces hommes blancs, noirs et
rouges, sont loin de se ressembler entre eux, autant qu'ils
ressemblent à leurs parents; car ils offrent des différences frappantes, non seulement dans leur couleur, dans
leur forme, dans leur taille, dans l'ensemble de leur
organisation, et, ce qui est bien plus encore, dans leurs
facultés morales et intellectuelles. Mais ces grandes variations des différentes races humaines ne font pourtant

pas qu'il y ait plusieurs espèces d'hommes; car toutes,
ainsi que nous venons de le faire observer, donnent par
leur réunion des individus féconds et qui peuvent se perpétuer à l'infini. Ainsi donc, pour qu'un germe soit trans-
missible par voie de génération, il est nécessaire qu'il
soit fécondé par des individus d'une même espèce ; car,
dans tout autre cas, il est infécond ou du moins il ne
peut se perpétuer d'une manière indéfinie.

Quant aux êtres qui sont le résultat du croisement des
races diverses, ils offrent d'abord des caractères communs à chacun des parents dont ils sont provenus;
mais par suite de nouveaux accouplements, ces êtres
varient souvent à un tel point, que l'on reconnaît à
peine en eux les types dont ils sont les descendants. Tels
sont, par exemple, les mulâtres qui proviennent de
l'union du blanc et du nègre, lesquels passent ensuite
par de nouveaux mélanges au demi-mulâtre et enfin au
quarteron.

Si l'on considère les diverses races humaines comme
autant d'espèces, on est nécessairement conduit à en
faire de même à l'égard des variétés du même ordre des
animaux domestiques, et à considérer les unes et les
autres comme pouvant être infinies. En effet, soumises
à des circonstances variables, et produites par elles, elles
ne peuvent qu'en suivre l'impulsion et être indéfinies
comme les circonstances elles-mêmes.

Le mulâtre, cette variété qui se perpétue sous des
formes constantes, lorsque les circonstances qui l'ont
opérée ne viennent point à changer, devrait également
être considéré comme une espèce tout aussi distincte que
la race blanche et la race nègre, qui, dans le système
des zoologistes modernes que nous combattons, sont envisagées comme de véritables espèces.

Il importe peu, en effet, que cette variété soit récente, qu'elle soit d'hier, qu'on la voie même se former

sous nos yeux, l'essentiel, selon ceux auxquels nous
nous opposons, est qu'elle ait des caractères constants et
positifs, pour qu'ils croient être en droit d'en faire une
espèce. Cette variété ne peut cependant être considérée
comme une espèce, puisque nous la faisons naître à
volonté, et qu'il ne nous est pas donné de produire les
types principaux des formes.

Ce que nous venons d'observer à l'égard des races
humaines, nous pourrions le dire également de celles
des animaux domestiques, et, par exemple, du chien,
dont l'homme a fait si complètement la conquête.

Ainsi, le doguin, plus connu sous le nom de carlin,
cette variété du chien toute moderne et toute récente,
si différente du dogue dont elle est provenue, par le
peu de développement de ses lèvres et surtout par la
petitesse de ses proportions, devrait être considérée
comme une espèce particulière et distincte du chien.
Mais il n'en est pas ainsi, car ces doguins produisent
des individus féconds par leur accouplement avec les
épagneuls, comme les uns et les autres avec les mâtins;
et, quoique les différences qui existent entre les diverses
races de chiens soient plus grandes que celles que l'on
observe entre les races humaines, il n'y a cependant
qu'une seule espèce de chien, comme il n'y a qu'une
espèce d'homme.

L'espèce a donc pour base la génération; c'est là ce
qui la distingue principalement de tout ce qui n'est pas
elle. Il n'en faut pas moins un esprit très-étendu et très-
philosophique pour savoir la reconnaître et la délimiter,
c'est-à-dire, pour fixer le point où commence telle espèce
et celui où finit telle autre. Sommes-nous sûrs, en effet,
que toutes celles inscrites sur nos catalogues comme
voisines d'autres espèces, ou même comme distinctes,
ne produiraient pas entre elles des individus féconds, qui
pourraient se perpétuer à l'infini? Dès lors, ne sommes-

nous pas en droit de désigner sous le nom de variétés
une foule d'êtres, qu'un examen trop superficiel ou le
plaisir d'inventer une dénomination nouvelle, ont fait
considérer comme appartenant à des espèces bien déterminées.

L'inconvénient que nous venons de signaler se présente aussi d'une manière plus évidente encore, lorsqu'il s'agit de divisions supérieures, telles que les genres, les familles, les ordres, les classes et même les em-
branchements. Ces divisions ne sont que des moyens
plus ou moins artificiels, à l'aide desquels on peut mieux
saisir le degré de parenté ou les affinités plus ou moins
grandes qu'ont entre eux les êtres que la nature présente
à notre observation. Aussi ces moyens peuvent varier à
l'infini, suivant l'esprit et la sagacité de l'observateur ;
car, quoique les divisions supérieures à l'espèce doivent
être fondées sur une communauté de caractères, cette
communauté aperçue et nettement tracée par l'un,
peut être méconnue et même déniée par l'autre. A la
vérité ces difficultés, quoique réelles, finissent cependant par s'aplanir peu à peu, parce qu'à mesure que
nous nous élevons dans l'ordre des classifications, les
caractères deviennent de plus en plus généraux, et par
conséquent de plus en plus tranchés. Dès lors, il est
sensible que pour établir de bons systèmes de classification, il faudrait connaître parfaitement tous les êtres,
c'est-à-dire, avoir une connaissance aussi exacte de leurs
rapports mutuels que des différences qui les séparent.
C'est là un point essentiel sur lequel nous sommes loin
d'être fixés. Aussi ne devons-nous pas être étonnés de la
variation que présentent nos divers systèmes de classification, puisque leur point de départ et leur base ne sont
pas encore définitivement arrêtés.

Après ces premiers aperçus, voyons en quoi les variétés diffèrent de l'espèce organique.

SECTION II.

DES VARIÉTÉS DE L'ESPÈCE ORGANIQUE.

Si l'on éprouve de grandes et de sérieuses difficultés pour bien définir ce que l'on doit entendre par *espèce*, on en éprouve également pour donner une bonne définition des variétés, ou des variations qu'une espèce est susceptible de présenter.

Les variétés sont, ainsi que le sens naturel de cette expression l'indique, moins fixes que l'espèce dont elles dépendent. Elles en conservent toujours assez nettement les principaux caractères, pour faire reconnaître le type dont elles proviennent; aussi, tendent-elles constamment à en reprendre l'uniformité, dès que les circonstances qui les ont produites viennent à cesser. C'est ce qui a particulièrement lieu chez les espèces domestiques, du moment qu'elles reprennent la vie indépendante et qu'elles retournent à l'état sauvage.

Les variations dont une espèce est susceptible, semblent en quelque sorte soumises à leur nature; du moins, les voit-on beaucoup moins étendues et moins considérables chez les carnassiers que chez les herbivores. Cette circonstance ne paraît pas cependant avoir de l'influence sur les variétés des végétaux; ceux-ci n'étant pas, comme les animaux, soumis à des conditions d'existence aussi nécessaires et aussi impérieuses. Cependant l'influence de l'homme n'est pas moins grande sur les uns que sur les autres. C'est elle, en effet, qui produit dans les deux règnes le maximum de variations dont les espèces sont susceptibles et qui modifient de la manière la plus profonde, les types de forme qui leur ont été imprimés.

Cette influence est tellement puissante sur les animaux, qu'à elle seule paraissent dues ces variétés du premier ordre, auxquelles on a donné le nom de races, et dont l'homme et les animaux domestiques nous donnent seuls des exemples. Ces variétés offrent même ce caractère, qui paraissait n'être propre qu'à l'espèce, de se perpétuer sous des formes à peu près constantes et différentes de leur type primitif, lorsque les circonstances qui les environnent, ne viennent point à changer. Mais ce qui prouve que ces variétés ne diffèrent point essentiellement de l'espèce à laquelle elles se rapportent, c'est qu'elles sont toutes susceptibles de produire avec elle, des individus féconds, et de revenir plus ou moins au type dont elles sont provenues.

On peut donc distinguer les variétés qu'éprouvent les espèces les mieux caractérisées en deux ordres principaux.

Celles du premier ordre, nommées races, quoique conservant toujours les traits distinctifs et essentiels des espèces auxquelles elles appartiennent, ont cependant acquis de nouveaux caractères, généralement assez différents de ceux de leur type.

Ainsi par exemple toutes les races humaines ont l'angle facial plus rapproché de l'angle droit, que les autres animaux. Les extrêmes des variations dans l'ouverture de cet angle, sont limitées entre 70° et 80°. Toutes offrent également leur tête placée plus ou moins verticalement sur leur tronc, d'où résulte leur station constamment bipède; elles seules ont de véritables mains, avec un pouce opposable à tous les doigts.

On sait cependant à quel point la forme de la tête varie chez les différentes races humaines, soit en raison des variations qu'éprouve l'angle facial, soit même en raison des divers modes de compression en usage chez plusieurs peuples. Cette compression fait souvent prendre une forme ellipsoïdale à cette partie, forme qui n'est pas non plus sans influence sur la station bipède; chez la race caucasique, surtout chez celle qui est la plus exempte de tout mélange, et qui s'est conservée la plus pure, la tête a acquis un maximum de sphéricité extrêmement favorable à la station bipède. Cette sphéricité est en effet liée à une plus grande ouverture de l'angle facial ainsi qu'à la position du trou occipital, par rapport à la tête.

Les premiers caractères, communs à toutes les races humaines sans exception, éprouvent cependant d'assez grandes variations. Ainsi celles dont l'angle facial est le plus aigu, ont aussi leur tête placée un peu obliquement sur leur tronc, disposition qui entraîne avec elle une foule d'autres différences dans l'ensemble de l'organisation, et, par exemple, dans la solidité de la station bipède. Cette particularité d'avoir l'angle facial plus aigu et le front par conséquent plus déprimé en arrière, a même une influence marquée sur les facultés morales et intellectuelles. On sait en effet, que chez ces dernières, ces facultés sont généralement moins développées que chez les races qui présentent un angle plus ouvert.

Enfin, ce qui n'est pas moins remarquable, la couleur de la peau semble en quelque sorte liée à cette disposition de l'angle facial; ainsi, on la voit s'éloigner de plus en plus de la teinte blanche, qui caractérise la race humaine la plus parfaite, à mesure que cet angle devient de plus en plus aigu.

Par suite des variations qu'éprouvent ces caractères principaux de l'espèce humaine, se sont produites ces grandes variétés qui constituent les races blanches et caucasiques, jaunes ou mongoliques, noires ou nègres.

Des modifications moins importantes, résultant, soit du mélange de ces diverses races, soit de toute autre circonstance, ont enfin produit des variétés dans ces races elles-mêmes. Elles ont ainsi constitué ces variétés du second ordre, qui se rattachent à celles du premier, d'une manière encore plus distincte que les races principales, à l'espèce fondamentale.

Pour suivre toujours l'exemple que nous avons proposé, les Lapons et les Finlandais se rattachent à la race blanche, comme les Kalmoucks et les Chinois à la race jaune, ainsi que les Cafres et les Hottentots à la race nègre. Il est enfin une variété du second ordre, qui paraît être dérivée du mélange des deux races principales, blanche et jaune; ce sont les Américains, auxquels M. de Humboldt a particulièrement assigné cette origine, et qui dès lors ne peuvent être considérés comme une race distincte, ou, en d'autres termes, comme une variété du premier ordre.

On peut donc remonter à l'origine des variétés du second ordre, et les différences qu'elles offrent avec l'espèce dont elles sont provenues, reposent sur des caractères moins importants et d'une moindre valeur. Aussi ces variétés beaucoup moins constantes, sont-elles plus nombreuses que celles du premier ordre; elles diffèrent même assez, dans certains cas, de l'espèce proprement dite, pour faire douter si elles en dépendent. Mais ce qui lève les doutes que l'on peut se former à cet égard, c'est que, quelque grandes que soient leurs différences, elles sont toutes susceptibles, ainsi que nous l'avons déjà fait observer, de perpétuer indéfiniment leur espèce. Un pareil pouvoir n'est nullement donné à l'association des espèces diverses, même à celles qui par leurs analogies, semblent les plus rapprochées.

En un mot, l'espèce est une sorte de type qui se perpétue et se propage par la génération, et autour duquel oscillent certaines variations, d'autant plus nombreuses que l'être chez lequel elles ont lieu, est plus capable de supporter, sans en être sensiblement incommodé, des changements extrêmes dans les circonstances extérieures. Voyons maintenant quelles sont les causes qui produisent

ces variétés, et, parmi ces causes, quelles sont celles
dont on peut apprécier l'action et mesurer les effets.

SECTION III.

DES CAUSES DES VARIATIONS DES ESPÈCES VIVANTES.

D'après ce que nous avons déjà fait observer, on a pu
juger que l'influence de l'homme est la plus puissante
sur les altérations des espèces, puisque cette cause est la
seule qui ait produit les variétés du premier ordre. Mais
cette influence s'exerce de bien des manières ; c'est aussi
sur ces diverses circonstances que nous fixerons d'abord
l'attention.

Nous examinerons, en premier lieu, quels effets produit le croisement des races sur la production des nouvelles variétés, ainsi que ceux qui résultent des modifications des climats ou du changement dans les milieux
ambiants, et enfin ceux de la nourriture.

Ces causes sont, dans les temps actuels, à peu près
toutes sous l'influence de l'homme qui distribue à son gré
la nourriture aux êtres vivants qu'il a soumis à son empire, et qu'il transporte avec lui dans les climats divers
où il a fixé son séjour, et change par cela même toutes
les circonstances qui les environnent.

Ces premiers points fixés, nous étudierons ensuite
l'action directe de l'homme sur les animaux domestiques,
action d'autant plus manifeste aujourd'hui qu'elle paraît
s'exercer depuis une époque fort reculée.

Cette influence reconnue, nous examinerons quels
sont les effets qui résultent de sa cessation. Nous chercherons ensuite à reconnaître si le temps ou les monstruosités qui semblent en quelque sorte être également

sous notre dépendance, ont exercé une action appréciable sur les variations de certaines espèces.

Tous ces points établis, nous verrons s'il existe réellement des races intermédiaires entre nos espèces vivantes
ou détruites; et dans le cas où il n'en existerait point,
nous demanderons comment les causes qui auraient fait
périr les dernières, auraient pu épargner nos espèces
actuelles qui en seraient les descendants.

Enfin, le dernier objet sur lequel nous porterons l'attention, sera de savoir si les espèces qui vivent aujour-
d'hui dans une contrée quelconque ont quelques rapports
ou quelques analogies avec celles que l'on y découvre à
l'état fossile et humatile; car il semble que si les premières sont les rejetons ou les descendants des secondes,
il devrait en être ainsi.

SECTION IV.

DE L'INFLUENCE DE L'ACCOUPLEMENT DE DEUX ESPÈCES DIFFÉRENTES D'ANIMAUX SUR LEURS VARIATIONS.

1° *De l'accouplement de deux espèces différentes de mammifères terrestres.*

Nous sommes parvenus, par suite de notre influence
sur les animaux, à faire accoupler plusieurs espèces
différentes. Ces accouplements qui n'ont jamais lieu dans
les espèces livrées à elles-mêmes, donnent souvent des
produits qui tiennent plus ou moins de la forme des
parents; quelquefois même ils tiennent le milieu entre
le père et la mère dont ils proviennent.

Probablement à raison de cette circonstance, on a
donné le nom de *métis* ou de *mulet*, à ces produits de

deux races différentes. On a plus spécialement réservé le nom d'*hybrides* aux résultats de la réunion de deux espèces différentes d'insectes ou de plantes.

Malgré toute notre influence sur les animaux et particulièrement sur les mammifères terrestres, nous ne pouvons obtenir des résultats de cette nature, que sous certaines conditions.

Il faut : 1° que ces espèces appartiennent à un même genre naturel ;

2° Qu'un des sexes au moins soit dans l'état de domesticité. Si la domesticité n'est pas une condition absolue, sans laquelle deux espèces différentes ne peuvent s'accoupler, il faut du moins qu'elles soient toutes les deux privées de leur liberté.

Ce qui n'est pas moins remarquable, ces produits, dernier degré de l'influence de l'homme, sont presque généralement stériles ou inféconds. Lorsqu'ils sont aptes à la génération, ce qui est fort rare, les individus qu'ils procréent sont peu féconds, et leur race ne tarde pas à disparaître.

Ces métis sont donc loin de pouvoir perpétuer leur espèce, ne possédant pas cette faculté génératrice qui seule peut la faire durer. Aussi le liquide contenu dans les testicules des mulets n'offre, du moins dans nos climats, aucune trace de ces animalcules spermatiques, dont la présence semble indispensable pour que la fécondation puisse avoir lieu.

On ne voit pas non plus d'animalcules chez les animaux impubères, ainsi que chez les vieux animaux, quoique sains et bien portants d'ailleurs.

Cette observation, due à MM. Prévost et Dumas, annonce que les métis ne sont point des êtres réguliers et parfaits, et qu'ils ne sont pas dans un état normal, puisqu'ils ne peuvent donner la vie qu'ils ont reçue.

Le mulet, que les anciens ont connu et qu'ils ont

nommé ἵππος ou *mulus*, produit de la réunion de l'âne et
de la jument, a été de tout temps stérile et infécond
comme aujourd'hui. C'est aussi sans fondement que l'on a
prétendu que la mule et le mulet pouvaient être féconds
dans les pays chauds, comme l'est et le sud de l'Espagne.
Il est du moins certain que les habitants de ces contrées
ignorent tout à fait ce pouvoir générateur, attribué probablement gratuitement à leurs mules, ainsi qu'à leurs
mulets.

Le mot de *mulet* dont nous venons de nous servir, ne
s'applique ici qu'au résultat de l'accouplement de l'âne
et de la jument. On lui a parfois donné un sens plus large
et plus étendu, en l'assimilant à ceux de *métis* et d'*hybrides*, que l'on applique aux animaux produits par la
réunion de deux espèces différentes dépendant d'un même
genre naturel.

La supposition de la fécondité de la mule et du mulet
a été probablement admise, d'après un passage de Varron
et de Columelle, qui attribue à la mule le pouvoir de
donner des produits dans les climats chauds, et de porter
douze mois comme la jument. Ces deux écrivains paraîs-
sent avoir eu cette opinion, d'après le dire de Magon,
agronome carthaginois, qu'ils citent, et qui prétendait
que la fécondité de la mule, regardée en Grèce et en
Italie comme un prodige, était en Afrique un événement
assez ordinaire. Nos expéditions en Afrique n'ont point
confirmé le dire de Magon, sur lequel est appuyée l'assertion des deux fameux agriculteurs de l'ancienne Rome.

Du moins, il paraît évident, en s'en tenant à l'assertion
même de Magon, que la mule ne donnait aucun produit
ni en Grèce ni en Italie. Dès lors, Varron et Columelle,
en adoptant l'opinion contraire, ne l'ont pas fait d'après
des observations qui leur fussent personnelles, en sorte
que l'on est réduit au dire de Magon que rien ne justifie.

Du reste, d'après Pline, les métis sortis d'une mule ne

produisaient plus quand on les accouplait ensemble,
ce qui revient à dire que ces métis ne pouvaient pas se
régénérer comme les espèces primitives qui leur auraient
donné naissance (1).

Si la mule et le mulet ne peuvent donner des produits féconds, il en est de même du bardeau, résultat
de la réunion de l'ânesse et du cheval, métis qui était
connu dès la plus haute antiquité. Les Grecs le désignaient sous le nom d'ἵννος, et les latins sous celui de
hinnus, de *ginnus* et d'*hinnulus*.

L'accouplement de la chèvre et du mouton donne
bien lieu à un métis, nommé par les anciens *musmo*;
mais ce métis est stérile comme celui fourni par la réunion de la brebis et du bouc, que les latins appelaient
titirus.

Quant à la vache et au bison, ces deux espèces produisent également des métis; les Anglo-Américains les
appellent *mals-breed* et *buffales*; mais, tout en partici-
pant de ces deux animaux, ils n'ont pas reçu d'eux la faculté de se reproduire. Ces métis sont donc stériles et
inféconds comme tous les autres.

Quant aux prétendus résultats de l'union du taureau
et de la jument, ou du cheval avec la vache, il paraît
qu'ils n'ont jamais existé. En effet, pour que l'accouplement de deux espèces différentes puisse avoir lieu et
produire d'autres individus, il faut qu'elles appartiennent à un même genre naturel. Or, le taureau et le cheval sont si loin d'être du même genre ou d'un genre analogue, qu'ils dépendent de deux ordres différents; par
conséquent, aucune union entre des êtres aussi dissemblables n'est possible; dès lors le jumar ou le prétendu
onotaurus des anciens, n'existe pas et n'a jamais existé.

Il est au contraire dans l'ordre des choses, d'obtenir

(1) Lib. VIII. 69.

18

des produits du chien et de la louve, ainsi que du loup
et de la chienne. C'est aussi ce que l'on a tenté et même
avec succès ; les anciens avaient donné le nom de *lycisca*
à cette race métisse. Cette race a une faculté générative
si peu développée, qu'elle paraît s'éteindre à la troisième ou au plus à la quatrième génération. On n'a guère
pu l'étendre au-delà, ce qui annonce que ces êtres forcés, produits irréguliers d'une génération contre nature,
ne sauraient se perpétuer d'une manière indéfinie et
donner lieu à des êtres nouveaux et constants.

Ainsi, il est bien démontré maintenant que le prétendu
mulet fécond d'Aristote, n'est autre que le dziggtai ou
l'hémione (*equus hemionus*. Pallas) des naturalistes modernes ; en sorte que, quoique toutes les espèces de cheval
puissent s'accoupler, il n'en résulte pas cependant des
individus féconds, ni propres à donner naissance à des
races intermédiaires.

Par exemple, on est parvenu de nos jours à obtenir
des résultats de l'union de l'âne et du zèbre, comme de
cette dernière espèce avec le cheval ; mais constamment
ces produits sont demeurés stériles et inféconds, comme
tous ceux qui ne sont point dans les lois de la nature.

Il y a plus encore : il paraît en être souvent de même
des métis qui proviennent de l'association de la même
espèce, mais dans deux états différents.

Tels sont ceux qui résultent de l'accouplement du sanglier et de la truie, genre d'accouplement, que particulièrement, les Romains se sont plu à opérer. Pline fait
même remarquer que les métis qui en provenaient, le
plus souvent stériles, étaient fort répandus à Rome, où
ils étaient connus sous le nom d'*ibris;* mais que, quant
aux individus féconds, ils n'avaient jamais donné
long-temps des produits, lesquels différaient peu des
parents dont ils étaient provenus.

Il est des espèces différentes d'un même genre naturel,

qui résistent à toute notre influence pour en tirer des
métis; tels sont le lapin et le lièvre, animaux pourtant
extrêmement rapprochés l'un de l'autre. En effet, Buffon
n'a jamais pu obtenir le moindre résultat de l'union des
lapins avec des hases, pas plus que de celle des lièvres
avec les femelles des lapins (1).

D'un autre côté, certaines espèces à demi domestiques, telles, par exemple, que celles du chat, recher-
chent les races sauvages pour s'accoupler, à défaut d'autres. Ainsi, d'après Buffon, les femelles des chats domestiques quittent parfois les maisons dans le temps de la
chaleur, pour aller dans les bois chercher les espèces
sauvages. Elles reviennent ensuite dans leurs habitations, et leurs produits ressemblent plus ou moins aux
derniers; ce qui prouve que les uns et les autres constituent une seule et même espèce.

Voilà tout ce que l'homme a pu produire, en forçant
des espèces différentes de mammifères terrestres à se
réunir et à s'accoupler. Il a sans doute obtenu quelquefois des individus différents; mais ces individus n'ont
point été durables, et n'ont pu se perpétuer. Cette condition est pourtant nécessaire, pour pouvoir admettre
que les espèces peuvent passer les unes dans les autres.

Comment les anciennes espèces auraient-elles pu se
transformer en celles qui composent notre création actuelle, elles qui, antérieures à l'existence de l'homme,
n'ont nullement varié dans l'essence de leur type ? En

_____

(1) On vient tout récemment de faire accoupler un tigre et une lionne,
deux espèces d'un même genre naturel et tous deux également féroces ;
mais il reste maintenant à savoir si cet accouplement forcé, obtenu dans
la ménagerie de Londres, produira un métis quelconque. Nous croyons
pouvoir avancer que ce métis, si toutefois il en naît un, sera stérile et
infécond, quoique les deux espèces dont il sera provenu aient été toutes
deux privées de leur liberté. Ce fait n'en est pas moins très-remarquable.

effet, qui l'a modifié ce type, si ce n'est l'homme? n'est-
ce pas lui qui a transporté dans les climats les plus divers, les espèces dont il a su tirer parti; qui, à son gré,
leur a mesuré et distribué leur nourriture, et enfin, les
a forcées à se croiser de mille manières différentes, et a
même contraint des espèces de diverse nature à se réunir et à s'accoupler? N'est-ce pas à l'aide de tous ces
moyens, qui lui ont été successivement inspirés par ses
besoins et son industrie, que l'homme a obtenu des produits que les espèces livrées à elles-mêmes ne lui auraient jamais donnés, et des variétés presque dissemblables du type duquel elles sont provenues? L'on voudrait
cependant que des causes dont rien ne démontre l'influence, eussent produit dans les espèces des variations
assez grandes, pour les faire passer les unes dans les autres, lorsque l'homme lui-même, le grand moteur de
toutes ces variations, est impuissant pour en produire
de pareilles. Cela n'est ni possible, ni admissible.

2° *De l'accouplement de plusieurs espèces d'oiseaux, de reptiles et de poissons.*

Après avoir étudié les effets de notre influence sur les
mammifères terrestres, voyons ce qu'elle a produit sur
les oiseaux.

Plusieurs espèces d'oiseaux domestiques donnent des
métis analogues à ceux qui nous sont fournis par les
mammifères terrestres. Tel est le serin vert et celui des
Canaries; mais ces métis ne peuvent guère se procréer
que pendant deux ou trois générations au plus. Leur faculté de reproduction s'éteint au-delà de ce terme; ils
deviennent ensuite complètement stériles. Il en est de
même de l'association des linots, des bruants et du char-
donneret avec le serin.

Quant aux diverses espèces de faisan, elles sont sus-

ceptibles de se réunir, et particulièrement le faisan commun avec les faisans dorés et argentés de la Chine. Mais
par leur réunion, ces oiseaux donnent bien rarement
des individus féconds.

Il en est de même de l'union des diverses espèces de
canard, telle que celle du canard Miloui et de la Caro-
line, ainsi que du canard de nos basse-cours avec l'espèce musquée de la Barbarie.

On est également parvenu à accoupler notre oie domestique avec celle du Canada, et le résultat a été constamment des métis inféconds. Ainsi, en définitive, notre
influence n'a pas été plus puissante sur les oiseaux que
sur les mammifères : elle n'a pu, ni dans l'une ni dans
l'autre de ces classes, produire des êtres réguliers, possédant toutes les facultés propres aux individus qui se
trouvent dans l'état normal.

Notre influence a été moins grande encore, à ce qu'il
paraît, sur les reptiles et les poissons que sur les oiseaux.
Du moins, nous ne sommes point parvenus à produire
des métis chez les reptiles et les poissons, comme nous
en avons obtenu dans les autres classes des vertébrés.

Il est du reste assez probable que si nous n'avons pas
soumis les premiers à nos expériences, leur peu d'utilité
par rapport à nous, et leur nocuité en ont été les seules
causes.

Quant aux derniers, l'on sait à quel point les Romains
avaient poussé l'art des viviers, et combien était grande
la quantité de poissons qu'ils y nourrissaient.

Il est même une espèce de poisson, la murène, dont
le nombre était réellement prodigieux dans leurs viviers,
et l'on pourrait s'étonner qu'il n'en fût pas résulté quelque métis, si l'on ne savait pas à quel point l'organisation résiste à produire de pareilles transformations.

Les Romains élevaient, en effet, un grand nombre de
poissons depuis l'invention des viviers, faite à ce qu'il

paraît, par Lucinius Muréna. Après lui, le gourmet et
somptueux Hortensius eut des viviers d'eau salée, dans
lesquels il nourrissait des soles, des dorades, des mer-
lans, des murènes et divers coquillages de mer. Il en
avait d'autres destinés aux poissons d'eau douce, où il
entretenait des truites, des saumons, des carpes, des
brochets et d'autres espèces qui ont le même genre d'habitation. Le luxe était porté dans ce genre, à tel point,
que César ayant voulu donner un festin au peuple Ro-
main, s'adressa à Irius pour avoir des murènes; ce dernier lui en céda six mille, suivant Pline, et deux mille
seulement, s'il faut en croire plutôt Varron.

Il résulte donc des faits précédents, que malgré toute
notre influence sur les animaux vertébrés, le mélange
des espèces différentes est lui-même soumis à certaines
conditions; car les animaux sauvages d'espèces différentes ne s'accouplent pas entre eux.

Tous les progrès qu'a faits parmi nous l'art de la domestication, nous ont fait franchir les obstacles qui s'opposent à la réunion des espèces différentes, mais notre
influence a été totalement impuissante sur celle des genres même les plus voisins. Nous sommes seulement parvenus à ne plus être obligés de tromper la nature, pour
en obtenir des accouplements hétérogènes. Plus heureux ou plus habiles sous ce rapport que les anciens,
nous accouplons maintenant les différents sexes des ânes
et des chevaux, sans avoir besoin d'avoir recours au
moindre artifice; mais voilà tout ce que nous avons obtenu.

SECTION III.

DE L'ACCOUPLEMENT DE PLUSIEURS ESPÈCES D'INSECTES.

3° Des effets de l'accouplement de plusieurs espèces d'ani-
maux invertébrés.

Voyons maintenant si les effets de notre influence ont
été plus prononcés sur les animaux invertébrés et sur
les végétaux.

On n'a guère admis des mulets ou des hybrides chez
les animaux invertébrés, que parmi les insectes. Ainsi,
on a supposé que chez eux il se produisait des accouplements entre plusieurs espèces différentes, accouplements que l'on a nommés adultérins. Il existe à cet
égard la plus grande incertitude; car non seulement on
n'en a point étudié les résultats, mais l'on ne s'est pas
même assuré que ces réunions eussent réellement lieu
entre des espèces différentes. D'ailleurs, on remarque
souvent une grande dissimilitude entre le mâle et la femelle, dans les genres où l'on a supposé que de pareils
accouplements avaient lieu; comment dès lors être certain que chez les coccinelles, les mâles s'unissent réellement avec des femelles d'espèces différentes, puisque
dans ce genre, ainsi que chez les carabes, les punaises,
les ichneumons, les fourmis, les tenthrèdes, et chez certains lépidoptères, les deux sexes sont loin d'être semblables. Aussi paraît-il que si l'on a admis des hybrides
chez les insectes, cela tient d'une part à ce que l'on a
regardé comme des individus d'espèces différentes, des
insectes qui ne différaient que par le sexe, ou parce que
dans ces animaux articulés, certaines espèces ont d'assez

nombreuses analogies ou même une ressemblance marquée avec plusieurs autres espèces voisines.

Il y a d'autant plus de raison de le penser, que les insectes inscrits dans nos catalogues comme appartenant à des espèces différentes, n'y figurent que parce que les entomologistes se sont tenus, pour les établir, à des caractères très-variables et très peu tranchés. Dès lors, lorsque nous sommes témoins de l'accouplement de deux de ces prétendues espèces, ne devrions-nous pas les considérer comme identiques puisque nous savons que la génération est le type de l'espèce.

Sommes-nous donc en droit de conclure que de ces accouplements, peut-être très-faussement nommés adultérins, résultent de véritables hybrides ; c'est ce qu'il paraît difficile d'admettre d'après les faits que nous venons de rapporter.

4° *Du croisement de plusieurs espèces de végétaux et des hybrides.*

Quant à nos connaissances sur les hybrides des végétaux, elles sont un peu plus avancées. D'après les botanistes les plus célèbres, l'hybridité serait l'acte de croisement par lequel une espèce de plante fécondée par une autre, donnerait pour résultat des individus intermédiaires. Cette hybridité, ou pour mieux dire l'accouplement de deux végétaux d'espèces différentes, ne peut avoir lieu que sous certaines conditions. Ainsi, les plantes qui appartiennent à des familles distinctes ne peuvent se croiser, et l'on ne voit jamais d'hybrides entre des plantes très-éloignées dans l'ordre naturel. De même, l'hybridité n'a guère lieu qu'entre des plantes cultivées ; elle est du moins fort rare dans les plantes sauvages, ou d'ailleurs purement accidentelle ; l'hybridité est subordonnée à un concours de circonstances qui se reproduisent peu souvent.

Les hybrides ont lieu du reste entre des espèces différentes de végétaux de la même famille et appartenant à
des genres très-rapprochés. Ces hybrides ont lieu naturellement ou artificiellement. Les uns et les autres sont
rarement fertiles et féconds, mais aucun d'entre eux ne
peut se perpétuer d'une manière indéfinie, comme les
espèces naturelles.

Ainsi par exemple, les hybrides naturels ne sont guère
connus qu'entre les digitales, les *verbascum* et les gentianes; mais on ne les voit jamais se perpétuer. Dans les
végétaux cultivés, le croisement des races produit
souvent des résultats singuliers; quoique ces résultats
n'aient que des rapports fort éloignés avec la question
qui nous occupe, nous ne pouvons nous dispenser de les
consigner ici.

Le même oranger et le même poirier donnent souvent des graines qui, quoique portées par le même
arbre, produisent des variétés différentes. Ainsi des
graines du premier, sortent des sauvageons ou des oranges
du Portugal ou d'autres à fruit doux. De même les pepins
du même arbre donnent à la fois des poires de bon-chré-
tien, ou à cuisse-madame, ou enfin la bergamotte. Ces
variétés offrent des formes si différentes, qu'on les
prendrait facilement pour autant d'espèces particulières.
si les faits que nous venons de rapporter n'annonçaient
le contraire. En un mot, l'hybridité consiste dans cette
particularité que présentent certaines espèces végétales
de donner, lorsqu'elles sont fécondées par d'autres espèces, des individus tout à fait intermédiaires, et qui
participent plus ou moins aux caractères des unes et des
autres.

Dans les végétaux cultivés, le croisement des races est
la cause la plus fréquente des variétés qu'ils présentent;
aussi les espèces solitaires offrent-elles rarement des
variations par la culture. Par exemple, le seigle et la

tubéreuse n'ont que peu ou point de variétés, et contras-
tent ainsi avec le grand nombre de celles que présentent
certains genres analogues, tels que le froment ou le nar-
cisse, genres qui sont composés de plusieurs espèces
différentes.

Mais la question qu'il nous importe de discuter, c'est
celle de savoir si les hybrides des végétaux sont féconds
et peuvent se perpétuer indéfiniment, comme les espèces
dont ils tirent leur origine. Nous ne pourrons pas en
trouver la solution dans les observations que nous devons
à Linné et à son élève J. Hartmann, car elles sont plutôt
appuyées sur des hypothèses que sur des faits précis
et positifs. Heureusement qu'il n'en est pas de même
des recherches faites par Kohlreuter, lesquelles sont
toutes basées sur des expériences suivies avec autant de
sagacité que d'adresse (1).

D'après cet excellent observateur, la stérilité serait le
caractère le plus essentiel et le plus constant de l'hybridité. Les curieuses observations de M. Auguste de St-
Hilaire, conduisent également aux mêmes résultats (2).
Il en est de même de celles de MM. Lindley et Guillemin (3).
En effet, d'après le premier de ces botanistes, les hybrides
peuvent bien avoir quelquefois des graines fertiles, mais
au bout de la troisième génération, elles sont toujours
improductives. Le caractère de l'hybridité ne résiderait
donc pas comme l'avait admis Kohlreuter, dans la stérilité
absolue des graines, mais bien dans l'impossibilité de
perpétuer indéfiniment l'espèce au moyen de ces graines.

---

(1) Actes de l'Académie de Saint-Pétersbourg, année 1775. Journal
de physique, tom. XXI, pag. 285, et tom. XXIII, pag. 100.

(2) Mémoires de la société d'histoire naturelle de Paris, tom. I, p. 375.

(3) Transaction of the Horticult. Socy, of London, tom. V, p. 557.

Mémoire sur l'hybridité des gentianes alpines. Société d'Histoire naturelle de Paris, tom. I, p. 79.

Il en serait donc des hybrides des végétaux comme des mulets des animaux; les uns et les autres donnent bien lieu à des produits nouveaux, mais ces produits lorsqu'ils peuvent procréer, ne le peuvent indéfiniment, de manière à se perpétuer avec la même constance que les souches dont ils sont provenus.

Les observations de Georges Gallesio, consignées dans son traité du citronnier, confirment également ces faits. D'après cet habile agronome, la graine destinée à perpétuer l'espèce végétale serait la source des principales variétés, mais elle ne sortirait jamais de l'espèce. Ainsi, par exemple, des fruits monstrueux ne reproduisent que des fruits ordinaires, ce qui indique que ces derniers n'en sont qu'une variété, et que la variété retourne au type par la semence (1).

D'un autre côté, en semant pendant plusieurs années des graines d'oranger de la Chine, M. Gallesio a toujours obtenu des orangers à fruits doux. Une partie de ces arbres portait des oranges à écorce épaisse et raboteuse, tandis que d'autres, au contraire, offraient une écorce plus fine que ceux qui lui avaient fourni les semences. De même dans des semis d'oranges ordinaires, à écorce épaisse et raboteuse, il en est sorti plusieurs fois des arbres à fruit fin, et un pied dont les fruits très-ordinaires ont porté peu de pepins, et dont les feuilles étaient roulées comme coquillées. Ainsi les mêmes semences ont donné lieu à des variétés très différentes.

Il en a été également du pêcher. Les semences de plusieurs pêches récoltées sur le même arbre, ont donné des variétés dont les unes étaient caractérisées par des fruits ordinaires et dont les autres portaient au contraire des fruits à péricarpe, plus beaux que ceux de la plante mère. Mais jamais les semences de pêches n'ont donné

(1) Traité du citrus, par Georges Gallesio. Paris, 1811.

des paviers, pas plus que celles des paviers, des pêchers.
Les mêmes expériences, tentées sur des amandiers, ont
donné constamment de pareils résultats. Les semis
d'amande douce ont produit des amandiers à fruits doux,
qui, quoique variant beaucoup dans les accidents de la
coque, n'ont jamais fourni un seul individu à amande
amère.

Quelque grandes que soient les variétés que fournissent
les semences d'une même espèce cultivée, on ne voit
jamais qu'elles puissent aller jusqu'à produire une espèce
nouvelle ou différente de celle dont elle est provenue. Il
en est encore de même des moyens artificiels que nous
donne la greffe. Ainsi, par exemple, lorsqu'on ente sur
un sauvageon, un individu d'une même espèce cultivée,
le premier finit par disparaître tout à fait, en sorte qu'il
ne reste plus que l'arbre utile. Si au contraire on ente
sur un sauvageon, un individu d'une autre espèce, et si
l'on n'a pas eu le soin d'enter toutes les mères branches,
alors le sauvageon continue toujours. D'un autre côté,
l'espèce qui lui a été ajoutée, prospère et donne ses
fruits. En un mot, tous les efforts de l'homme ont été
impuissants pour faire passer les espèces les unes dans
les autres, comme pour en produire de nouvelles.

SECTION IV.

DE L'INFLUENCE DES MILIEUX AMBIANTS OU DES AGENTS ATMOSPHÉRIQUES, SUR LES VARIATIONS DES ESPÈCES.

Nous allons maintenant examiner l'influence des milieux ambiants sur les variations des espèces. En étudiant, en premier lieu, l'action de ceux qui ont favorisé le
développement des êtres vivants, nous verrons qu'on a

beaucoup trop exagéré les effets de leur influence, ce
que confirmera plus tard l'étude des causes dont les effets
ont été moins directs sur ce même développement. Parmi
les circonstances dont l'influence a dû être la plus prononcée sur les êtres organisés, et particulièrement sur les
végétaux, l'on peut citer la composition de l'atmosphère,
son état hygrométrique, en même temps que sa température, et la quantité de lumière qui la traversait.

Sans doute, nous ne pouvons savoir ce qu'était l'atmosphère dans les temps géologiques ; dès lors, nous ne
saurions reconnaître si les êtres de cette période ont pu
produire les nôtres. Tout ce qui nous est permis à cet
égard, est d'en juger par analogie. Nous allons donc
nous appuyer sur des analogies, pour asseoir quelques
conjectures sur des temps qui n'ont jamais eu aucun
homme pour témoin.

On peut d'abord observer que les principaux agents
physiques, tels que la chaleur, la lumière, l'air atmosphérique, tiennent plus ou moins la vie sous leur dépendance. Ils favorisent du moins le développement des
formes sous lesquelles elle se manifeste, et contribuent
singulièrement à en continuer l'exercice. Mais là se borne
toute leur influence ; car l'on ne peut pas admettre que
puisque les formes des êtres vivants diffèrent en raison
de la latitude, de l'élévation et de l'exposition d'un lieu quelconque, ces formes puissent, par une plus grande énergie
dans l'action de ces agents physiques, s'altérer au point
de se transformer les unes dans les autres, et de faire
passer une espèce dans une autre totalement différente.
On voit bien, par exemple, que par suite des stimulus
extérieurs, on peut provoquer chez les végétaux les
mouvements les plus rapides, analogues à ceux que
produit chez un animal la contraction d'un muscle ; tels
sont ceux si connus des étamines de l'épine-vinette, des
feuilles de la sensitive, de l'*Hedyssurum girans* et de la

286 ESSAI

Donæa muscipula. Mais toute la puissance de ces agents ne va point jusqu'à faire varier la forme ou la disposition d'un seul organe de ces végétaux.

Il n'est donc pas exact de prétendre que tout dans la nature n'est que variété, et de plus variété dans une mobilité continuelle. S'il est, au contraire, une vérité démontrée par l'observation des phénomènes de la nature, c'est que l'ordre et la régularité règnent maintenant comme ils ont toujours régné dans l'univers, et que l'état actuel des choses ne varie pas, ou du moins se maintient dans des limites extrêmement étroites.

La première période pendant laquelle le globe a nourri des êtres vivants, se distingue par la prédominance des végétaux; peu d'animaux existaient encore, et point ou presque point de ceux dont les espèces vivent sur les terres sèches et découvertes. Ces végétaux paraissent avoir vécu sur un sol presque sans terreau, à en juger du moins par son absence totale dans les couches où l'on en découvre les débris. Cependant leur vigueur devait être extrême, et la beauté de cette antique végétation est assez signalée par les immenses dépôts de houille qu'elle a laissés.

Or, d'après ces circonstances, l'on peut, avec M. Adolphe Brongniart, présumer que l'atmosphère dans laquelle ces végétaux ont ainsi prospéré, contenait une plus grande quantité d'acide carbonique que l'atmosphère actuelle. On pourrait ainsi concevoir l'immense quantité de charbon que ces végétaux nous ont laissée pour résidu, et se rendre raison de l'absence de tout mammifère terrestre à cette même époque. Cet excès d'acide carbonique dans l'air pourrait peut-être expliquer l'étonnant développement de ces premiers végétaux, d'autant plus remarquable qu'il paraît avoir eu lieu sans la présence d'un sol meuble ou de terreau. Aussi, dès que les proportions de cet agent puissant dans la végétation, paraissent avoir été en diminuant, on voit les premières plantes disparaître entièrement, et à celles-ci en succéder de nouvelles. En effet, peu à peu, au lieu de l'excès des monocotylédons, les dicotylédons ont été dans un rapport à peu près semblable à celui qu'ils présentent aujourd'hui; en sorte que la végétation des plus anciennes époques géologiques, n'a presque plus rien de commun avec celle de la période la plus rapprochée des temps actuels.

Les mammifères terrestres ont paru également avec cette plus grande proportion des dicotylédons, et leur présence annonce que de grands changements avaient dû s'opérer dans la constitution de l'atmosphère. Or, si une plus grande quantité d'acide carbonique dans l'air, était nécessaire pour faire vivre ces végétaux qui nous ont laissé de si grandes masses de matière charbonneuse, cet excès aurait été d'un autre côté extrèmement nuisible aux animaux qui consomment beaucoup d'air, tels que les mammifères terrestres et les oiseaux; aussi la disparition de ces anciens végétaux, et l'apparition de ces animaux terrestres, prouvent que les changements dont nous venons de parler avaient eu lieu.

Cet excès d'acide carbonique était d'autant plus nécessaire aux premières plantes qui ont paru sur la surface du globe, que comme il y avait pour lors peu de terreau, elles devaient absorber beaucoup plus par les feuilles, et fixer ainsi une grande quantité de carbone tiré de l'air. Cette plus grande proportion d'acide carbonique ne pouvait que favoriser la végétation de cette époque; car il résulte des expériences de M. Théodore de Saussure, qu'une proportion de deux, trois, quatre, huit pour cent de ce gaz dans l'air, l'accélère et contribue singulièrement à son développement.

Mais comment cet excès de gaz acide carbonique a-t-il disparu de l'atmosphère? c'est une question à laquelle il

est sans doute bien difficile de répondre. Tout ce que l'on
peut dire a cet égard, c'est que depuis une époque si
reculée, la vie de tant d'immenses végétaux auxquels ont
succédé des reptiles d'une taille non moins gigantesque,
a fort bien pu réduire le gaz acide carbonique répandu
dans l'atmosphère, et augmenter l'épaisseur du terreau
propre à la végétation des plantes actuelles. Enfin, il se
pourrait que la formation des roches calcaires, qui a eu
lieu d'une manière si abondante après les dépôts houillers,
y eût également contribué.

Du reste, sous le rapport de l'influence qu'a exercée
cette plus grande quantité d'acide carbonique disséminée
dans l'atmosphère, elle paraît s'être bornée à donner un
caractère particulier à la végétation de l'époque à laquelle cet excès existait. Elle a fourni à ces végétaux les
moyens d'en absorber, de manière à laisser ces immenses
dépôts de matière combustible, qui se trouvent dans les
couches sédimentaires les plus anciennes. D'un autre
côté, cet excès a empêché les animaux à respiration
aérienne, tels que les insectes, les oiseaux, les mammifères terrestres et marins, de paraître sur la scène de
l'ancien monde. Mais là s'est bornée cette influence tout
à fait impuissante pour faire passer les espèces les unes
dans les autres; elle l'a été également pour opérer de
très-grands changements dans l'organisation des êtres
vivants.

Il en a été de même de la plus forte proportion d'eau
dans l'atmosphère, qui paraît avoir également existé aux
plus anciennes époques, où des êtres vivants ont apparu à
la surface du globe. Cette plus grande quantité de vapeur
vésiculaire, disséminée dans l'air, a seulement favorisé
le développement des plantes monocotylédones alors plus
abondantes, relativement aux autres végétaux, qu'actuellement; peut-être à ce seul fait, s'est bornée l'influence
de l'eau atmosphérique. Il se pourrait cependant, que

plus tard elle eût été favorable à la propagation des monstrueux et gigantesques reptiles qui ont accompagné ces plantes monocotylédones.

Quant à la température plus élevée dont jouissait le globe aux époques successives, qui ont vu paraître et périr tant de races dont nous ne retrouvons plus maintenant d'analogues, elle s'est également bornée à accélérer le développement des êtres vivants. Aussi les voyons-nous décroître (ainsi que nous l'avons fait remarquer dans notre Mémoire sur les causes de la plus grande taille des espèces fossiles et humatiles, comparées aux espèces vivantes) à mesure que cette température s'abaissait. Il serait possible que son action se fût combinée avec celle qui aurait dépendu de l'intensité de la lumière; car par suite de cette plus grande chaleur, la lumière devait avoir un plus grand éclat et une plus grande intensité. Quoique très-probablement la vapeur d'eau fût alors considérable qu'aujourd'hui, sa dispersion et sa dissolution étaient aussi plus complètes et plus absolues.

Voudrait-on enfin que la différence qui a existé entre la configuration du sol de notre planète et sa moindre élévation par rapport à la surface des eaux, eût produit des effets plus marqués sur les espèces vivantes que ceux dépendant de la température et de la lumière. Mais l'influence des deux premières causes peut très-bien s'apprécier par la comparaison avec les phénomènes actuels, puisque la surface de notre planète offre des inégalités comme aux époques géologiques, inégalités dont les effets doivent être encore plus sensibles et plus évidents, étant maintenant plus considérables.

Or voyons-nous que par suite du décroissement du calorique, de la diminution dans la pression barométrique, et de l'affaiblissement de la lumière qui en est le résultat nécessaire, les espèces passent les unes dans les autres? Non sans doute, car les êtres qui peuvent supporter les

19

plus grandes diminutions dans la chaleur, la lumière et la
pression barométrique, n'ont rien de commun avec les
espèces de nos plaines et celles qui vivent sur le rivage
des mers. Aussi tous les effets qui résultent de l'inégalité
dans l'élévation du sol, sont-ils comparables à ceux qui
dépendent d'un changement complet dans les climats;
car l'on sait que telle élévation du sol au dessus du
niveau des mers, produit un effet tout à fait analogue
à celui d'un changement dans la latitude. Ainsi telle
espèce qui se trouve en Laponie, au niveau du sol, ne
se rencontre dans nos régions tempérées, sans paraître
en éprouver la moindre modification, qu'à une assez
grande élévation au dessus du niveau des mers.

La solution du problème de la diversité des êtres, ne
peut donc pas être donnée par la diversité des milieux
ambiants sous lesquels ils ont vécu. Ce problème tient à
l'origine première de leur organisation qui, par suite de
des influences puissantes que l'on a fait réagir sur elle,
s'est modifiée jusqu'à un certain point, mais ne s'est
jamais transformée en une autre totalement différente.

En effet, si nous recherchons les causes qui ont produit tour à tour tant d'êtres différents, et qui n'ont rien
de commun les uns avec les autres, les plus puissantes
semblent avoir été les changements survenus dans les
conditions des milieux où ces êtres vivants se trouvaient
plongés. Ces conditions changeant avec la température
qui baissait progressivement, ont successivement déterminé la mort des uns et permis la vie des autres. Ainsi
s'explique l'anéantissement d'espèces entières et l'apparition de nouvelles espèces, qui n'avaient jamais existé.
Mais dans ces créations successives, on ne voit aucune
trace de ces transformations que l'on a supposé bien
gratuitement avoir eu lieu, ni le moindre vestige de
ces êtres intermédiaires qui auraient dû nécessairement
exister, si de pareils passages avaient jamais été possibles.

SECTION VI.

DE L'INFLUENCE DU CROISEMENT DES ESPÈCES ET DES RACES SUR
LES VARIÉTÉS.

Nous avons déjà fait observer que les espèces livrées
à elles-mêmes conservent à peu près l'uniformité de leur
type primitif. Elles ne varient donc que par l'effet de
notre influence ou par celui des circonstances extérieures,
auxquelles nous les soumettons.

Parmi ces circonstances il n'en est peut-être pas de plus
puissante que celle du croisement des espèces différentes.
Ce croisement fait naître, pour ainsi dire, sous nos yeux,
de nouveaux produits ou des métis féconds, lorsqu'ils
sont le résultat de l'association de deux races différentes
d'une même espèce, tandis qu'il en est le contraire de
celui qui a lieu entre deux races différentes.

Ainsi, par exemple, le nègre et le blanc donnent par
leur association, le mulâtre, qui produit à son tour des
individus dont la conformation se rapproche plus ou
moins de l'une ou de l'autre des deux races dont ils
proviennent.

On peut donc, par diverses combinaisons, ramener à
l'une des deux sources, les descendants provenus du
nègre et du blanc.

De même la réunion du dogue avec les épagneuls ou les
mâtins de petite taille, a produit une variété nouvelle
de chien, inconnue il y a quelques siècles, le carlin ou
mops. De même encore, les diverses races de chien, en
se croisant les unes avec les autres par suite de la simi
litude et de la conformité de leurs penchants, ont pro
duit ces variétés si nombreuses, qui se rattachent à une

seule espèce, puisque les plus disparates produisent
constamment des métis féconds (1).

Si ces variétés n'étaient pas plus le même animal que
le lion, le tigre, le jaguar, le léopard et le lynx, elles
devraient s'entre-déchirer comme ces derniers, au lieu de
s'accoupler et de produire des individus féconds. Mais
les diverses espèces du genre chat que nous venons de
citer, loin de suivre les exemples qui leur sont donnés
par les différentes races du genre chien, s'évitent, se
redoutent, comme des ennemis dangereux et redoutables.

De même en accouplant les deux espèces ou variétés
du chacal, que certains ont considéré comme la souche
de nos chiens domestiques, on ne peut pas en tirer des
produits qui rappellent nos chiens dont on a bien gratuitement supposé que les chacals étaient les pères. D'ailleurs
quoique ces deux animaux aient entre eux les plus grandes
analogies, même plus qu'il n'y en a entre le loup et le
chien, que le chacal vive en troupes comme ce dernier,
qu'il se creuse des terriers, qu'il chasse de concert, ce

_____

(1) Récemment on est parvenu, à Lyon, à obtenir un accouplement
entre un chien (variété du petit chien-loup) et une chacale, nommée
aussi *loup doré*, *chien doré* (*canis aureus*. Linné). On sait que cette
espèce établit en quelque sorte le passage de la section du genre chien
à celle qui est nommée renard. Il est résulté de cet accouplement trois
petits qui ressemblent à de jeunes chiens.

Ces jeunes animaux étaient très-vifs, avec un regard faux et un museau pointu. Leur cri approchait de celui de leur mère; ils badinaient
comme de jeunes chiens, quoiqu'ils fussent fort redoutés des autres
chiens. Le seul qui ait vécu avale des poulets tout entiers quand ils
ne sont pas trop gros. Les sourcils de ce métis sont proéminents, et
ses yeux dénotent la méfiance et la férocité; mais vivra-t-il, et, en supposant qu'il ne meure pas comme ses autres frères, pourra-t-il se perpétuer? C'est ce que l'on ignore encore.

qui ne paraît être le caractère d'aucune autre espèce
sauvage du genre chien, un trait décisif les sépare et les
distingue. Ce trait est relatif à la résistance à toutes les
épreuves que l'on a tentées pour réduire le chacal en domesticité ; tandis que l'on sait avec quelle docilité le chien
a assoupli ses habitudes aux nouveaux penchants que
nous avons voulu lui donner.

Le croisement des espèces différentes n'est donc pas
toujours possible, même entre celles qui appartiennent
à un même genre et que l'on a privées de la liberté. L'on
a pu juger enfin combien les effets de ce croisement sont
bornés chez celles qui s'y soumettent, et l'on voit que loin
de donner lieu à des transformations successives, leurs
produits sont au contraire généralement stériles.

Il est également d'autres circonstances qui ne paraissent
pas être sans influence sur le croisement des espèces
différentes. Il en est une, par exemple, dont nous avons
déjà dit quelques mots, qui semble en exercer une assez
sensible sur la nature des produits qui en sont les résultats.
Ainsi, lorsqu'on accouple une race sauvage avec une
race domestique appartenant à une espèce différente,
c'est toujours la première qui non seulement domine
dans le métis, mais même qui y porte le cachet et le caractère de son sexe. Les mulets qui résultent de l'union
de l'onagre et de la jument, tiennent plutôt du premier
que du second de ces animaux. Ils sont difficiles à dompter, forts et vigoureux, quoiqu'ils restent maigres comme
leur père. D'après Columelle, l'étalon de cette espèce
perdait déjà, dès la seconde génération, les habitudes d'indépendance de l'onagre, et était, d'après ces nouvelles
dispositions, beaucoup plus utile que dans la première.
Mais lorsqu'on donne pour étalon à une jument, le produit d'une ânesse et d'un âne provenu d'un onagre, le
naturel s'adoucit par degrés, quoique ce nouveau métis
ait encore une vigueur propre à la race sauvage.

Le produit de cette union réunit d'ailleurs la beauté
des formes et la douceur du père, au courage et à la
vitesse de son aïeul, quoique, s'il faut en croire Pétrone,
l'onagre doive être préféré à l'âne pour la production des
mulets.

D'autres faits prouvent également l'influence qu'exerce
le mâle dans la génération; ainsi l'on cite l'exemple
d'un couagga qui fut accouplé en Angleterre, avec une
jument sortie d'un étalon arabe, mais au sixième degré.
Cette jument produisit d'abord un métis presque entièrement semblable à son père. La même jument fut ensuite
unie deux fois, dans l'espace de trois ans, avec un cheval
anglais. Elle donna encore un métis plus rapproché du
couagga son premier mari; enfin la dernière fois, quoique
le couagga en eût été séparé depuis le premier accouplement, le produit fut si ressemblant à cette espèce, qu'on
ne pouvait l'en distinguer.

Il y a d'autant moins de doute à cet égard, que ces
métis ont tous vécu à Londres, où les faits ont paru si
curieux, que l'on y a fait faire les portraits de ces divers
hybrides.

En se fondant sur ces faits et sur d'autres analogues,
M. Giron de Buzareingues est même parvenu à produire
tel ou tel sexe à volonté, dans certains de nos animaux
domestiques, et particulièrement chez les moutons. Ainsi
pour avoir des mâles, il les associe à des femelles peu
vigoureuses et mal nourries, tandis qu'il donne aux premiers une nourriture abondante, Lorsqu'il veut avoir des
femelles, il fait tout le contraire; c'est-à-dire, qu'à des
mâles peu vigoureux, il donne des femelles grasses et
bien portantes.

Sans doute, c'est là le maximum de l'influence de
l'homme sur les animaux; cette influence annonce assez
combien le croisement des races doit être puissant sur
les variations dont les espèces sont susceptibles.

En effet, il résulte de l'ensemble des observations récentes, deux faits importants :

1° L'influence du mâle prédomine dans la génération
chez les races primitives et surtout chez les animaux
domestiques. Ceci est principalement sensible dans l'espèce
humaine; ainsi dans toute l'Europe, où il n'y a qu'une seule
race, il naît généralement plus de garçons que de filles,
par l'effet de l'influence du mâle dans l'acte de la reproduction.

2° D'un autre côté, il en est le contraire chez les métis,
où la femelle influe davantage. Par exemple le mulâtre,
métis produit par deux races différentes, tient plus de
la mère que du père ; il paraît en être de même chez les
autres métis humains.

SECTION VII.

DE L'INFLUENCE DU CLIMAT ET DE LA NOURRITURE SUR LES VARIATIONS DES ESPÈCES.

Nous avons déjà fait observer que les différences qui
constituent les espèces dépendent de circonstances déterminées. Dès lors, l'étendue et la diversité des variétés
doivent nécessairement augmenter avec l'intensité de ces
circonstances. Mais cette augmentation n'est point infinie,
malgré l'influence puissante des circonstances extérieures;
elle est au contraire limitée et restreinte dans des bornes
d'autant plus étroites, que l'organisation y résiste davantage, ou, en d'autres termes, que l'espèce est moins
susceptible de domestication.

L'influence du climat et de la nourriture que nous
nous proposons d'étudier, ne paraît guère être sensible
que sur les caractères les moins importants et les plus

superficiels. Ceux-ci sont en effet à peu près les seuls qui éprouvent le plus de variations.

La couleur de la peau comme celle des poils, tient beaucoup à l'intensité et à l'éclat de la lumière. Du moins l'on voit généralement cette couleur d'autant plus foncée et d'autant plus rembrunie, que la lumière est plus vive et plus ardente.

Aussi par suite de la teinte sombre et uniforme qui caractérise le ciel pendant l'hiver, certaines espèces prennent un nouveau pelage, souvent aussi uniforme que le ciel sous lequel elles vivent. Telle est l'hermine qui ne revêt sa fourrure blanche, que pendant la saison des frimats.

De même l'habitant des climats septentrionaux se distingue de celui des climats méridionaux par la blancheur de son teint et les nuances claires de ses cheveux. La couleur de la peau des nègres, ou celle des habitants du sol de l'Afrique, annonce au contraire combien est grande la vivacité de la lumière dans les contrées qu'ils habitent?

L'on voit également le pelage des mammifères, le plumage des oiseaux, les écailles des reptiles et des poissons des pays intertropicaux, briller des plus vives couleurs. Il en est de même des insectes et des autres animaux des classes inférieures. En effet, les coquilles, les méduses de la zône torride, ainsi que les autres zoophytes, montrent dans toutes leurs parties les plus belles nuances, tandis que celles des mers froides sont ordinairement ternes et décolorées. Il paraîtrait donc que généralement les téguments des animaux sont plus colorés, lorsqu'ils sont long-temps exposés à une vive lumière.

Il n'y a du moins qu'un bien petit nombre d'exceptions à cette loi remarquable. Ainsi les chrysochlores dont les couleurs métalliques sont assez brillantes, vivent cependant habituellement sous terre. D'un autre côté, quelques poissons, pêchés dans les profondeurs des mers où l'on a supposé qu'ils se tenaient constamment loin de la lumière, offrent également des teintes vives et assez tranchées. Mais, à part ces exceptions, l'influence de la lumière est manifeste sur les nuances de la peau comme sur celles du pelage.

Cette influence, étant en quelque sorte liée à celle de la température, s'étend peut-être aussi sur la taille des êtres vivants. Quoi qu'il en soit, leur taille et leur grandeur dépendent, à ce qu'il paraît, de la chaleur et de l'abondance de la nourriture. Outre ces deux circonstances, il en est une autre qui semble exercer à cet égard une bien grande influence, c'est celle de l'humidité.

Cette cause est surtout extrêmement sensible sur les végétaux ainsi que sur quelques animaux. On peut citer, à cet égard, particulièrement les reptiles et même certains mammifères terrestres tel que les pachydermes.

Du moins la beauté de l'ancienne végétation et l'extrême développement des premiers végétaux qui ont vécu à la surface de la terre, paraissent tenir à cette grande humidité, ainsi qu'à l'extrême chaleur qui régnait à la surface du globe dans les temps géologiques; car on ne peut guère l'attribuer à l'absence des mammifères terrestres, quoique cette absence puisse bien n'avoir pas été sans influence.

On doit peut-être attribuer à cette cause les nombreux reptiles qui ont paru aux premières époques géologiques. A ces animaux ont succédé plus tard un grand nombre de pachydermes terrestres, dont les analogues ne vivent plus aujourd'hui que dans les lieux les plus chauds et les plus humides.

D'un autre côté, la nourriture abondante que les mammifères terrestres de tous les ordres et de tous les genres trouvaient à la surface de la terre pendant la période quaternaire, a été probablement la cause de l'extrême

développement qu'ils ont acquis pendant cette période.
En effet, les dimensions des carnassiers de cette époque
géologique, telles que celles des anciens lions, des tigres,
des hyènes et de certaines espèces de chiens, étaient bien
autrement considérables que celles de leurs analogues
actuels. Il en était également des races carnivores, et particulièrement des ours, peut-être parce qu'ils trouvaient
dans les anciennes forêts de quoi assouvir leur extrême
voracité. Aussi ces ours avaient-ils acquis une taille égale
ou peut-être supérieure à celle de nos chevaux.

Les mêmes causes ont également agi sur les espèces
herbivores, dont la stature a été constamment plus
élevée aux époques géologiques que dans les temps actuels.
Pour s'en convaincre, il suffit de jeter les yeux sur les
anciens mastodontes, les éléphants, les rhinocéros, les
tapirs, les hippopotames, les sangliers, les bœufs, les
cerfs et les chevaux des temps géologiques.

Ces faits sont d'autant plus remarquables que, dans les
temps présents où le globe est parvenu à un état de
stabilité et d'équilibre, les variations qui dépendent uniquement de la chaleur, du climat, ou de la nourriture,
sont extrêmement restreintes. Elles le sont surtout chez
les animaux sauvages, qui s'écartent peu des lieux où
ils trouvent à remplir les conditions de leur existence.

Ces variations sont à peine sensibles chez les espèces
carnassières, qui se maintiennent constamment à l'état
sauvage, à l'exception pourtant du chien. Elles le sont
même, quelque grand que soit l'espace ou l'étendue
des contrées occupées par ces espèces. Ainsi le loup et le
renard qui s'étendent depuis la zône torride jusqu'à la
zône glaciale, n'éprouvent dans cet immense intervalle
qu'un peu plus ou un peu moins de beauté dans leurs
fourrures. Les squelettes de ces animaux, pris dans les
lieux les plus éloignés, n'offrent pas non plus la moindre
différence dans leurs caractères.

De même une crinière plus ou moins épaisse fait la seule différence qui existe entre l'hyène de Perse et l'hyène de Maroc. C'est également à des différences de ce genre, que se bornent celles que le climat fait éprouver au lion. Une plus grande ou une moindre épaisseur dans la crinière, avec une finesse ou une rudesse plus ou moins grande dans la fourrure, distingue le lion né sous le soleil brûlant de l'Afrique ou des Indes, des lions nés au pied du mont Atlas, dont la cime est quelquefois couverte de neige.

A la vérité, ces animaux ne paraissent pas avoir la hardiesse, ni la force, ni la férocité des lions du désert de Zahara, dont les plaines sont couvertes de sables brûlants.

Il en est encore de même des variations des espèces à demi domestiques. Ainsi, un peu plus ou un peu moins de beauté dans leur fourrure, ou de finesse dans leurs poils, distingue à peu près les diverses variétés du chat. On peut encore ajouter à ces différences celles qui tiennent au plus grand développement de certaines variétés.

Le chat d'Angora ne se distingue pas seulement par la finesse, la beauté et l'élégance de sa fourrure, mais encore par sa taille et sa corpulence. Du reste, ces différences sont à peu près les seules qui existent entre le chat domestique et le chat sauvage. Ce dernier ne se distingue, en effet, que par ses couleurs plus dures, la raideur de ses poils, et ses formes plus heurtées.

Les nuances de sa fourrure sont également plus uniformes et plus rembrunies, en sorte qu'en comparant le chat sauvage de nos forêts avec un chat chartreux, on reconnaît aisément qu'il n'existe d'autre différence entre ces deux variétés que celle qui résulte de la diversité de leur couleur et de leur taille relative.

L'épaisseur du poil tient donc principalement à l'influence de la lumière, tandis que sa finesse, son éclat

soyeux, dépendent au contraire d'une température peu
élevée. Ainsi, la plupart des animaux, couverts d'une
fourrure, l'ont composée de poils plus serrés et plus
raides dans les contrées les plus chaudes. Ces poils deviennent plus fins, plus doux, plus abondants et surtout
plus soyeux dans les climats du nord. Aussi tirons-nous
de ces climats ces belles fourrures de marte et de renard,
si recherchées pour se garantir contre les rigueurs de
l'hiver.

L'influence du climat et celles de la température et de
la lumière qui en dépendent, sont donc extrêmement
bornées sur les variations des espèces ; elles ne portent du
moins que sur les caractères les plus superficiels ou ceux
qui ont le moins d'importance. Par exemple, certaines
contrées paraissent plus favorables que d'autres au développement des plus belles variétés. La plupart des animaux de l'Inde, de la Perse, de la Syrie et de l'Espagne,
offrent, en effet, les plus belles qualités de laine ou de
fourrure, les plus beaux et les plus longs poils, les couleurs les plus agréables et les plus variées.

Le climat de ces contrées semble, en quelque sorte,
adoucir la nature et embellir la forme de tous les animaux. Pour en être convaincu, il suffit de se rappeler à
quel point sont favorisés, sous ce rapport, les chats et les
lapins d'Angora, les moutons d'Espagne, dont la laine si
fine est si recherchée pour la fabrication de nos plus
belles étoffes, ainsi que ceux d'Astrakhan. Pourrait-on
oublier les chèvres de Cachemire, dont les poils alongés,
fins et soyeux, sont d'un prix bien supérieur à ceux que
fournissent celles d'Astrakhan et d'Espagne.

Cette influence du climat et de la nourriture est également sensible sur d'autres espèces, mais toujours dans
des limites fort restreintes. Ainsi, les éléphants sont plus
grands dans telle forêt que dans telle autre. Leurs défenses sont également plus longues dans les lieux où la

nourriture est plus favorable à la formation de la matière éburnée. Il en est de même des cerfs, des rennes, des élans et de tous animaux à bois solides.

Leur grandeur et leur force, comme leur développement, sont soumis à l'influence de la nourriture ; mais c'est à ce point qu'elle est bornée. Aussi, dans celles de ces espèces les plus dissemblables, on n'observe pas la moindre différence dans le nombre, les articulations des os, ni dans la structure et la forme des dents.

D'ailleurs, les espèces herbivores sauvages sont plus restreintes dans leurs habitations que les races carnassières, qui, comme les premières, sont à l'état indépendant. Elles sont plus restreintes et plus bornées dans les lieux où elles sont fixées, parce qu'à l'espèce de la nourriture se joint l'influence de la température pour les arrêter. En effet, les éléphants, les hippopotames, les rhinocéros ne pourraient pas vivre dans les lieux où existent de grands carnassiers, tels que les tigres et les panthères, considérés long-temps comme propres aux contrées les plus chaudes de la terre. Ils ne pourraient pas vivre dans les lieux fréquentés par ces carnassiers, parce que la terre ne leur fournirait pas constamment ce qui est nécessaire à leur existence.

M. Geoffroy a également étudié les effets de l'humidité, de la chaleur, de la lumière et de la diversité des climats sur les végétaux. Quoique l'examen de l'influence de ces différentes causes lui ait prouvé qu'elles se bornaient à ne produire que de légères variétés, il a cependant conclu qu'en les supposant plus puissantes, elles auraient pu faire passer les espèces les unes dans les autres.

Voici, du reste, sur quelles observations cet illustre zoologiste a cru pouvoir appuyer son opinion. Il fait d'abord remarquer que la petite renoncule aquatique, selon qu'elle se trouve inondée ou à sec, présente des feuilles de forme différente. De même, les végétaux à

moitié inondés montrent des différences entre leurs
feuilles, selon que les unes se trouvent dans l'air et que
les autres croissent au contraire dans l'eau.

Enfin, il fait observer que les plantes aquatiques, dont
une partie flotte et dont l'autre est fixée au sol, présentent deux sortes de racines, chacune étant gouvernée par
son milieu.

Quant aux premières variations, celles qui portent sur
les feuilles, on sait à quel point ces parties, dans les
mêmes conditions et dans les mêmes milieux, éprouvent
de différences. Quelquefois elles se manifestent sur les
mêmes rameaux; aussi les feuilles ne fournissent que des
caractères peu importants, et qui n'ont de la valeur que
dans certaines espèces où ces parties sont plus fixes.

L'influence de l'eau sur le développement des racines
est sans doute très grande, mais elle est loin d'en
changer les formes, la disposition, et encore moins la
structure. Elle se borne à les rendre semblables à des
cônes très alongés, composés de fibres extrêmement
ténues, réunies en un faisceau compacte, que l'on désigne
vulgairement sous le nom de queue de renard.

Il en est de même de celles qui se trouvent dans les
terres humides; quoiqu'elles conservent leur forme ordinaire, elles sont cependant beaucoup plus fortes et plus
grosses que les racines qui vivent au contraire dans
des terres sèches; mais voilà tout ce que produit cette
influence.

Faut-il enfin s'étonner, avec M. Geoffroy St-Hilaire, que
la branche d'un arbre, introduite dans une serre chaude,
se couvre de feuilles et de fruits, pendant que le tronc et
les autres branches restent dans la torpeur. Qui ne voit,
dans ces faits, des conséquences toutes naturelles de l'action de la chaleur, qui ne peuvent avoir lieu que sur les
parties du végétal où elle exerce son influence.

Mais M. Geoffroy Saint-Hilaire aurait bien pu citer

d'autres faits pour prouver combien l'influence de la
chaleur est grande. Par exemple, ne la voit-on pas mo
difier et changer même quelquefois complétement l'épo
que à laquelle telle ou telle espèce se couvre d'une
brillante verdure, celle de la floraison, et faire varier
certains organes? Les poils et la bourre qui protégent
les bourgeons des arbres des pays froids contre l'abaissement de la température, disparaissent dans les contrées
méridionales, où ils seraient pour ainsi dire sans utilité.
Il en est de même de la fourrure et des poils des animaux,
qui sont toujours plus épais et plus nombreux dans les
pays froids que dans les pays chauds. Enfin, certaines
plantes des plages maritimes perdent leurs poils lorsqu'on
les transplante dans un terrain gras. Il en est également
des épines qui s'effacent ainsi par degrés.

On voit également la betterave commune prendre au
Brésil cinq styles ou stigmates; d'un autre côté, la belle
de nuit, qui est annuelle parmi nous, est au contraire
vivace au Pérou. Le réséda odorant, qui périt chaque
année en France et dans nos régions tempérées, est
vivace dans les sables de l'Égypte.

Voilà sur quels faits M. Geoffroy Saint-Hilaire croit
pouvoir s'appuyer pour admettre que les végétaux peuvent, par suite de changement dans les milieux ambiants,
passer les uns dans les autres. Nous avouerons franche-
ment qu'ils sont loin de prouver une pareille conséquence, si fort en opposition avec ce que nous apprend
l'ensemble des faits connus; car tout ce qu'ils annoncent,
c'est que l'influence de la température efface certains
caractères de peu d'importance, lorsque ces caractères
ou ces propriétés n'ont plus d'utilité dans les pays nouveaux où nous transportons les végétaux que nous vou-
lons acclimater.

SECTION VIII.

DE L'INFLUENCE DE L'HOMME SUR LES VARIATIONS DES ESPÈCES.

Parmi les causes que nous avons étudiées jusqu'à présent, il n'en est, pour ainsi dire, aucune qui ne soit plus ou moins soumise à l'influence de l'homme. Ainsi l'accouplement de deux espèces différentes n'a été produit que par cette influence. Il en est de même du croisement des races, croisement d'autant plus sous notre dépendance, que nous seuls avons produit ces races que plus tard nous avons mélangées.

Enfin les espèces livrées à elles-mêmes s'écartent peu des lieux où elles se sont établies; c'est aussi par l'effet de notre influence que certaines d'entre elles ont parcouru les climats les plus divers et ont reçu la nourriture la plus différente.

L'homme développe donc toutes les variations dont le type de chaque espèce est susceptible. Lui seul en tire des produits, que les espèces livrées à elles mêmes n'auraient jamais donnés. Ici le degré des variations est encore proportionnel à l'influence de leur cause qui est l'esclavage.

Il est même proportionnel au naturel des animaux; car parmi le nombre de ceux qu'il a soumis, et ce nombre est bien petit, il en est quelques uns, qui résistent à toute son influence et qui ne sont qu'à demi domestiques.

Tel est le chat, que l'homme n'a pas pu vaincre d'une manière complète, et qui présente aussi beaucoup moins de variations que les autres animaux domestiques. En effet, ainsi que nous l'avons déjà observé, des poils plus ou moins doux, des couleurs plus ou moins vives, une taille plus ou moins forte, voilà tout ce que cette espèce a éprouvé sous notre influence.

La domestication des animaux est donc relative à leur naturel, ainsi qu'au mode suivant lequel s'exerce notre influence. Cette influence, comme celle de toutes les causes qui tendent à modifier les animaux, reste dans des limites qu'il n'est pas possible à l'homme de dépasser. Cependant, elle s'est exercée depuis long-temps sur les espèces aujourd'hui domestiques; car elle paraît avoir précédé les temps historiques. Du moins les chevaux, les bœufs ensevelis dans les limons à ossements des cavernes, avec des hiènes, des lions, des éléphants et des rhinocéros d'espèces perdues, offrent des races distinctes et diverses qui n'ont pu être produites que par l'influence de l'homme. En effet, l'homme seul peut obtenir de pareils résultats; dès lors ces espèces ainsi modifiées, ont dû être contemporaines de son apparition, et, en même temps, leur domestication a dû être antérieure aux temps historiques. Toujours est-il certain que la domestication des espèces que l'homme a soumises à son empire, remonte aux époques les plus reculées de l'histoire.

Du moins, d'après la Genèse, en cela d'accord avec les plus anciens documents historiques, les premiers peuples furent des peuples pasteurs qui demeuraient sous des tentes et qui avaient des troupeaux. De même, toujours d'après l'écrivain sacré, Dieu fit alliance après le déluge avec Noé et tous les êtres vivants qui étaient sur la terre, dont la création a précédé celle de l'homme. Ce patriarche s'appliqua ensuite à labourer et à cultiver la terre, ce qui suppose l'idée déjà acquise de la domestication des bœufs, des chevaux et des autres bêtes de somme.

Aussi voyons-nous que, du temps d'Abraham, l'art de traire le lait et d'en obtenir du beurre était déjà connu, ce qui suppose la réduction à l'état domestique de la vache, de la brebis et de la chèvre.

Les monuments de l'ancienne Égypte nous annoncent que les animaux aujourd'hui domestiques avaient été soumis à notre empire dès les premiers temps historiques, surtout les chevaux. Ceux-ci sont en effet représentés en grand nombre sur les monuments de cette contrée, presque toujours accompagnés par l'homme qui les avaient domptés.

Il paraît du reste que le cheval et le bœuf nous avaient été soumis bien antérieurement aux temps historiques; car les débris que l'on en observe dans les dépôts quaternaires montrent des races distinctes et diverses. Les modifications que ces espèces ont éprouvées étant une conséquence nécessaire de notre influence, il s'ensuit qu'elles doivent avoir été produites avant la dispersion des limons dans lesquels elles sont ensevelies, et par conséquent avant les temps historiques.

Cependant, quoique la domestication de ces espèces remonte aux plus anciennes époques, et malgré le long espace de temps depuis lequel elle s'est exercée, ses effets sont restreints dans des limites qu'il ne nous a pas été possible de dépasser.

Nous voyons bien, à la vérité, chez les animaux soumis à notre influence, les qualités physiques et même les qualités morales et intellectuelles, transmissibles par la génération; mais ces qualités transmissibles par les animaux à leurs petits, pouvant aussi naître de circonstances fortuites, il ne nous est possible de les modifier ainsi que leur descendance ou leur race, que dans les limites entre lesquelles nous pouvons maîtriser les circonstances qui agissent sur eux.

Il suffit, pour s'en convaincre, de porter son attention sur l'animal dont nous avons fait le plus particulièrement la conquête. Le chien varie par l'effet de notre influence, relativement à son instinct, à son naturel et à son intrépidité. Il varie beaucoup également dans ses qualités physiques, et, par exemple, dans sa taille qui diffère comme un à cinq, dans les dimensions linéaires, ce qui fait plus du centuple de la masse.

Cette différence est bien plus grande que celle que l'homme présente dans les mêmes dimensions. En effet, les Lapons, les Esquimaux et les Boschismans n'ont guère moins de quatre pieds, et les Patagons n'arrivent jamais au-delà de six pieds. Ainsi, la plus grande diversité dans la taille de l'homme resterait dans le rapport d'un à un et demi; par conséquent elle serait de trois fois et demi moins considérable que dans le chien. Enfin, la masse du corps, comparée dans les diverses races, resterait, à très peu de chose près, dans les plus dissemblables :: 1 : 4 1/2.

Si nous comparons enfin les mêmes dimensions chez les nains et les géants, que nous ne saurions regarder comme dans l'état normal, nous trouverons encore que les extrêmes de leurs différences sont moindres que celles des races des chiens. Ainsi, la hauteur des plus petits nains est à celle des plus grands géants presque exactement :: 1 : 4; et en les supposant bien proportionnés, la masse du corps des premiers est à celle des seconds :: 1 : 64.

Les chiens varient en outre dans d'autres caractères; ainsi, la forme de leurs oreilles, de leur nez, de leur queue, ainsi que la hauteur relative de leurs jambes, éprouvent de nombreuses variations. Il en est de même de la couleur et de l'abondance de leurs poils qu'ils perdent quelquefois entièrement. Le développement progressif du cerveau, d'où résulte la forme même de leur tête, tantôt grêle, à museau effilé, à front plat; tantôt à museau court, à front bombé, éprouve aussi de grandes différences qui ne sont pas sans quelque effet sur l'instinct de ces animaux.

Aussi, par suite de ces variations, les différences appa

rentes d'un màtin et d'un doguin sont plus fortes que
celles que l'on reconnaît entre les espèces sauvages d'un
même genre naturel.

Enfin, certaines races de chiens offrent un doigt de
plus au pied de derrière avec les os du tarse correspon-
dants, à peu près comme dans l'espèce humaine nous
voyons des familles sexdigitaires. Ceci est le maximum
de variation connu jusqu'à ce jour dans le règne animal.
Du reste, il n'est pas étonnant que l'espèce que l'homme
a le plus particulièrement soumise, qu'il a entraînée
avec lui dans les climats les plus divers, en l'exposant
aux températures comme aux pressions les plus opposées,
présente ce *maximum* des différences possibles.

Mais dans toutes ces variations, les relations des os ne
changent nullement. Il en est de même de la forme des
dents. Il se développe tout au plus chez quelques chiens
une fausse molaire de plus, soit d'un côté, soit de l'autre.
Ainsi donc chez les animaux, certains caractères résistent
à toutes les influences, soit naturelles, soit humaines. Le
chien en est une preuve aussi bien que les autres espèces
de quadrupèdes qui ont éprouvé notre influence.

Buffon, en exagérant peut-être ses effets, ainsi que
ceux du climat, avait supposé que tous les chiens, à
quelque race qu'ils appartinssent, perdaient leur voix
dans les pays extrêmement chauds. Il avait de plus
avancé qu'ils ne conservaient leur ardeur, leur courage
et leur sagacité, que dans les pays tempérés.

Il paraît pourtant que les chiens domestiques en Europe, transportés sous l'équateur, y conservent leurs
facultés; ces facultés s'y exaltent souvent par l'influence
d'un climat nouveau. Les chiens de la Nouvelle-Hollande,
de la Nouvelle-Guinée et de Waigiou, contrées situées sous
l'équateur, qu'ils soient libres dans les forêts ou à demi
domestiques, sont également des plus intrépides et des
plus vigoureux. Leurs poils sont aussi fournis et leur voix

aussi forte, aussi fréquente que dans leurs congénères
sauvages du nord de l'Amérique et de l'Asie.

Enfin, certaines facultés intellectuelles de nos espèces
domestiques se transmettent par la génération. Ainsi,
par exemple, chez les races de chiens d'Espagne, chez
les braques et leurs métis, l'instinct d'arrêter le gibier,
instinct donné à l'animal à l'aide de la contrainte et des
châtiments, se perpétue par la génération. Il en est de
même de celle imposée aux chiens d'arrêt, de rapporter
le gibier. Cette race, nommée *pointers* en Angleterre, a
naturellement la faculté de rapporter la proie, et cette
faculté s'éteint par la génération.

Étudions maintenant les effets de l'influence de l'homme
sur les races herbivores. Nous les verrons encore plus
restreintes, et ne porter que sur des caractères plus superficiels et moins constants.

Une taille plus ou moins grande et plus ou moins svelte ;
des cornes qui varient pour leur forme, leur nombre et
leur longueur, ou qui manquent quelquefois entièrement ; une loupe de graisse plus ou moins forte sur les
épaules ; des poils plus ou moins doux, forment les principales différences que l'on remarque entre les races des
bœufs, des moutons et des chèvres.

Seulement ces différences se conservent long-temps
lorsqu'on empêche le croisement des animaux entre eux ;
elles constituent ces variétés principales auxquelles on
a donné le nom de races, à raison de leur constance et de
leur fixité.

Suivons, par exemple, ces variétés dans une espèce
dont la souche se montre encore d'une manière positive
à l'état sauvage. Ainsi, étudions nos chèvres qui, d'après
le dire de presque tous les observateurs, semblent provenir de l'égagre ou chèvre sauvage ; celle-ci paraît habiter le Caucase et la grande chaîne qui, après avoir
traversé la Perse et le Candahar, va joindre les monts

Himalayas. Du moins, d'après la figure de ses cornes, la forme de son crâne et celle de ses dents, l'égagre est évidemment la souche de nos chèvres domestiques dont les races, comme celles des bœufs et des moutons, ont été modifiées à l'infini.

Cependant, que de variétés ne sont pas provenues de cette souche unique! Ainsi, certaines de nos chèvres domestiques se distinguent singulièrement les unes des autres par l'alongement des oreilles latéralement pendantes, la réduction ou même la disparition des cornes, et quelquefois par le doublement de leur nombre, ce qui arrive aussi chez quelques races de moutons. D'autres, au contraire, se font remarquer par l'extrême développement de la bourre et des poils soyeux, ou le raccourcissement simultané du tronc et des jambes, ou des jambes seulement.

Par suite de ces différences, on a admis au moins sept races principales dans cette espèce; mais l'on sait que ce nombre est bien au dessous de la réalité. La chèvre ordinaire est celle qui diffère le moins de la race sauvage; les variations qu'elle éprouve tiennent aux couleurs de son pelage qui sont loin de présenter l'uniformité du type primitif. Les plus ordinaires sont le blanc ou le noir, nuances qui y sont uniformément répandues ou diversement mélangées. Elle varie encore dans la disposition de ses cornes, ainsi que dans les proportions relatives de ses membres.

Quant à la chèvre naine, elle se distingue des autres variétés par sa petite taille et la direction de ses cornes tournées en vis, comme dans celles des chèvres de Cachemire.

Les dernières se font remarquer par leurs poils soyeux rectilignes et non tordus en spirale ou en tire-bourre, comme dans celles d'Angora. Celles-ci offrent leurs cornes recourbées en bas, une laine douce, fine, tra-

versée par des poils soyeux dont nous venons d'indiquer
la conformation. Les chèvres de Napaul se distinguent
des autres espèces, par leurs cornes petites en spirale et
par des poils soyeux, tandis que celles de Mambrine ou
de Juda les ont repliées en arrière et en bas, et leurs
oreilles longues et pendantes. Enfin le doublement des
cornes caractérise les chèvres d'Islande.

Telles sont à peu près les seules variations que tous
nos efforts ont pu produire dans ce genre; ces variations
n'ont donc jamais lieu que dans des caractères du second
ordre. On n'en découvre du moins aucune trace dans
ceux qui ont une grande importance, comme la forme
des dents, ou la position et les relations des os entre eux.

Il en est de même des variations qui ont lieu chez le
mouton, cette espèce dont la domestication remonte
pourtant si haut. A la vérité, certains naturalistes ont
voulu réunir ces animaux aux chèvres, quoiqu'ils en
diffèrent autant par leurs habitudes que par la forme et
la disposition de leurs dents. En outre, les chèvres se
distinguent encore des moutons par leur chanfrein droit
ou concave, la direction de leurs cornes, d'abord en
haut et ensuite en arrière, ainsi que par la présence
d'une barbe sous le menton. Ces différences sont trop
grandes pour ne pas considérer les chèvres comme
d'un genre distinct de celui des moutons, et si notre
influence a été impuissante pour transformer les premiers dans les seconds, c'est une raison de plus, ce
semble, pour les séparer.

Plusieurs naturalistes, parmi lesquels l'on distingue
Pallas, Leske, Illiger, Blumenbach et Ranzani, ont réuni
les moutons et les chèvres dans un seul et même genre. Ils
l'ont tantôt désigné sous le nom de *capra*, et de ce nombre
sont Illiger et Blumenbach, tantôt au contraire, ils l'ont
nommé *ægionomus*, à l'exemple de Pallas et de Ranzani.
Mais leur exemple n'a été suivi par presque aucun des

naturalistes de notre nation, trop pénétrés des différences qui existent entre les chèvres et les moutons pour les réunir aussi dans un même groupe.

En effet, de même que l'on peut admettre que nos chèvres domestiques proviennent de l'égagre, le mouflon peut aussi être considéré comme le type duquel sont nés nos moutons. La douceur et la stupidité du premier font assez comprendre celles de nos moutons domestiques. Quant au mouflon connu des anciens, et désigné par les Grecs sous le nom d'*ophion*, il a été connu par Pline et Strabon, qui lui ont donné celui de *musmon*. Suivant le premier, cette espèce produisait, avec la brebis, des métis que l'on désignait à Rome sous le nom d'*umbri*, métis qui ont ainsi successivement produit toutes nos races domestiques. Or, ces métis ayant été constamment féconds, il s'ensuit, d'après le principe que nous avons posé en commençant, que le mouflon et nos moutons ne forment qu'une seule et même espèce.

Le mouflon se trouve encore, comme du temps de Pline, tout à fait à l'état sauvage dans les montagnes de l'Espagne et de la Corse, ainsi que dans celles de la Grèce et de la Sardaigne, et dans quelques autres lieux de l'Europe méridionale. On ne le distingue guère du mouton que par son pelage, d'un fauve brunâtre, tantôt plus clair, tantôt plus foncé, suivant que le nombre proportionnel des poils noirs vient à augmenter ou à diminuer. Enfin quoique ses poils soient rudes, plusieurs présentent une forme et une disposition analogues à la laine de nos moutons domestiques. Mais ce qui prouve l'identité des deux espèces, c'est que dans tous ces derniers la nature du pelage n'a point subi la modification qui l'a converti en poils laineux; et, en effet, certaines races ont conservé les caractères du type primitif ou du mouflon.

On peut réduire à sept les races principales des mou-

tons; car, s'il fallait indiquer toutes les variétés de cette
espèce, le nombre en serait extrèmement considérable.
Pour en être convaincu, il suffit de se rappeler que le
mouton ordinaire, une des sept races principales, en a
déjà produit en France six variétés bien distinctes et
bien caractérisées. Mais il nous suffit relativement à
l'objet qui nous occupe, de faire observer que ces variations, comme celles qui ont lieu chez les chèvres,
reposent toujours sur des caractères de peu de valeur et
d'une faible importance.

Ainsi, le mouton morwan est caractérisé par des poils
soyeux qui recouvrent les laineux, ainsi que par la
longueur de ses membres. L'espèce à large queue se
distingue par l'élargissement et l'extrème développement de cet organe; tandis que chez *l'ovis ecaudata*, le
prolongement caudal est tout à fait rudimentaire. Des
cornes alongées et en spirale signalent les moutons de
Valachie; chez les races d'Islande, ces cornes varient
tellement pour leur nombre, qu'il y en existe parfois
deux, trois, ou quatre, et quelquefois jusqu'à huit. Les
moutons anglais rapprochés des mérinos par la finesse de
leur laine, en diffèrent cependant par l'absence des
cornes, qui sont au contraire très-grosses et très-fortes
chez ces derniers, chez lesquels elles forment même une
spirale régulière sur les côtés de la tête. Enfin la dernière
race, celle du mouton ordinaire, est peut-être la moins
éloignée du type dont sont provenus tous nos moutons.
A la vérité, celle-ci se modifie tous les jours; et déjà,
ainsi que nous l'avons fait observer, il existe dans notre
patrie plus de six variétés principales, qui descendent
de cette race.

Le sanglier duquel sont dérivés nos cochons domestiques, paraît, à part l'âne et le cheval, le seul pachy-
derme qui ait éprouvé les effets de notre influence. Cette
influence s'est bornée à produire ces variétés qui diffèrent

de leur type primitif, par le peu de développement de leurs défenses et la soudure de leurs ongles, du moins dans certaines de leurs races. Cette soudure est peut-être, avec le développement d'une fausse molaire chez certaines tribus de chiens, l'extrême des différences que nous ayons obtenu dans nos animaux domestiques; c'est là le dernier terme des effets de notre influence.

Ainsi l'homme, malgré toute sa puissance, tout en transportant dans les climats les plus différents les animaux qu'il a soumis, n'a pu surmonter l'invincible persistance du type primitif des espèces. Il n'a pu changer aucune relation des os entre eux, ni la forme et la disposition d'une seule dent. Il y a plus ; tous les organes, malgré l'influence de la domesticité, restent les mêmes et demeurent comme immuables.

Ainsi, à travers les distances des lieux et des temps, après une domesticité de plusieurs milliers d'années, les chevaux redevenus sauvages et ceux qui n'ont pas cessé de l'être, offrent la même uniformité de mœurs et d'habitudes. Cependant, les diverses races de chevaux sauvages sont cantonnées aux deux extrémités de l'ancien continent ; et, comme celles qui redevenues libres et indépendantes se sont répandues dans les steppes et les savanes du nouveau monde, elles se font remarquer par l'uniformité de leur pelage et l'identité de leurs caractères. On ne saurait donc distinguer ces nouvelles tribus de leurs ancêtres d'Asie, tant les espèces reprennent promptement leurs formes et leur type primitif, du moment que la cause qui les avait fait varier vient à cesser. On pourrait enfin se demander, si réellement les races anciennes ont été les souches de nos espèces actuelles, comment il se fait que le nouveau continent ait été constamment privé du cheval dont les tribus sont si fort répandues dans l'ancien continent.

SECTION IX.

DE L'INFLUENCE DU RETOUR A L'ÉTAT SAUVAGE DES ESPÈCES DOMESTIQUES.

Nous venons de voir les effets de l'influence de l'homme sur les espèces, influence qui a produit les variétés nombreuses de nos races domestiques. Ces effets ont été d'autant plus prononcés, que le naturel des animaux s'y est plus complètement soumis, et que ceux dépendant du climat et de la nourriture sont venus s'y ajouter. Ainsi les variétés des différents animaux se sont développées sous l'action lente mais continue d'un système de résistances conditionnelles, dépendant du régime auquel elles ont été soumises. Ces résistances ont modifié celles qui dans l'état sauvage sont en quelque sorte les nécessités du type de l'organisation ou du *nisus formativus*. On sait que l'on entend par cette expression, les efforts ou la tendance de l'organisation pour se développer d'une seule et même manière.

Cette tendance fait parfois réapparaître des produits qui répètent exactement les formes des anciennes races; aussi par les effets de son influence, chaque espèce se perpétue et se conserve constamment dans les mêmes formes normales et constantes.

L'empire de l'homme altère pourtant cet ordre; il développe toutes les variations dont le type de chaque espèce est susceptible; mais son empire ne s'exerce que sur les caractères les plus superficiels, quoiqu'il soit très-grand sur le développement et l'extension de leur instinct.

Par suite de la longue servitude que l'homme a imposée

à nos animaux domestiques, il a développé en eux certains caractères. Ces caractères acquis par suite de notre
influence, bien différents de ceux qui dépendent de l'organisation, s'effacent bientôt et disparaissent même entièrement dès que les races domestiques retournent à la
vie indépendante ou à l'état sauvage. Il est donc curieux
de reconnaître les effets de ce retour sur les animaux ;
c'est aussi sur cet objet, que nous allons porter maintenant l'attention, après l'avoir primitivement dirigée sur
les résultats de notre influence sur les êtres vivants.

Le premier effet du retour des espèces à l'état sauvage,
est la disparition des caractères qu'elles avaient acquis.
Ce retour n'en développe pas cependant d'autres entièrement nouveaux et différents des premiers. Dès lors,
l'on ne peut pas plus méconnaître ces races redevenues
sauvages, que les animaux domestiques dont elles sont
provenues.

Cependant cette disparition s'opère parfois avec une
certaine lenteur, dans les races qui reprennent la vie
indépendante. Il paraît même que c'est bien moins
l'ancien animal sauvage, qui est exactement reproduit
par le passage de la vie domestique à la reprise de la
vie libre et indépendante, qu'un être mixte qui est définitivement établi. Des traces plus ou moins profondes de
la deuxième époque d'existence se perpétuent dans la
troisième, même lorsque les influences nouvelles devraient, ce semble, ne ramener que les premières.

En effet, les races qui retournent à l'état sauvage ont
passé successivement dans trois états différents, ou en
d'autres termes, ont eu trois époques d'existence.

Dans la première époque, elles avaient la pureté de
leur type primitif, puisqu'aucune influence étrangère
n'en avait troublé l'ordre ni la régularité. Dans la seconde
époque, l'animal passé à l'état domestique en subit tous
les effets, les modifications qui en sont le résultat, étant

nécessairement proportionnées à la durée de l'esclavage
ainsi qu'à son intensité. Les suites et les conséquences les
plus ordinairess de cet état font acquérir à l'être qui y
est soumis, des caractères nouveaux et un développement plus ou moins prononcé de son instinct. Enfin, dans
la troisième époque, ou celle du retour à la vie libre et
indépendante, ce n'est point l'animal sauvage qui est
reproduit, ce n'est pas non plus l'animal domestique,
mais un être mixte et intermédiaire entre ces deux
états, être définitivement établi, jusqu'à son retour à la
domesticité.

Ainsi, les seules allures naturelles des chevaux sont le
pas, le trop et le galop. Cependant nous sommes parvenus, par l'effet de l'éducation, à leur en donner d'autres ; telles sont l'amble, le pas un peu relevé et l'aubin.
Mais ce qu'il y a de remarquable, ces qualités acquises se
transmettent par la génération, tout comme la faculté
d'arrêter, chez le braque, l'épagneul et leurs métis (1).

En effet, les chevaux sauvages du nouveau monde,
descendants d'individus qui marchaient l'amble, ont transmis à leurs rejetons ce mode singulier de progression.
A part cette allure, ces chevaux ont repris l'uniformité
de leur type primitif, surtout dans les nuances de leur
pelage. Cette nuance est uniquement fauve, roussâtre ou
bai-châtain, couleur qu'offrent également les races qui
ne paraissent pas être provenues d'animaux domestiques.

La tête de ces chevaux redevenus sauvages dans les
steppes du nouveau monde, semble pourtant moins
grande et proportionnellement moins forte que celle des

(1) Les seules allures naturelles des chevaux sont le pas, le trop et le
galop. Celles qu'on leur donne par l'éducation pour obtenir à la fois de
la vitesse dans la marche et des mouvements doux pour le cavalier, sont
1° l'amble, allure qui consiste à relever en même temps et en marchant
les deux pieds du même côté ; 2° le pas un peu relevé ; 3° l'aubin.

chevaux qui n'ont jamais été soumis à la domestication.
Leurs oreilles sont également souvent plus longues,
ordinairement couchées, et leurs membres plus forts
que dans les races domestiques.

La grosseur proportionnelle de la tête caractérisant
essentiellement les races sauvages, nous avons cherché à
nous assurer si les chevaux humatiles des carvenes à ossements offraient ce caractère. En comparant les têtes de
ces derniers avec celles de nos chevaux domestiques,
nous avons vu qu'elles n'étaient ni plus grosses ni plus
fortes que celles de ces derniers. Dès lors, ces chevaux
ont dû être modifiés par suite de notre influence ; d'ailleurs, comment pouvoir en douter, puisqu'ils offrent des
races distinctes, à en juger du moins d'après les différences que présentent ces animaux dans leur taille, leur
stature, leurs proportions et leurs formes relatives.

Ces races humatiles sont loin d'être, comme l'avaient
supposé M. Bory Saint-Vincent et l'illustre Cuvier, d'une
taille analogue à celle du zèbre et des grands ânes ; car
la plupart de ceux dont les débris se montrent dans les
cavités souterraines, ont des dimensions qui dépassent de
beaucoup celles de nos plus grands chevaux de trait. A la
vérité il est des races de cette espèce dont la stature est
peu au-dessus de celle de nos chevaux arabes et de Ca-
margue ; mais toujours leur stature est-elle de beaucoup
supérieure à celle des zèbres et des ânes.

Il paraît pourtant que les chevaux fossiles ou ceux que
l'on voit ensevelis dans les terrains tertiaires, sont généralement d'une assez petite stature, et leur tête est aussi
proportionnellement plus forte que dans nos chevaux
domestiques. Mais il n'en est pas moins certain qu'il n'en
est pas de même des chevaux humatiles, ou de ceux
dont les débris se trouvent dans des dépôts formés postérieurement à la rentrée des mers dans leurs bassins
respectifs.

Le cheval n'est pas la seule espèce domestique dont l'allure éprouve des différences avec celle particulière aux races sauvages ou aux races qui retournent à l'état indépendant. En effet, l'allure des animaux ramenés à l'état sauvage, a généralement quelque chose d'analogue à leur indépendance ; par suite de leur amour pour la liberté, ces animaux se font remarquer par leur prestesse et la vivacité de leurs mouvements. Ainsi l'agilité du cheval se développe pour lors, et avec elle sa force, sa vigueur et son courage. Aussi le voit-on se défendre et même avec succès contre les animaux féroces les plus redoutables, tels que les lions et les tigres. Du reste, ces chevaux libres, soit ceux qui proviennent de nos races domestiques, soit ceux qui n'ont jamais quitté la vie sauvage, vivent toujours en troupes nombreuses ; dès lors l'on conçoit comment ils peuvent se défendre contre les plus audacieux et les plus terribles carnassiers.

Les effets qu'éprouve le cheval par son retour à l'état sauvage, se font également ressentir sur l'âne que nous avons multiplié et étendu à l'infini. En reprenant sa liberté, son agilité et surtout son courage augmentent et reparaissent même dans toute leur plénitude originaire. La vigueur de cette espèce se fait alors remarquer chez les mâles ou chez les étalons.

Il en est encore de même chez la chèvre dont la pétulance s'accroît par son retour à l'état sauvage ; avec cette pétulance, reparaissent l'aisance et la prestesse de ses mouvements. Aussi les voyageurs qui ont aperçu ces tribus de chèvres indépendantes, ont-ils souvent cru avoir devant eux des troupeaux de bouquetins et de chamois, tant leur course est prompte et rapide.

Enfin, ce qui est peut-être encore plus remarquable, il en est également du mouton qui acquiert une vigueur et une force dont le mouflon, duquel sont provenus nos races domestiques, peut nous donner une idée. Par leur retour à l'état sauvage, les animaux gagnent donc en force et en prestesse ce qu'ils perdent en intelligence et en propriétés acquises. Ils gagnent cependant en courage ; mais cette faculté semble toujours liée à la force et au pouvoir de la résistance, que les animaux comprennent fort bien par suite de l'instinct de leur conservation.

Ce courage se fait surtout remarquer chez le porc retourné à l'état indépendant. En effet, les oreilles du sanglier se redressent, son crâne s'élargit, ses canines se développent, ses membres deviennent plus forts et plus vigoureux. Cette constitution plus robuste donne à cette espèce une intrépidité et une audace dont nos cochons domestiques sont loin de nous donner des exemples, et qu'ils sont aussi fort loin de partager.

Les variétés nombreuses du pelage de nos animaux domestiques s'effacent et disparaissent même entièrement par leur retour à la vie libre et indépendante. Les nuances du pelage si variées chez les espèces domestiques, deviennent alors tout à fait uniformes. Ainsi elles sont, pour le cheval, celle du fauve, du roux ou du bai-châtain ; le gris foncé est la teinte propre à l'âne sauvage, comme le gris clair à la chèvre. Enfin le roussâtre caractérise le bœuf et le mouton, tandis que le noir est la teinte qui distingue le sanglier.

Mais si, chez certaines espèces, les caractères acquis se perdent par leur retour à la vie indépendante, il en est cependant quelques-uns qui ne se perdent pas. Les chiens exercés en Amérique à la chasse du pecari, acquièrent par suite de cet exercice, des moyens d'allure, d'attaque, et de défense, particuliers à cette chasse. Ces chiens chez lesquels ces caractères acquis sont presque des caractères de race, ne perdent pas cet instinct par leur retour à l'état sauvage, et cela probablement, parce que cette qualité acquise se transmet par la génération. C'est du moins ce que l'on observe chez le braque, l'épagneul et, leurs métis, où la faculté d'arrêter se perpétue et se propage presque indéfiniment.

Si jusqu'à présent tant de doutes s'étaient élevés sur la race de laquelle sont provenus nos chiens domestiques, ces doutes semblent avoir disparu depuis les observations faites dans l'Inde par M. Hogdson. En effet, d'après cet observateur, la race originale de notre chien paraît être un animal du Nepaul nommé vulgairement *buansu*. M. Hogdson a eu l'occasion d'en observer plusieurs individus, malgré la rareté de cette espèce. Ses caractères sont les mêmes que ceux du chien, et il en est de même de ses habitudes. Aussi ce naturaliste, en se fondant sur ces similitudes, a-t-il nommé cette race de chien, de laquelle toutes les autres seraient provenues, *canis primævus*.

Ce chien est caractérisé par six molaires de chaque côté à la mâchoire inférieure; les doigts et la plante des pieds sont velus, les oreilles droites, le corps en dessus de couleur de rouille foncée, et jaunâtre en dessous. La queue, très-garnie de poils, est droite, et d'une grandeur médiocre.

Ce chien est très décidément carnassier; il s'assemble en petites troupes de six à dix individus qui se laissent alors diriger plutôt par le sens de l'odorat, que par celui de la vue. Il aboie comme nos chiens courants, mais son aboiement a un caractère particulier, qui ne ressemble ni à celui du chien domestique, ni aux aboiements des chacals et des renards.

Ainsi, d'après ces observations consignées dans le Recueil de la société asiatique, nous n'aurons plus à nous demander si nos chiens de bergers ou le chacal sont ou non la souche de nos chiens domestiques. Nous trouverons cette souche dans ces anciennes contrées de l'Asie, qui ont été le berceau du genre humain, comme les lieux

où l'homme a fait les premiers pas vers cette civilisation,
à laquelle il a été poussé comme par une puissance et
une force irrésistible. Le chien du Nepaul est donc le
type duquel sont provenus, par suite de notre influence,
cette infinité de races de chiens, répandues sur la surface
du globe.

Le climat et peut-être aussi la nourriture, ne sont
pas tout-à-fait sans influence sur quelques particularités de certains animaux. Ainsi, par exemple, la sé-
crétion du lait de la vache est, comme on sait, permanente parmi nos races domestiques par l'acte du trait.
Dans les vaches acclimatées en Amérique, et celles qui
s'y trouvent à l'état sauvage, la durée du lait y est au
contraire soumise aux besoins du veau. Si celui-ci meurt,
ou est soustrait à sa mère, les mamelles se dessèchent et
restent stériles. Il semblerait donc, d'après ces faits,
que la lactation permanente de nos vaches serait une
fonction qui serait maintenue artificiellement par la
domesticité.

Ces faits dépendant du retour des races domestiques à
l'état sauvage, ainsi que de l'action réciproque que d'autres conditions physiques peuvent exercer sur chaque
espèce en particulier, annoncent-ils d'assez grands changements, pour faire supposer que les races de l'ancien
monde ont été les souches de nos races actuelles. Ils
prouvent uniquement que, lorsqu'on transporte des animaux dans un climat nouveau, ce ne sont pas les individus seulement, mais les races, qui ont besoin de s'acclimater. Dans le cours de cette acclimatation, il s'opère
communément dans ces races, certains changements
durables, qui mettent leur organisation en harmonie
avec les climats où ils sont destinés à vivre, ou avec les
circonstances extérieures. Ainsi, les habitudes d'indépendance font promptement remonter les races domestiques
vers les espèces sauvages qui en sont la souche et les types.

Mais ce qu'il est essentiel de ne point perdre de vue, c'est que les variations de ces espèces modifiées par la domesticité et l'état sauvage, ne portent jamais sur des caractères de première valeur, tels que la forme des dents et un changement quelconque dans les articulations, ou les rapports de connexion des os entre eux. Quant aux conditions de domesticité, elles sont toutes sous notre influence. Nous seuls, en effet, avons le pouvoir de les produire et de les modifier, puisque nous les réglons et les déterminons à notre gré. Si donc l'homme n'avait pas existé, les espèces seraient restées éternellement à l'état sauvage, et n'auraient pu par conséquent présenter des modifications quelconques. Dès lors nos races domestiques seraient demeurées constamment uniformes, et n'auraient pas présenté ces races d'autant plus variées, et d'autant plus nombreuses, qu'elles ont subi notre influence d'une manière plus complète.

Il résulte encore de ces faits cette autre conséquence, que toutes les fois qu'une espèce humatile a été modifiée et présente des races distinctes et diverses, elle le doit à ce que, contemporaine ou postérieure à l'apparition de l'homme, elle a ressenti les effets des influences que lui seul a le pouvoir de produire et de développer.

SECTION X.

DE L'INFLUENCE DU TEMPS SUR LES VARIATIONS DES ESPÈCES.

1° *Des animaux représentés sur les monuments de l'antiquité.*

Nous avons vu que, dans les animaux, certains caractères résistaient à toutes les influences ; mais il nous reste à déterminer si le temps n'a pas produit sur elles des

impressions plus profondes que celles qui ont dépendu
du climat, de la nourriture et de l'homme lui-même.

Cette influence du temps ne peut, ce semble, être
appréciée que par la comparaison exacte et minutieuse
des figures d'animaux représentés sur les monuments de
l'antiquité, avec les espèces qu'elles sont destinées à rappeler. Nous avons démontré dans nos recherches sur la
contemporanéité de l'homme et des animaux perdus,
qu'un assez grand nombre de nos espèces actuelles avaient
été figurées sur les monuments de l'antiquité. Mais il
importe de faire remarquer que ces représentations
n'offrent aucune différence essentielle et appréciable avec
ces mêmes espèces. L'exactitude est même si grande dans
la plupart de ces dessins, surtout dans ceux qui se rapportent au bon temps de l'antiquité, qu'ils pourraient
au besoin en rappeler les formes, si, par une cause
quelconque, plusieurs de ces espèces s'étaient perdues,
ainsi que cela est arrivé à un certain nombre d'entre
elles.

La tendance vers le vrai est, en effet, un des caractères
les plus frappants des ouvrages de l'antiquité. Cette tendance se fait même remarquer jusque dans les êtres fantastiques et fabuleux de l'ancienne mythologie. Il n'y
a de chimérique dans la plupart de ces êtres, que la
réunion des différentes parties qui les composent. Du
moins chacune de ces parties qui forment souvent l'as-
semblage le plus bizarre, reste ce qu'elle doit être, la
représentation fidèle de l'objet qu'elle rappelle.

Il y a plus encore : dans un certain nombre de ces
êtres fantastiques, les parties qui les composent, sont en
rapport avec le but ou les conditions d'existence que les
anciens leur ont supposées. Ainsi leurs Faunes, leurs Satyres, leurs Pans auxquels ils ont attribué des habitudes
lubriques, ont constamment des pattes de boucs avec
d'autres parties de ces animaux qui ont de pareilles
habitudes.

Leurs minotaures, leurs centaures ont au contraire des pattes solides, par suite du but qu'ils leur ont attribué. En un mot, les figures que les anciens nous ont laissées des animaux qu'ils connaissaient, sont d'une grande exactitude, surtout celles du beau temps de l'art, et, par cela même, elles peuvent nous apprendre si les espèces qu'elles rappellent, ont sensiblement varié, depuis qu'elles ont été exécutées. Or l'exactitude est telle, comme nous l'avons déjà démontré, qu'il est facile d'y reconnaître un assez grand nombre d'espèces, aussi bien que dans les ouvrages d'histoire naturelle destinés à les reproduire.

Les anciens ont même distingué certaines espèces de mammifères terrestres, que nos plus grands naturalistes modernes, sans en excepter Buffon et Linné, n'avaient pas su discerner. Ni l'un ni l'autre n'avaient su reconnaître les deux espèces d'éléphant, celle d'Asie et celle d'Afrique, que les anciens artistes et les statuaires ont pourtant fort bien représentées. Ainsi, d'après Cuper, Seleucus Nicator, roi d'Asie, aurait possédé jusqu'à cinq cents individus de l'éléphant de cette contrée ; tandis qu'au contraire les Ptolomées n'auraient jamais employé que l'espèce d'Afrique. Du reste, les médailles antiques ont fort exactement représenté les deux espèces d'éléphant, avec leurs caractères distinctifs.

Il en est également de plusieurs autres espèces de pachydermes, telles, par exemple, que l'hippopotame, le rhinocéros unicorne, et le sanglier. Leurs monuments et leurs médailles ont aussi fort exactement reproduit plusieurs variétés de cochon. L'on y voit très-fidèlement retracé le cochon de Guinée, aisé à distinguer de toutes les autres races de cette espèce, par la crinière très-prononcée qui règne sur son cou et sur son dos, laquelle se prolonge jusque sur les reins. L'on y reconnaît également très-bien une variété de cette espèce semblable au cochon de la Chine, laquelle est caractérisée par des jambes si courtes, que le ventre fort gros traîne presque jusqu'à terre.

De même, l'hippopotame, quoique assez mal connu des auteurs latins, a été cependant très-bien représenté par les statuaires de cette nation. On le voit figuré sur la mosaïque de Palestrine, avec le rhinocéros unicorne, (*rhinocéros indicus*. Cuvier), ainsi que sur différentes médailles et pierres gravées. Les lions, les panthères, et les léopards, sont également gravés sur les monuments de l'antiquité avec la plus grande exactitude. Il en est de même du chacal et du tigre royal (*felis tigris*). L'on sait que Claude en fit paraître quatre à la dédicace du Panthéon. Une mosaïque antique parvenue jusqu'à nous reproduit ces tigres de grandeur naturelle et dans une perfection si grande, qu'il est facile de juger à quel point ils ressemblent à l'espèce vivante. Enfin les anciens ont assez bien discerné les différentes espèces d'ours; aussi les ont-ils dessinées avec autant de fidélité que d'exactitude.

Les diverses races de chiens ont également attiré leur attention; ils en ont distingué les principales différences. Aussi, d'après les figures qu'ils nous en ont laissées, il paraît que les anciens connaissaient fort bien nos mâtins, nos lévriers, nos chiens d'arrêt, nos épagneuls, et particulièrement le chien de berger ainsi que nos dogues, surtout ceux de forte race.

Enfin, d'après les figures que les anciens nous ont laissées des chameaux, il semble qu'ils en ont connu les deux espèces. Ils les désignaient même par les noms des pays qu'ils habitent. Ainsi, ils appelaient chameau de la Bactriane l'espèce caractérisée par deux bosses (*camelus bactrianus*. Linné) et chameau d'Arabie (*camelus dromedarius*. Linné), le dromadaire qui n'a qu'une seule bosse. Ces deux chameaux, souvent reproduits sur les médailles antiques, y sont du reste figurés avec les caractères qui les distinguent.

L'antilope algazel, aperçu en Europe depuis quelques années seulement, se trouve cependant très bien représenté sur les monuments de l'ancienne Égypte. Il en est de même de l'antilope *oryx* ou antilope à cornes droites, qui, figuré dans le style raide propre à leurs artistes, a probablement donné lieu à la fable tant accréditée de la licorne. Nous disons à la fable, car un animal à pieds fourchus, dont le milieu du front est divisé par une suture, ne peut avoir une corne dérivant du tissu osseux sur le milieu de la tête (1).

L'élan d'Irlande, regardé pendant si long-temps comme une espèce fossile tout à fait éteinte, a été néanmoins représenté avec fidélité dans d'anciennes peintures découvertes à Rome. Cette espèce si remarquable par la grandeur de ses bois et nommée à raison de ce caractère cerf à bois gigantesques, y est représentée avec la plus grande exactitude. Du moins ces figures antiques, comparées avec celles que Munster et Jonston nous en ont données, ne laissent aucun doute sur leur identité; dès lors, il s'ensuit que cette espèce ne doit s'être éteinte que depuis le quinzième siècle.

Les anciens nous ont également transmis des dessins d'animaux qui semblent n'avoir plus maintenant de représentants sur la terre, tel est le sanglier d'Érimanthe, dû au ciseau d'Alcamène, et représenté par lui sur le temple de Jupiter à Olympie. Cette espèce, comme le cerf à bois gigantesques, semble être aujourd'hui tout à fait perdue. Il en est de même de plusieurs de celles que l'on voit figurées sur la mosaïque de Palestrine, et que nous avons décrites dans le mémoire que nous avons déjà cité.

---

(1) Nous avons publié des observations sur la licorne des anciens qui ont été insérées dans la bibliothèque universelle de Genève, 1854.

En effet, puisque les artistes de l'antiquité ont représenté les espèces qui vivent encore, avec une exactitude
remarquable, et que même dans les figures qu'ils nous
ont données de leurs êtres fantastiques ou mythologiques,
ils ont eu l'attention de les composer avec des parties en
rapport avec les conditions d'existence qu'ils leur suppo-
saient, il est naturel d'avoir confiance dans leurs dessins
et dans la représentation des êtres dont ils ont voulu
rappeler l'existence. Dès lors, toutes les fois que nous
découvrons sur des monuments antiques, des animaux
qui réunissent en eux toutes les conditions qui rendent
leur existence possible, quoique ces animaux ne paraissent plus avoir leurs analogues parmi nos espèces, l'on
ne peut s'empêcher d'en conclure qu'ils ont dû disparaître
de la surface du globe, comme ces anciennes races dont
les couches de la terre nous ont conservé les débris.

Avec ces espèces perdues, les monuments antiques
renferment une foule de figures d'animaux reproduits
à peu près constamment avec une fidélité et une exactitude remarquables. Tels sont, par exemple, parmi les
ruminants dont nous venons de nous occuper, le cerf
commun, la biche, le daim, le renne, le chevreuil, les
gazelles, le bubale, ainsi que le mouton, la brebis, les
boucs, les chevreaux et les chèvres. Ces derniers accompagnent à peu près constamment les Satyres, les Faunes
et tous les dieux champêtres; aussi les voit-on souvent
reproduits sur les camées, les médailles et les divers
monuments de l'antiquité.

Tous y sont représentés tels qu'ils s'offrent maintenant
à nos regards, en sorte qu'il est difficile de supposer que
leurs caractères aient éprouvé de grandes variations,
depuis l'époque où ils ont été aussi bien imités.

Ce que nous venons de dire relativement à ces ruminants, nous pourrions le faire observer également pour
ceux qui ont des cornes creuses. Ainsi, le bœuf et ses

nombreuses variétés a été sculpté avec la plus grande
exactitude sur les monuments de la plus haute antiquité,
et particulièrement sur ceux de l'ancienne Égypte. On le
voit partout dessiné avec une fidélité si grande, que l'on
ne peut s'empêcher d'admirer l'esprit d'imitation des
anciens artistes, et de reconnaître que les espèces qu'ils
ont cherché à rappeler à notre mémoire, n'avaient pas
dû éprouver depuis lors d'importantes et de nombreuses
variations.

Il en a été plus tard de même du buffle et de l'aurochs
ou bison des Romains (*bos ferus*. Linné). Tous ces animaux
sont reproduits trait pour trait et avec une précision si
remarquable, que les anciens statuaires ont dû, comme
nos artistes modernes, les avoir sous les yeux et les co-
pier d'après nature.

Les rongeurs ont été aussi bien figurés sur les monuments de l'antiquité que les ruminants que nous venons
de désigner. L'on y voit particulièrement le lapin, le
lièvre ordinaire et le lièvre d'Égypte, que ses longues
oreilles font si facilement reconnaître. Cette espèce, si
commune et si répandue sur les monuments de l'ancienne
Égypte, se rencontre également sur des bronzes et des
pierres gravées de l'ancienne Rome. Il en est à peu près
de même du castor.

Les oiseaux avaient également attiré l'attention des
peintres et des sculpteurs de l'antiquité. L'on en reconnaît en effet un assez grand nombre sur les monuments
de l'Égypte. Ainsi, l'on y voit l'ibis, le vautour, la
chouette, le faucon, l'oie d'Égypte, le vanneau, le râle
de terre et une foule d'autres espèces qu'il serait trop
long d'énumérer. Il en est encore un grand nombre de
reproduits sur les monuments de l'ancienne Rome, parmi
lesquels nous signalerons particulièrement les paons, la
grue, la cigogne, le héron gris, l'aigle, le vautour fauve,
les éperviers, les chouettes, les canards, les perroquets
et les mésanges.

Les monuments de l'ancienne Égypte nous ont enfin transmis avec la plus grande exactitude la figure d'un certain nombre de reptiles. On y distingue, par exemple, la vipère haye ou l'aspic, le ceraste et le crocodile, surtout celui du Nil. Les crocodiles du Vatican sont même une des copies les plus fidèles que nous ayons de cette espèce, vénérée, comme on le sait, dans la haute antiquité.

Cet aperçu suffit, ce semble, pour démontrer que les anciens n'ont pu nous laisser une représentation aussi exacte des diverses productions de la nature, que parce qu'ils avaient porté une sérieuse attention à ses productions.

Or, les animaux dont ils nous ont transmis les traits avec une fidélité remarquable, sont aujourd'hui ce qu'ils étaient pour lors; d'où il suit que le temps écoulé entre ces deux époques ne semble avoir exercé aucune sorte d'action, ni aucune influence sur leurs espèces.

Voyons maintenant ce que nous apprendront à cet égard les animaux eux-mêmes conservés dans les anciennes catacombes, et voyons si leurs momies nous annonceront quelques changements ou des variations notables avec les espèces actuellement vivantes.

2° Des animaux embaumés ou des momies.

Il est encore un autre moyen de résoudre la question qui nous occupe; ce moyen nous est fourni par les momies des animaux que l'on trouve embaumés dans les anciennes catacombes.

Les tombeaux et les temples de la haute et basse Égypte offrent une grande quantité de momies humaines; avec elles l'on découvre également un grand nombre d'animaux différents. Quant aux premières, les seules différences qu'elles présentent avec les races actuelles, tien-

nent à ce qu'elles ont des incisives plus fortement usées
et plus taillées en biseau que nos races vivantes. Mais
cette différence semble avoir uniquement dépendu du
régime diététique des anciens Égyptiens. Ces peuples
faisaient en effet usage de racines dures et résistantes,
lesquelles ont produit sur leurs dents ce mode et ce genre
d'usure. Les momies des Guanches n'ont pas offert non
plus avec les habitants actuels de Ténériffe des différences essentielles. Toutes celles que l'on remarque entre
ces momies et ces habitants, ne sont pas plus considérables que celles que l'on observe entre des individus d'une
même race.

Ainsi le temps, sans d'autres circonstances, ne ferait
éprouver à l'espèce humaine, aucune variation portant
sur des caractères essentiels. Il paraît qu'il en est de
même de son influence sur les animaux; du moins, on
n'observe aucune différence entre les momies embaumées
et nos races vivantes. En effet, les momies des animaux
que l'on découvre dans les catacombes d'Égypte, n'offrent
aucune particularité, ni aucune différence avec nos
espèces actuelles. Tels sont les singes, les chats, les
chiens, les bœufs et les moutons, qui y sont ensevelis en
si grand nombre. Il en est également des oiseaux, et l'ibis
du temps des Pharaons ne diffère en rien de ceux d'aujourd'hui. De même les crocodiles du Nil sont en tout
point semblables à ceux des anciennes catacombes; à la
vérité les sépulcres de l'antiquité présentent des espèces
de crocodiles différentes de celles qui vivent encore, mais
ces espèces n'ont plus de représentants sur la surface du
globe et sont complètement éteintes. Dès lors, elles ne
sauraient être comparées, et ne peuvent rien nous apprendre sur l'influence que le temps aurait exercée sur
l'organisation et les variations dont les êtres vivants
semblent susceptibles.

Ce que nous venons de dire relativement à ces ani-

maux, nous pourrions le dire également des insectes et
des plantes. On sait que les anciens Égyptiens avaient une
grande vénération pour certaines espèces d'insectes, et,
entre autres, pour les *ateuchus sacer* et *pius*. Eh bien,
ces espèces reproduites mille fois sur leurs monuments,
ou conservées dans les anciens tombeaux, ne sauraient
être distinguées de celles qu'elles sont destinées à rappeler (1).

Les végétaux conservés dans les mêmes sépulcres où
sont les momies, n'offrent pas non plus des différences
appréciables, avec les mêmes espèces qui existent de nos
jours. L'on peut citer principalement parmi ces végétaux
des catacombes, la cassie (*acacia farnesiana*), le blé, l'orge,
le papyrus (*cyperus papyrus*) et enfin le citronier, dont un
fruit est conservé dans le musée égyptien de Paris. Il en
est encore de même du schanginia (*acacia heterocarpa*.
Dellile) dont les tiges et un fruit découverts avec une
momie dans les catacombes d'Égypte, ont été donnés au
même musée. L'on voit également dans cette collection
un fragment d'une tige énorme du *papyrus* dont les anciens Égyptiens faisaient usage dans la fabrication de leur
papier, papier trouvé en très-grands rouleaux au milieu
des ruines de Thèbes.

Enfin, il n'est pas jusqu'aux bois de Sycomore employé
par les peuples pour la fabrication des cercueils destinés
à renfermer leurs momies, qui ne soit parfaitement sem-

_____

(1) Un travail non moins curieux que celui que nous avons publié sur
les animaux représentés sur les monuments de l'antiquité, serait de décrire
les différents minéraux dont les anciens se sont servis dans leurs camées
et leurs pierres figurées. Nous avions commencé un travail sur ce sujet,
mais notre position nous a forcé d'en éloigner la publication. Ceux qui
sont placés près des grandes collections nous éclaireront à cet égard,
comme M. Boblaye l'a fait pour certaines roches dont le gisement était
resté jusqu'à présent inconnu.

blable à ceux qui croissent actuellement en Égypte. La
similitude est ici si parfaite qu'elle ne peut être contestée;
aussi tout ce que l'on peut observer à cet égard, c'est
que ces momies, ou les animaux reproduits sur les monuments antiques, ne remontent guère au delà de deux
ou trois mille ans.

Mais nous ferons remarquer que c'est remonter aussi
haut qu'il nous est possible; car l'ensevelissement d'un
grand nombre de races tout à fait éteintes ne s'étend pas
lui-même au delà de l'apparition de l'homme sur la terre.
Or cette époque n'est guère au delà de six ou de sept mille
ans avant les temps présents; car ainsi que l'ont soutenu
la plupart des observateurs, parmi lesquels s'est rangé
M. Bory de Saint-Vincent, le genre humain est bien nouveau sur la terre, en comparaison de la plupart des
autres animaux. Ainsi l'apparition de l'homme qui a
coïncidé avec l'intensité que nous voyons aux causes
actuellement existantes, ne dépassant guère six ou sept
mille ans, en remontant jusqu'à trois mille, on arrive
presque jusqu'à la moitié du temps qui s'est écoulé depuis cette grande époque. Comme, pendant ce long intervalle, les espèces ne paraissent pas avoir éprouvé des
variations importantes, il semble que l'on est en droit
d'en conclure que le temps, comme les autres causes que
nous avons déjà examinées, est impuissant pour en produire et surtout pour en opérer d'assez considérables,
pour faire passer les espèces les unes dans les autres.

Étudions maintenant les effets des monstruosités sur
ces variations, et voyons ceux qui résultent de leur
étendue et de leur puissance.

SECTION XI.

DE L'INFLUENCE DES MONSTRUOSITÉS SUR LES VARIATIONS DES ESPÈCES.

Les observateurs qui ont admis le passage des espèces les unes dans les autres, ont cru en trouver la preuve dans les monstruosités, ou ces aberrations de formes que l'on produit, pour ainsi dire, à volonté. Il importe donc de discuter ce genre de preuve, et de voir quels effets se rattachent à ces monstruosités et quels en sont les résultats.

L'expérience nous annonce que si l'on change les conditions extérieures, sous l'influence desquelles doit naître tel ou tel être, et par exemple si l'on dirige sur l'œuf plus ou moins des fluides élastiques qui sont son atmosphère ordinaire, on entraîne les développements dans une voie inaccoutumée. On n'obtient point pour lors le poulet attendu, ni tous les organes qui caractérisent un poulet dans l'état régulier ou normal; on a pour lors un produit tout particulier et dans lequel tel ou tel organe a pris un développement si grand, que les autres sont avortés ou du moins n'ont plus leurs formes normales et ordinaires, ni parfois même leur position accoutumée.

Mais que résulte-t-il de ces monstruosités produites, si l'on veut à volonté, si ce n'est, comme l'a dit Réaumur lui-même, des animaux tout à fait informes, non viables, et qui loin de pouvoir se perpétuer, ne peuvent vivre eux-mêmes? Ce serait cependant avec de pareils êtres, complètement anormaux, que l'on voudrait supposer des transformations d'une espèce dans une autre. Il semble

pourtant que, avant de tirer de ces aberrations une pareille conclusion, il aurait fallu prouver non seulement
que les monstres sont susceptibles de vivre, mais encore
qu'ils ont le pouvoir de propager leurs formes anormales.
Les êtres nouveaux ainsi produits ne ressembleraient plus
aux premiers, ni aux monstres dont ils seraient cependant les descendants ; dès lors par suite de ces transformations successives, on pourrait admettre que les espèces
sont susceptibles de passer les unes dans les autres.

Comme de pareilles transformations n'ont jamais eu
lieu et ne sont pas même possibles, les êtres réguliers
ou normaux étant seuls capables de se reproduire et de
se perpétuer, les monstres n'en sont par conséquent pas
susceptibles, et d'autant moins qu'ils ne sont pas même
viables. Il y a plus, les mulets ou les hybrides, ces
résultats du croisement de deux espèces différentes, ne
le peuvent pas non plus; car il sont tous à peu près
constamment inféconds et stériles.

Du reste, les monstruosités semblent à peu près bornées aux animaux domestiques ou à l'homme si généralement répandu à la surface du globe, par suite de ce
qu'il peut supporter les températures les plus différentes,
comme les pressions les plus considérables. Il paraîtrait
donc que les monstruosités dépendent en quelque sorte
de la domesticité, et des circonstances qui en sont comme
la conséquence.

Du moins, les animaux où l'on en observe le plus
grand nombre, ont tous été soumis à notre empire ; tels
sont, par exemple, les chiens, les bœufs, les moutons,
les chevaux, les pigeons et les poulets, et particulièrement les oiseaux que nous élevons dans nos basses-
cours. Ces monstruosités sont déjà bien plus rares chez
les espèces à demi-domestiques, telles que les chats et
les chèvres. Elles sont au contraire au maximum de fréquence et de développement chez l'homme, et par suite

chez les espèces qui l'approchent le plus. Elles paraissent même plus nombreuses et plus prononcées chez les enfants nés hors mariage, preuve nouvelle de la tendance de la nature à conserver le type primitif et fondamental des espèces.

Les monstruosités fort rares chez les espèces sauvages ou celles qui ont conservé leur indépendance, ne sont donc communes que chez les races domestiques qui subissent et éprouvent les effets de tant d'influences. Mais le nombre des espèces sauvages est infiniment supérieur à celui des races soumises, et ce nombre l'était bien plus encore dans les temps géologiques. En effet, les animaux domestiques, produits en quelque sorte par l'influence de l'homme, ont paru par cela même fort tard sur la scène de l'ancien monde, et il s'agit cependant de démontrer que nos races sauvages actuelles en seraient le résultat par suite des monstruosités qui se seraient opérées dans leurs espèces, monstruosités qui se seraient effacées peu à peu.

Pour concevoir une pareille transformation, il faudrait admettre, d'une part, que les races sauvages anciennes, aujourd'hui si uniformes dans leur type normal, ont jadis varié à l'infini, et de l'autre, qu'elles ont produit les monstruosités les plus disparates et les plus nombreuses. Nous disons les plus nombreuses, car à peine existait-il dans les temps géologiques plus de la sixième partie des mammifères terrestres que l'on voit aujourd'hui à la surface du globe; du moins le nombre des mammifères fossiles et humatiles s'élève à peine à 300 espèces, tandis que celui de nos races vivantes s'étend à près de 1600 espèces.

Du reste ces variations ou ces monstruosités n'auraient pas dû être bornées dans les temps géologiques aux seuls mammifères terrestres; elles auraient dû nécessairement exercer leur influence sur toutes les classes d'animaux.

Ainsi, par suite de ces anciennes transformations, l'antique création si bornée et si restreinte dans le nombre des espèces, se serait étendue au point de développement qu'elle a acquis maintenant. Enfin, les mêmes monstruosités, aujourd'hui si bornées dans nos végétaux actuels, auraient été également infinies, et au point que les 1,000 ou les 1,200 espèces des temps géologiques auraient produit les 80,000 du monde actuel.

Que conclure de ces faits, si ce n'est que les monstruosités, comme les autres causes qui exercent quelque influence sur les variations des espèces, sont impuissantes pour produire de véritables transformations, propres à faire supposer que les espèces ont pu passer les unes dans les autres. Ces causes, bien étudiées, semblent même insuffisantes pour opérer la moindre différence dans les articulations des os, ainsi que dans la forme et la disposition des dents; dès lors, on ne peut guère admettre un pareil passage dont aucune espèce vivante ne nous donne, du reste, le moindre indice.

Il ne nous reste donc plus maintenant qu'à reconnaître si de pareils effets n'auraient pas pu être produits par des causes qui auraient agi avec plus d'intensité, comme la plupart de celles dont l'action a eu lieu dans les temps géologiques. C'est ce que nous allons examiner en comparant les espèces de l'ancien monde avec nos races actuelles, comparaison qui nous amènera à nous assurer s'il est possible d'admettre que les premières ont été les souches desquelles seraient provenues nos races vivantes.

CHAPITRE II.

DES DIFFÉRENCES QUI EXISTENT ENTRE LES RACES PERDUES ET NOS RACES ACTUELLES, ET DES CAUSES DE DESTRUCTION QUI ONT FAIT ÉTEINDRE LES PREMIÈRES.

—

SECTION PREMIÈRE.

DE L'ANALOGIE DES RACES PERDUES ET DES RACES ACTUELLES.

Pour résoudre la question que nous nous sommes proposée, il faut avant tout savoir s'il existe une analogie assez grande entre les races perdues et les espèces vivantes, pour supposer que les premières sont les souches desquelles seraient provenues nos races actuelles.

A cet égard deux opinions ont été émises par deux maîtres de la science; mais ces opinions, loin d'être d'accord, sont au contraire diamétralement opposées.

L'une a été soutenue par Cuvier, et l'autre par M. Geoffroy Saint-Hilaire. D'après le premier de ces zoologistes, parmi les divers systèmes sur l'origine des êtres organisés, il n'en est pas de moins vraisemblable que celui qui fait naître successivement les différents genres, par des développements ou des métamorphoses graduelles. (Ossements fossiles, tom. III, pag. 297.)

Cette opinion de l'immutabilité des espèces, si hautement proclamée par Cuvier, a non seulement de l'im-

portance pour nos connaissances zoologiques, mais elle
en a une non moins grande pour le progrès de nos connaissances géologiques. C'est aussi pour en faire saisir toute
l'influence que M. de Blainville a dernièrement élevé
la voix dans le sein de l'Académie des sciences de Paris.
« L'étude des fossiles, a-t-il observé, ne se borne point
« aux considérations zoologiques, c'est-à-dire, à remplir
« les lacunes de la série animale; elle fournit en outre
« à la géologie un de ses éléments les plus importants
« pour la résolution des grandes questions étiologiques
« dont elle s'occupe. Il serait donc à craindre que ces
« éléments faussés ou exagérés ne conduisent de nouveau
« la géologie à des hypothèses dont elle a eu tant de
« peine à se débarrasser vers la fin du dernier siècle, et
« qui ont arrêté si long-temps ses progrès. » (Comptes
« rendus, 1837, n° 3, pag. 76.)

Il faut du reste l'avouer; il n'est presque aucun géologue qui ait adopté l'hypothèse des transformations
successives des espèces les unes dans les autres. Tous ont
admis, au contraire, des créations successives en harmonie avec les nouvelles circonstances que l'abaissement
de la température de la surface du globe a fait naître
aux différentes époques géologiques.

On peut voir dans le nouveau traité de géologie, que
M. Buckland vient de publier, avec quelle force de raison il a démontré qu'il n'y avait rien de semblable entre
les espèces de l'ancien monde et celles du monde actuel.

Cependant un zoologiste des plus illustres de notre
époque, n'a vu dans les espèces antiques, si peu semblables avec les nôtres, que les souches ou les ascendants
des races actuelles; considérant les différences qu'elles
présentent comme ayant été produites par la diversité
des circonstances et des milieux sous l'influence desquels
les unes et les autres avaient vécu. Aussi, fort de la doc-
trine des faits nécessaires, M. Geoffroy Saint-Hilaire a cru

pouvoir avancer que le principe de l'immutabilité des espèces était rejeté maintenant de la pensée de tous les vrais et savants zoologistes, et que tous étaient convaincus que les espèces anté-diluviennes étaient les parents directs ou collatéraux, ou les ancêtres des animaux du monde actuel. (Comptes rendus de l'Académie des sciences, 1837, pag. 59.)

Pour se décider entre deux opinions si contradictoires, soutenues par des hommes d'un mérite réel, il faut nécessairement étudier les faits sans prévention, et voir ce qu'ils nous apprennent.

Il est d'abord certain que la vie n'a pas toujours animé la surface de la terre, et que, probablement antérieurement à l'époque où elle s'est manifestée, des temps plus étendus que ceux qui ont eu lieu depuis, se sont écoulés ici-bas. Il ne l'est pas moins que la vie s'est établie par degrés sur la terre, et que les premiers êtres ont eu généralement une organisation plus simple que les plus rapprochés de l'époque actuelle. L'organisation des êtres vivants a donc été en se compliquant de plus en plus jusqu'à l'apparition de l'homme, le complément et le terme de la création.

Les faits nous apprennent encore que les espèces étaient construites d'après les mêmes principes généraux, et offraient dans leur structure les mêmes harmonies et les mêmes rapports d'ordre que les espèces actuelles. Les unes et les autres sont donc formées sur le même plan général; elles ne diffèrent entre elles que par des détails d'organisation plus ou moins importants. Quelquefois ces détails sont assez particuliers et assez extraordinaires, pour ne pouvoir rapporter certains de ces êtres détruits à aucune espèce et souvent même à aucun genre actuellement existant.

Malgré ces différences génériques et spécifiques, le règne animal, aussi bien que le règne végétal de l'ancien

monde, a été constamment composé d'après les mêmes
lois que les êtres qui vivent maintenant. Aussi compre-
naient-ils les classes et presque les mêmes familles que
de nos jours.

Ces points ainsi fixés, examinons maintenant si les rapports des espèces détruites, avec nos races actuelles, sont
tels que l'on doive en conclure que celles-ci sont provenues des premières. L'examen que nous avons déjà fait
de l'influence simultanée de l'homme et des circonstances
extérieures, telles que celles du climat, de la nourriture,
de la différence des milieux et du temps, nous facilitera
la solution de cette partie de la question que nous nous
sommes proposé de résoudre.

La question de l'analogie de certaines espèces des temps
géologiques avec les races actuelles, peut être agitée
avec de nouveaux moyens depuis la découverte toute
récente d'un assez grand nombre d'animaux tout à fait
perdus, et d'espèces vivantes que la science ne connaissait point encore. Parmi ces dernières, nous mentionne-
rons spécialement l'espèce de tapir, que M. Roulin a
reconnue dans les hautes régions de la Cordilière des
Andes, et, parmi les premières, nous citerons le *dinotherium* et le *sivatherium* ; ces genres, totalement différents de ceux qui vivent maintenant, ont été considérés
l'un comme la souche de nos éléphants, et l'autre comme
ayant les plus grands rapports avec la girafe.

Le tapir des Andes, offrant des analogies plus prononn-
cées avec les *palæotheriums* que les autres espèces du
même genre, on s'est empressé d'en conclure qu'il
devait provenir de quelque *palæotherium* de l'ancien
monde. Mais pour admettre une pareille transformation,
il aurait fallu d'abord s'assurer si les analogies que l'on
a prétendu exister entre ces animaux étaient aussi réelles
qu'on l'a supposé.

Si donc l'on compare ce tapir avec les anciens *palæo-*

theriums, on reconnaît bientôt que leurs analogies sont extrêmement éloignées. Ainsi, par exemple, pour ne s'occuper que de la tête, celle des *palæotheriums* diffère beaucoup, quant à son ensemble, de celle des tapirs. Son crâne est plus alongé, les mâchoires sont également plus courtes dans cette partie dénudée de dents qu'on nomme la barre. Du reste, la barre n'est pas uniquement propre aux tapirs et aux *palæotheriums ;* elle existe chez d'autres genres perdus de la même famille, tels, par exemple, que les *lophiodons*. Cette barre, si prononcée surtout chez les solipèdes, nous a donné le moyen de maîtriser le cheval, qui, sans le mors, serait probablement resté constamment indomptable comme les autres espèces qui ont une partie de leurs maxillaires tout à fait dépourvue de dents. Sous ce rapport, comme sous plusieurs autres, ces quatre genres, assez voisins, forment en quelque sorte une petite famille à part dans l'ordre des pachydermes.

Ce caractère, loin d'être exclusif aux *palæotheriums* et aux tapirs, peut-il faire supposer qu'il y ait eu une métamorphose de ce genre anté-diluvien dans les tapirs de notre monde actuel? On le peut d'autant moins que le système dentaire de ces deux genres est totalement différent.

En effet, les mâchelières des uns et des autres ne se ressemblent point. Celles des tapirs sont formées par des collines parallèles, transverses, rectilignes et séparées par de profondes et larges vallées, tandis que les dents des *palæotheriums ;* au lieu d'être composées par des cylindres transverses, le sont par des cylindres accolés latéralement les uns aux autres, et cela presque sans intervalle. Du moins, les molaires inférieures de ces pachydermes ont la forme de doubles croissants, tandis que les supérieures sont en quelque sorte presque carrées.

Les molaires ne diffèrent pas seulement dans ces deux

genres par leurs formes, mais encore par leur nombre. Ainsi, chez les tapirs, il existe jusqu'à quatorze molaires en haut et douze en bas, tandis que les deux maxillaires des *palæotheriums* en ont quatorze partout.

Du reste, les lophiodons se rapprochent beaucoup plus des tapirs que les *palæotheriums*, sous le rapport de la forme de leurs molaires inférieures. Quoique fermées par des collines transverses, les dents molaires de ces animaux n'ont, par leur disposition générale, aucune autre sorte d'affinité avec celles des tapirs.

Les différences que nous venons d'énumérer sont loin d'être les seules que l'on remarque entre les tapirs et les *palæotheriums*. Les premiers ont au pied de devant un doigt de plus que ceux-ci. En effet, les pieds du train antérieur des tapirs offrent quatre doigts, tandis qu'il n'y en a que trois à tous ceux des *palæotheriums*.

La tête des *palæotheriums* est en outre généralement plus large et plus forte que celle des tapirs. Le museau est également beaucoup plus prolongé en avant; enfin, leur corps est aussi plus trapu et plus raccourci d'avant en arrière. Les pattes sont également plus courtes et la queue plus longue que celle des tapirs. Quant à la tête de ces derniers, elle est proportionnellement plus haute vers l'occiput, quoique cet occiput soit aplati et la nuque arrondie. La forme des orbites est également extrêmement différente dans les deux genres, par suite de la forme et de la disposition de l'arcade zigomatique.

Ces différences reposent, ainsi qu'on a pu le juger, sur des caractères de première valeur et qui paraissent invariables. Comment dès lors présumer que la différence des circonstances sous lesquelles les *palæotheriums* et nos tapirs ont vécu, a été assez puissante pour faire passer les premiers dans les seconds, présomption difficile à concevoir, et par conséquent peu susceptible d'être admise.

Mais poursuivons ; on a voulu voir enfin un passage analogue entre le genre des *aceratheriums* et nos tapirs actuels. Cependant les différences qui existent entre ces deux genres ne sont ni moins nombreuses, ni moins essentielles que celles que l'on observe entre ces mêmes tapirs et les anciens *palæotheriums*.

Sans doute, chez les uns comme chez les autres, les os nasaux se font remarquer par leur peu d'épaisseur et leur brièveté ; mais à ces seules particularités s'arrête leur ressemblance. En effet ces os aigus, terminés en pointe et fléchis en bas, sont à peu près droits, obtus et légèrement recourbés en haut vers leurs extrémités, dans les *aceratheriums*. Leur épaisseur est également proportionnellement plus considérable que chez les tapirs ; la tête des premiers se trouve aussi généralement plus élevée et moins aiguë en avant, par suite du prolongement des os incisifs.

Une foule d'autres caractères plus ou moins dépendants de ceux que nous venons d'énumérer, établissent des différences tellement tranchées entre ces deux genres, qu'il est difficile d'y voir aucune similitude. Ainsi où sont chez les tapirs les vestiges de ces énormes incisives, qui caractérisent d'une manière si éminente l'*aceratherium incisivum* et enfin où se trouvent chez celui-ci, les traces des os incisifs si prolongés et si étendus en avant des tapirs ?

L'on peut également se demander où sont chez les *aceratheriums* les canines que l'on voit sur l'un et l'autre maxillaires des tapirs et des *palæotheriums* ? Ces dents n'y existent pas, du moins, pour des usages bien déterminés ; car si elles avaient dû servir à l'animal qui les portait, il aurait fallu qu'elles fussent extrêmement alongées, ou que la disposition des maxillaires et des os incisifs fût totalement différente de ce qu'elle est réellement.

Voudrait-on que nos rhinocéros actuels fussent provenus des anciens *aceratheriums* ? On se demanderait pour lors où seraient, chez ces derniers, les vestiges des cornes qui caractérisent les rhinocéros. Leur présence a nécessité une disposition toute particulière aux os frontaux et aux os du nez, disposition qui n'a pas eu lieu chez les *aceratheriums*, où il n'existe aucune trace de cornes.

A la vérité, les rhinocéros découverts récemment à Fausan par M. Lartet, ne paraissent point avoir eu de cornes sur le nez. Cette circonstance rapproche bien, à la vérité, ces rhinocéros des *aceratheriums*; mais, outre qu'il est d'autres particularités qui séparent les uns et les autres d'une manière tranchée, on ne doit pas perdre de vue qu'il s'agit ici d'espèces fossiles à peu près contemporaines. Or ce que nous cherchons à déterminer, n'est pas de savoir s'il existe des analogies entre différentes espèces fossiles, mais de reconnaître si celles qui peuvent se rencontrer entre telle espèce perdue et telle race vivante, sont assez frappantes pour faire admettre que les dernières proviennent de ces races antiques.

Voudrait-on enfin rapprocher les *aceratheriums* des *palæotheriums*; si l'on s'en tenait aux caractères les moins variables et les plus fixes, on ne serait pas plus heureux. Ceux-ci ont des canines, comme les tapirs, sorte de dents dont sont privés les *aceratheriums*, par suite de la conformation de leurs maxillaires, et surtout par l'effet produit par les énormes incisives qu'ils offrent à leur maxillaire inférieur.

La présence de ces dents chez les uns et leur absence chez les autres, éloignent toute idée de rapprochement entre eux. Du moins, il n'y a, dans toute l'histoire des animaux, aucun fait reconnu d'où l'on puisse induire que des changements quelconques de régime, d'air et de température, aient produit des variations sensibles dans les formes et les dispositions des dents, le signe le plus profond et le plus caractéristique, peut-être, que la nature ait imprimé à ses ouvrages.

Sans doute, en se transportant en imagination dans
des temps et des espaces dont personne n'aura jamais
d'idées positives, on peut tirer de prémisses vagues et
arbitraires des conclusions qui ne le seront pas moins.
Mais dire nettement et en indiquant les espèces, tel
animal du monde actuel descend en ligne directe de tel
animal anté-diluvien, et le prouver par des faits et des
indications légitimes, voilà ce qu'on ne peut point faire,
et que dans l'état actuel de nos connaissances, personne
n'oserait même essayer.

En supposant, si l'on veut, que le *palæotherium magnum*
fût la souche d'où serait provenu le tapir pinchaque
des Andes, il faudrait dire encore de quel *palæotherium*,
seraient provenues les autres espèces de nos tapirs. En
effet, outre le tapir pinchaque, il en existe quatre
autres actuellement vivants, et qui ne pourraient avoir
eu la même origine. Ainsi nous connaissons maintenant
le *tapir americanus*, la seule espèce connue du temps de
Buffon; le *tapir indien* de Sarkaric, auquel paraissent
se rapporter le *mé* des Chinois, et ces griffons des monuments antiques, qui, avec la tête de cet animal, offrent
des ailes et une queue qui ne lui appartiennent point;
le *tapir malacensis* de M. Duvaucel, et enfin la nouvelle
espèce de tapir rapportée récemment d'Amérique par
M. D'Orbigny.

A part ces cinq espèces vivantes, il en existe au moins
deux de fossiles, tels sont les *tapirs giganteus* et *minutus*.
Évidemment, on ne peut pas plus présumer quelle
pourrait être la souche dont seraient provenues ces espèces, qu'on ne peut le faire relativement aux *palæotheriums*, tant les différences qu'elles offrent avec nos
tapirs sont considérables.

Les tapirs fossiles diffèrent essentiellement des races
vivantes, non seulement sous le rapport de leur taille,
de la disposition de leurs parties; mais encore sous celui

de la forme de leurs dents et de leurs autres caractères anatomiques. Ainsi, à moins de n'attacher aucune importance à des caractères de première valeur, l'on ne peut supposer que les espèces de l'ancien monde ont été le type duquel sont provenues les nôtres.

Du reste en supposant ce point de fait comme démontré, il resterait toujours à savoir comment les deux espèces de l'ancien monde ont pu produire les cinq du monde actuel. Mais en regardant une pareille transformation comme possible, une autre difficulté non moins grave se présenterait encore ; elle tiendrait à l'absence de tout débris de *palæotherium* dans le nouveau continent, où se trouvent cependant les principales espèces des tapirs vivants.

Or, comme il paraît qu'à toutes les époques les différents continents ont eu leurs espèces particulières, ces espèces semblent également avoir d'autant plus différé les unes des autres, qu'elles ont appartenu à des continents d'une date plus différente. Ainsi, les chevaux et nos bœufs domestiques n'ont jamais habité le nouveau monde, ni la nouvelle Hollande ; du moins, l'on n'y a point encore rencontré leurs débris fossiles ou humatiles, pas plus que leurs races vivantes. Dès lors, l'on est en droit de se demander comment les tapirs qui existent maintenant en Amérique pourraient être provenus des *palæotheriums*, puisque les débris de ces derniers ne paraissent pas y avoir été observés. Si donc l'on y découvre les premiers et non les seconds, l'on est en droit d'en conclure que c'est parce qu'il n'y a rien de commun entre eux.

Voudrait-on admettre que, si les tapirs de notre monde sont provenus des anciens *palæotheriums*, il est tout simple que là où existent les premiers on ne trouve pas des dépouilles des seconds. Mais alors on serait en droit de se demander comment il n'en aurait pas été de même en

Europe, où l'on découvre des restes nombreux de *palæo-therium* et pas une seule espèce de tapir. Cette différence seule annonce, ce semble, qu'il n'y a jamais eu rien de commun entre les *palæotheriums* et les tapirs, et que toutes les analogies qui existent entre ces deux genres d'animaux tiennent à celles que l'on reconnaît entre des genres qui appartiennent à une même famille naturelle.

Les faits géologiques, aussi bien que les faits anato-miques les mieux constatés, nous montrent donc qu'il n'y a d'autre similitude entre les *palæotheriums* et les tapirs, que les caractères de famille propres aux uns et aux autres, lesquels les lient aux chevaux et aux *lophiodons*. Tout concourt donc pour démontrer que les tapirs ne sont point provenus des *palæotheriums*; car ces deux genres n'ayant point eu partout les mêmes ha-bitations, n'ont pu, par conséquent, passer l'un dans l'autre.

Les *anoplotheriums* confirment également cette remar-que ; car où trouver dans notre monde actuel un mam-mifère herbivore où toutes les dents soient disposées en série continue, conformation qui n'a plus lieu maintenant que chez les espèces omnivores ou carnassières? Où sont donc les descendants de ces antiques *anoplotheriums* si-gnalés par un caractère si particulier et si différent de tous ceux que l'on voit chez nos espèces herbivores actuelles. Ces descendants n'existant pas, ne peut-on pas en induire que la terre a eu à chaque époque ses ani-maux particuliers, et qu'il n'y a eu presque rien de commun entre ceux de l'ancien monde et ceux du monde actuel? Car pour admettre le contraire, il faudrait, pour ainsi dire, renverser les grandes lois auxquelles est sou-mise l'organisation des animaux.

On a voulu enfin trouver le type de nos éléphants actuels dans les anciens mastodontes; mais puisque les dents n'éprouvent jamais aucune variation, comment admettre que ces derniers, avec leurs dents à tubercules élevés et mamelonnés, séparées par de larges et profondes vallées, ont été la souche de nos éléphants? Il faudrait, pour faire admettre une pareille transformation, expliquer comment des dents mamelonnées ont pu se métamorphoser au point d'en présenter à couronne aplatie, sillonnée seulement par des lignes rubanées, sinueuses ou disposées en losange; ces lignes d'émail plus ou moins saillantes, existent, comme on le sait, dans les mâchelières de nos éléphants actuels.

Mais pour qu'une pareille conclusion pût être admise, il faudrait que le nouveau monde où abondent les débris des mastodontes, présentât également des éléphants; car si ceux-ci sont les descendants des mastodontes, comment ne s'y trouveraient-ils pas également? Cependant, jusqu'à présent, aucune espèce d'éléphant n'y a encore été observée.

Il faut donc en convenir, les formes des mastodontes ne se sont pas plus reproduites dans notre monde actuel, que celles des antiques *palæotheriums* des *anaplotheriums* des *lophiodons* et de tant d'autres genres que nous pourrions signaler. L'on ne voit pas sur quel fait on pourrait s'appuyer pour admettre que soit les uns, soit les autres, ont donné le jour à une seule de nos races vivantes, à moins que l'on ne veuille contrairement aux observations, supposer que des formes animales totalement dissemblables peuvent se déduire les unes des autres. Comme il n'est aucun fait sur lequel on puisse établir une pareille transformation, et que la zoologie fossile atteste l'anéantissement d'un très grand nombre d'espèces, il semble tout à fait déraisonnable de penser, sans en donner aucune preuve, que les animaux répandus aujourd'hui sur la terre sont provenus de ceux de l'ancien monde.

Aussi les partisans de ces transformations si difficiles à

appuyer sur des faits, et considérées par eux comme
produites par la différence des milieux ambiants, sai-
sissent avec le même empressement que le faisaient les
auteurs des premiers systèmes géologiques aujourd'hui
abandonnés, tous les faits nouveaux, afin d'y trouver un
appui à leurs théories. Ils ont cru, par exemple, que la
découverte récente du *dinotherium*, annonçait un analogue de nos éléphants actuels, et qu'il pouvait fort bien
être la souche de laquelle ceux-ci seraient descendus. Il
faut l'avouer, cet exemple est mal choisi, car rien dans
la construction de cet énorme mammifère, ne le rapproche de nos éléphants, mais bien de nos dugongs qui
habitent le bassin des mers. Tout au plus le *dinotherium*
formait-il avec les éléphants, deux petites familles d'un
même ordre ou d'un semblable degré d'organisation.

En effet, d'après les observations que M. de Blainville
a eu l'occasion de faire sur la tête de *dinotherium* qui est
arrivée récemment à Paris et dont il existe à Lyon un
moule, ce mammifère appartiendrait à la famille des
lamantins, précédant le dugong et précédé par le *tetra-
caulodon* qui termine la famille des éléphants.

Ainsi le *dinotherium* serait, d'après M. de Blainville, un
dugong avec les incisives en défense; aussi paraît-il
n'avoir eu qu'une paire de membres antérieurs à cinq
doigts. Il n'est pas impossible cependant que cet animal
eût aussi des membres postérieurs, si le passage de la
famille des éléphants à celle des lamantins était plus
gradué.

Il paraît enfin que si M. Kaup a considéré le *dinotherium* comme une espèce d'édenté voisine des paresseux,
c'est parce que l'on a rapporté à cet animal une phalange
qui provenait plutôt d'un grand pangolin. Du reste, cette
opinion est bien plus éloignée de celle de M. de Blainville,
que de celle de Cuvier et de M. Buckland, qui ont considéré le *dinotherium* comme une espèce intermédiaire
entre le tapir et le mastodonte.

Enfin, ce qui confirme le rapprochement fait par M. de Blainville, sont les deux et énormes défenses que le *dinotherium* avait à l'extrémité antérieure de la mâchoire inférieure, et qui, par une disposition bien singulière, étaient dirigées vers la terre, comme les défenses implantées dans la mâchoire supérieure du morse. Un pareil caractère ne se trouvant chez aucun mammifère terrestre, il est donc plus probable de le considérer comme indiquant plutôt une espèce aquatique, qu'une espèce vivant sur des terres sèches et découvertes.

Ces faits sont plus que suffisants pour prouver qu'il n'existe aucune analogie entre le *dinotherium* et nos éléphants. Mais enfin, existe-t-il, ainsi qu'on l'a encore supposé des rapports assez grands entre les éléphants fossiles et humatiles et nos éléphants vivants, pour considérer les premiers comme les ascendants des seconds.

Quant à ces prétendues analogies, elles sont loin d'être réelles; pour s'en convaincre, il suffit de jeter les yeux sur le crâne de l'*elephas primigenius* et de le comparer avec ceux de l'éléphant des Indes et d'Afrique. Aussi M. Geoffroy-Saint-Hilaire, l'auteur de la théorie des transformations successives, a-t-il été forcé de convenir que les têtes de ces diverses espèces, étaient très-différentes, et même que l'on pourrait voir dans l'excès de la longueur du crâne de l'*elephas primigenius*, un élément caractéristique d'un sous-genre. (Comptes rendus de l'Institut n° 2, page 57).

Ces différences éloignent donc toute idée de rapprochement, d'autant qu'elles sont loin d'être les seules. En effet, toutes ces espèces diffèrent entre elles par leur taille, leur stature, et les longs poils particuliers à certaines espèces de l'ancien monde, dont les nôtres sont totalement privées. C'est surtout par la forme de leurs dents, que ces animaux s'éloignent les uns des autres. Ainsi, les lignes d'émail que l'on voit sur la cou-

ronne des molaires des éléphants d'Asie, disposées comme
des rubans sinueux, plus ou moins ondulés ou disposés
en losange dans l'éléphant d'Afrique, sont au contraire
formées par des rubans parallèles extrêmement rapprochés, dans l'*elephas primigenius*. Les molaires de l'*elephas meridionalis* n'offrent pas non plus aucun caractère
commun avec les précédentes. D'abord, au lieu d'être
parallèles avec l'arcade zigomatique, comme dans le
mammouth, elles forment avec celle-ci un angle assez
aigu. Enfin, quant aux lignes d'émail qui se trouvent sur
la couronne des molaires, elles sont bien sinueuses,
comme dans l'éléphant de la mer glaciale, mais elles sont
plus larges et très différemment disposées dans l'*elephas
meridionalis*. L'*elephas primigenius* surpassait de beaucoup
par la taille celle de l'éléphant des Indes, le plus grand
de nos éléphants vivants ; cependant la première de ces
espèces le cédait, sous ce rapport, à l'*elephas meridionalis*.
Les molaires du premier étaient plus trapues, ses défenses
plus grandes, avec cette particularité d'être plus ou
moins arquées en spirale et dirigées en dehors. Les
alvéoles qui les recevaient étaient beaucoup plus longues
que celles de l'éléphant indien, caractère qui devait
entraîner une modification notable dans la figure et l'organisation de la trompe et donner à la physionomie quelque
chose de singulier. Cette espèce avait encore cette autre
particularité d'avoir deux sortes de poil ; une laine rousse
grossière et touffue, ainsi que des crins raides et noirs,
s'étendaient sur le cou et l'épine du dos de cet éléphant,
et ils y devenaient assez longs pour former une crinière.

L'*elephas primigenius* devait être assez répandu dans
le nord de l'Europe et de l'Asie, particulièrement en
Sibérie, à en juger par le grand nombre des débris qu'il
y a laissés. Des cadavres entiers y ont été trouvés ; la
tête de l'un de ces cadavres pesait quatre cents livres,
sans y comprendre les défenses, qui avaient plus de

neuf pieds, en suivant les courbures. Le squelette s'en
trouve maintenant dans le musée de l'académie de Saint-
Pétersbourg.

Où trouver enfin parmi nos races vivantes des éléphants dont les dimensions ne surpassent pas celles de
nos buffles et de nos taureaux domestiques? On assure, à
la vérité, qu'il existe encore dans l'Inde une race d'éléphant de cette taille, mais ce fait est loin d'être certain.
Quant à celui qui est relatif aux dépouilles fossiles d'une
espèce dont la taille n'était guère supérieure à celle de nos
taureaux domestiques, il est tout à fait positif. M. Lajoye
en a apporté à Paris des fragments remarquables par leur
conservation, et, entre autres, il en a présenté une portion de mâchoire inférieure.

D'après des différences aussi essentielles et aussi carac-
téristiques n'est-il pas évident que les éléphants de
l'ancien monde ne sont pas plus que les mastodontes, la
souche de laquelle seraient sortis nos éléphants actuels?

Enfin, la découverte récente d'un ruminant dont la
taille égalait presque celle de l'éléphant, et qui paraît
avoir eu une trompe analogue à celle que l'on voit chez
quelques pachydermes, fait supposer aux partisans des
métamorphoses que cet animal pouvait fort bien être la
souche de nos giraffes. Cependant, le *sivatherium* n'a
d'autre rapport avec la giraffe que celui d'appartenir au
même ordre de ruminants; pour en être convaincu, il
suffit d'examiner comparativement la tête du *sivatherium*
et celle de la giraffe, dont M. de Blainville nous a
donné des dessins, dans le n° 3 des comptes rendus de
l'Académie des sciences, page 73, pour 1837.

Ainsi que le fait observer ce savant zoologiste, la forme
générale de la tête du *sivatherium* est en coin ou triangulaire, très élargie en arrière, avec le vertex élevé, très
raccourcie au contraire et atténuée en avant, n'offrant
que deux rétrécissements, l'un médiocre derrière les

23

orbites , et l'autre très marqué en avant des molaires.
La ligne médiane supérieure rapidement ascendante de
l'extrémité antérieure à la postérieure , et l'inférieure ,
au contraire , relevée fortement et brusquement dans sa
partie vertébrale sur la partie maxillaire, un peu, comme
dans les rhinocéros, de manière que la tête posée sur un
plan et appuyée sur les dents, les condyles occipitaux en
sont très distants par leur élévation.

La tête de la girafe, longue et étroite, est courbée presque également suivant sa longueur, de manière à toucher
vers ses deux extrémités le plan de position. Sa plus
grande largeur est en outre , non pas en arrière , mais
au milieu dans le diamètre orbitaire, s'atténuant aussi
bien en arrière qu'en avant.

Quant à la forme des dents molaires, elle est également
très différente dans les deux espèces. Ces dents sont,
comme dans tous les ruminants, au nombre de six ; elles
ont quelque ressemblance avec celles du chameau , quoiqu'elles soient cependant beaucoup plus épaisses que
larges. La forme du croissant interne de la surface tritu-
rante des trois molaires postérieures, au lieu de se
courber simplement, se plie en zigzag ou en sinuosités
profondes, un peu comme dans l'*elasmotherium* et même
comme dans l'*anoplotherium* ; cette disposition n'a nullement lieu dans la girafe, pas plus que dans aucun ruminant connu.

D'après ces faits, il n'y a donc rien de commun entre
le *sivatherium* et la girafe. Cette nouvelle espèce fossile
était réellement un animal très extraordinaire ; elle paraît se rapporter à un antilope plus hideux encore que le
gnu (*antilope gnu*. Linné). Sa tête était courte et pesante,
son crâne, très relevé et surtout très élargi en arrière,
portait peut-être des cornes, une plus petite en avant et
une autre tout à fait en arrière comme dans de certaines
espèces de rhinocéros. La face de cet animal , assez sem-

blable à celle du rhinocéros, était pourvue de très petits
yeux latéraux, et sans doute de grandes lèvres, peut-être
même d'une trompe nasale, du moins d'après MM. Hugh-
Falconer et Cautley, auxquels on doit la découverte de
cette singulière espèce. Le cou et les membres devaient
être en proportion et en rapport avec la forme de la tête,
c'est-à-dire robustes, solides et assez peu élevés. On sait
qu'il en est tout le contraire dans la giraffe, animal dont
toutes les parties de l'organisation, les proportions et les
allures indiquent un habitant des vastes pays de plaines
ou des forêts, et nullement de lieux plus ou moins
montueux.

Enfin, M. de Blainville a fait encore observer que relativement aux prolongements dont la tête est armée, il
n'y avait nulle comparaison à faire pour leur nombre,
leur position et leur structure entre les deux espèces.

La tête du *sivatherium* portait donc de véritables cornes,
car le prolongement osseux s'y continuait sans interrup-
tion avec le frontal. Ces cornes y étaient au nombre de
deux ou de quatre; deux sous-orbitaires et deux sub-occi-
pitales, à peu près comme dans l'*antilope quadricornis*.

Dans la giraffe, il n'y a pas de cornes proprement dites.
La peau soulevée pour ainsi dire en deux ou trois en-
droits, suivant les sexes, est soutenue par des épiphyses
singulières pleines quoique vasculifères, ayant plus de
rapport avec un bois de cerf qu'avec une corne, toujours
plus ou moins creuse et en communication avec les sinus
frontaux.

Enfin, ces prolongements frontaux sont constamment
en nombre impair dans la giraffe. On en voit un médian
au milieu du front, et les deux autres sur la suture
fronto-pariétale.

Comment, après de pareilles différences et une infinité
d'autres que nous omettons pour abréger, pouvoir trouver
quelque rapport spécifique entre des animaux aussi dis-

semblables. Pour le faire, on est réduit à dire « que la
« tête est plus concentrée d'avant en arrière dans la
« giraffe des premiers âges de la terre, et plus svelte et
« alongée dans la giraffe de l'époque actuelle, et qu'il
« en est de même, mais dans un état inverse, dans
« l'*elephas primigenius* et *africanus*, dont les têtes sont
« aussi extrêmement différentes. »

Il faut l'avouer, avec de pareilles suppositions, il n'est
pas d'espèce que l'on ne puisse rapprocher d'une autre,
tout en convenant pourtant de leurs différences; mais
lorsqu'il s'agit de faits positifs que nous pouvons voir et
toucher, il semble que l'on doit s'en tenir à ce que nous
apprend leur observation, plutôt que de chercher à les
expliquer à l'aide d'idées théoriques conçues *à priori*, et
qui dès lors ne sauraient être l'expression des faits.

Où chercher enfin parmi nos espèces vivantes, un
quadrupède terrestre que l'on puisse rapprocher du
megatherium, ce leviatham des Pampas? Sans doute, dans
plusieurs parties de son organisation, cet animal se rap-
prochait beaucoup des paresseux (*bradipus*), sous le rapport de la forme de sa tête et des épaules. Mais d'un autre
côté il présentait combinés, dans ses jambes et ses pieds,
un mélange des caractères du fourmilier du raton et
du *clamyphorus*. L'armure osseuse dans laquelle cet
animal était enfoncé, le faisait ressembler encore plus
au tatou.

Pour la taille, le *megatherium* surpassait tous les édentés
existants, avec lesquels il avait le plus d'affinités. Enfin
ses pieds qui avaient près d'un mètre de longueur, étaient
terminés par des ongles gigantesques. Quant à sa queue,
elle était probablement couverte aussi d'une armure
beaucoup plus grosse et plus forte que celle d'aucun
autre mammifère terrestre soit vivant, soit fossile.

Aussi grossièrement construit et pesamment armé,
cet animal ne pouvait ni courir, ni sauter, ni grimper,

ni se creuser un terrier sous le sol. Du reste qu'avait-il
besoin d'agilité pour fuir ses ennemis, lui dont la car-
casse gigantesque était enfermée dans une cuirasse im-
pénétrable, et qui d'un seul coup de son pied ou de sa
queue, pouvait en un instant anéantir le tigre ou le
crocodile.

Pour prouver que c'est avec raison que Cuvier a soutenu l'immutabilité des espèces, et qu'il n'est aucun fait
qui puisse faire supposer que', par suite de transformations successives, les espèces aient jamais pu passer
les unes dans les autres, nous avons choisi nos exemples
parmi les races qui ont appartenu aux temps géologiques les moins éloignés de nous. Mais que serait-ce
si nous les avions pris parmi les espèces des terrains secondaires, tels que les *ichtyosaurus*, les *plesiosaurus* et les
pterodactylus, dont les formes sont si étranges et si paradoxales, que nous ne saurions leur trouver la moindre
analogie avec aucun de nos reptiles.

Où trouver en effet, dans la création actuelle, un lézard
poisson d'une longueur de plus de trente pieds, et dont
l'organisation présentait des particularités maintenant
départies à diverses classes et à divers ordres d'animaux,
mais que l'on ne retrouve plus dans un seul et même
genre. Les anciens *ichtyosaurus* avaient tout à la fois le
museau d'un marsouin, les dents d'un crocodile, la tête
d'un lézard, les vertèbres d'un poisson, le sternum de
l'ornithorinque et les nageoires d'une baleine.

Le *plesiosaurus*, contemporain de ce singulier lézard
poisson, était peut-être plus hétéroclite encore. A une
tête de lézard, il joignait les dents d'un crocodile, un
cou d'une énorme longueur semblable au corps d'un serpent, un tronc et une queue dont les proportions étaient
celles de ces mêmes parties chez un quadrupède ordinaire, les côtes d'un caméléon et les nageoires d'une
baleine. Ainsi loin que ce reptile ait le moindre rapport

avec aucun de nos reptiles actuels, il était composé de
parties essentiellement pareilles, à celles que l'on observe aujourd'hui dans des espèces différentes dont plusieurs offrent même une organisation assez parfaite.

Ce ne sera certainement pas non plus les pterodactyles
que l'on pourra comparer à nos reptiles vivants, eux
dont les formes bizarres rappellent les fameux dragons
des romans de la chevalerie, et ne peuvent pas cependant être considérés comme les souches de nos reptiles
volants. Ces animaux offrent, dans leur structure, des
anomalies si extraordinaires, qu'avec la forme de la tête
et du cou, assez rapprochée de celle de ces parties chez
les oiseaux, ils avaient les ailes des chauve-souris, et la
queue et le corps analogues à ceux des mammifères,
organisation qui n'a rien de commun avec celle d'aucune
de nos races actuelles.

Ces caractères, joints à un crâne étroit comme celui
des reptiles et à un bec garni de soixante dents aiguës,
présentaient des anomalies, qui réellement en faisaient
des animaux très extraordinaires.

Il semble pourtant que si des métamorphoses, ou des
transformations successives avaient eu lieu dans une
espèce quelconque, on ne voit pas pourquoi elles ne se
seraient point opérées dans toutes. Or, il paraît que relativement à ces anciens reptiles, il est impossible de les
considérer comme ayant la moindre analogie avec aucun
des reptiles de notre monde; car leur organisation est si
complexe, qu'elle se rapporte à plusieurs classes différentes, et non point à une seule. On ne peut donc, en s'en
tenant aux faits positifs, considérer les premiers comme
étant la souche de laquelle seraient provenues aucunes
de nos espèces vivantes.

Ce que nous venons de dire de ces reptiles, nous pourrions l'observer relativement aux mammifères terrestres;
car, si les mammifères terrestres et les autres animaux

de l'ancien monde, avaient été les types des espèces
vivantes, il existerait des rapports de formes entre
les uns et les autres; ou du moins, l'on reconnaîtrait
quelques relations de nombre ou quelques rapports de
familles des unes avec les autres. Or, loin que l'on puisse
apercevoir quelques indices de ces rapports, le contraire
se remarque à peu près généralement.

Du moins, la proportion des diverses familles n'a jamais
été la même aux époques géologiques et aux époques
historiques. Ainsi, les animaux à respiration aérienne,
particulièrement les mammifères terrestres, n'ont paru
que fort tard sur la scène de l'ancien monde ; et parmi
ceux-ci, les pachydermes appartenant pour la plupart à
des formes qui ne se sont plus perpétuées dans les temps
présents, ont été les plus anciens. Ils composaient
d'abord presque à eux seuls, la population tertiaire. A
cette population en a succédé une autre, composée
principalement des solipèdes du genre des chevaux,
des ruminants des genres cerfs et bœufs, et enfin de
quelques rongeurs et carnassiers.

Ces deux grandes époques géologiques sont l'une et
l'autre caractérisées par les espèces de ces familles,
espèces dont l'excès et la surabondance, si l'on peut se
servir de cette expression, étaient infiniment marquées
relativement aux autres. Il est donc vrai qu'à aucune
époque de l'ancienne création, les familles, les genres
et même les espèces, n'ont jamais été dans des rapports
semblables à ceux que nous observons dans les êtres
de la création actuelle.

De pareilles différences et de plus grandes encore, se
présentent lorsqu'on compare les espèces des deux
créations sous le rapport de leur nombre. A la vérité,
l'on peut observer que nous sommes loin de connaître
tous les êtres de l'ancien monde ainsi que ceux du
nouveau. Quant à ces derniers, le nombre des espèces

quilles, ont pu par cela même laisser des traces de leur
ancienne existence. Dès lors, puisqu'il existe d'aussi
grandes différences entre l'ancienne et la nouvelle création, comment pourrait-on admettre que l'une a produit
l'autre? Il faut en convenir, il est difficile de le supposer.

Pour mieux faire saisir le rapport des deux créations,
nous allons en tracer le tableau. Ce tableau prouve
l'énorme différence qui existe entre le nombre des êtres
de la nouvelle création, et celui des espèces anciennes.
La différence est si grande, qu'elle peut dépendre de ce
qu'un grand nombre des dernières n'ont laissé aucune trace
de leur existence; car, s'il est vrai de dire que nous
sommes loin de connaître la totalité des êtres des époques
géologiques, dont les restes ont été conservés, il ne l'est
pas moins que nous ne connaissons pas encore la totalité
des espèces actuelles. Les voyages exécutés de nos jours
ont assez prouvé combien il nous en reste à découvrir,
d'après celles qu'ils ont fait reconnaître. Aussi les nombres que nous allons donner sont loin d'être exacts et
absolus; ils ont seulement l'avantage de nous faire saisir
les rapports qui existent entre l'ancienne et la nouvelle
création. On ne doit donc considérer ces rapports que
comme approximatifs; toutefois les résultats qu'ils annoncent sont trop différents, pour ne pas supposer qu'ils
ont quelque chose de réel.

Il est un de ces résultats qui est trop remarquable
pour ne pas être mentionné, c'est la différence de proportion qui paraît avoir existé entre le nombre des animaux à respiration aérienne des temps géologiques et
celui des temps historiques. D'après les tableaux suivants,
il y aurait eu dans l'ancien monde si peu d'animaux à
respiration aérienne, comparativement à celui que nous
voyons sur notre terre, que ces derniers y sont maintenant de 21 ou de 22 fois plus considérables qu'autrefois.
Encore dans ce calcul, sont compris la totalité de ces

animaux qui ont vécu pendant l'entière série des temps géologiques ; car si nous l'avions établi sur les plus anciennes époques, ce nombre n'aurait pas été un soixante et dix millième de l'actuel.

Un pareil rapport n'existe pas entre les végétaux terrestres de l'ancien monde et ceux du monde nouveau ; car dès les plus anciennes époques, les premiers ont été en excès relativement aux végétaux marins, soit pour le nombre des espèces, soit pour celui des individus.

Cette différence remarquable entre la proportion des animaux et des végétaux terrestres, aux époques géologiques et historiques, a tenu peut-être à la composition de l'atmosphère, qui, favorable aux uns, ne l'était pas pour les autres. A la vérité on a fait une objection à cette supposition ; on l'a fondée sur ce que la construction des yeux des anciens crustacés était tout à fait semblable à l'organisation des mêmes organes dans nos crustacés. Dès lors, on fait observer qu'une pareille conformité en annonçait une non moins grande dans la composition de l'atmosphère que traversaient les rayons lumineux.

Cette objection serait très grave, si l'on n'admettait en même temps qu'il existait d'autres différences entre l'état du globe aux anciennes périodes et son état actuel. Mais lorsque cette plus forte proportion d'acide carbonique se trouvait dans l'atmosphère, la température de la surface de la terre était animée d'une plus grande chaleur, et par suite d'une lumière beaucoup plus vive. D'un autre côté, la dispersion de la vapeur vésiculaire plus complète, compensait probablement l'affaiblissement que la lumière aurait pu éprouver, par une plus grande quantité d'acide carbonique répandue dans l'atmosphère.

Ainsi, l'identité de conformation organique des yeux des trilobites avec ceux des crustacés actuels, ne prouve donc pas qu'il n'y ait pas eu plus d'acide carbonique dans l'air qu'il n'y en a maintenant, ainsi que l'annoncent la rareté des animaux à respiration aérienne, et enfin les immenses dépôts de charbon que nous ont laissés les végétaux des anciennes époques.

Voici du reste le tableau des espèces vivantes actuellement connues.

I. RÈGNE ANIMAL.

ANIMAUX VERTÉBRÉS.

1° *Mammifères.*

Nombre connu à l'époque de Linné et de Gmelin.	350
A l'époque de Buffon.	300
A l'époque de M. Desmarest . . .	800
A l'époque de M. Lesson.	1,100
Présumé actuellement environ. .	1,550

2° *Oiseaux.*

Nombre connu à l'époque de Linné	1,300
A l'époque de Buffon.	1,700
A celle de Vieillot	5,000
A celle de Cuvier.	5,000
A celle de M. Lesson . . . . · . .	6,500
Présumé actuellement environ. .	7,500

3° *Reptiles.*

Nombre connu à l'époque de Linné.	300
A celle de Lacépède	500
A celle de Meren.	623
Présumé actuellement environ. .	1,550

4° *Poissons.*

Nombre connu à l'époque de Lacépède en 1802.	1,300
A l'époque de Cuvier en 1828 . .	6,000
Présumé actuellement environ. .	8,400

RÉCAPITULATION.

1° Mammifères	1,550	
2° Oiseaux	7,500	
3° Reptiles	1,550	19,000
4° Poissons	8,400	
Total des animaux vertébrés. .	19,000	

ANIMAUX INVERTÉBRÉS.

1° *Articulés.*

1° Crustacés.	1,500
2° Arachnides.	2,600
3° Insectes	55,500
4° Annelides	400
Total des animaux articulés	60,000

2° *Non articulés.*

1° Mollusques.	20,000
2° Zoophytes	8,500
Total des animaux non articulés . .	28,500

RÉCAPITULATION.

Animaux vertébrés	19,000	
Animaux invertébrés	88,500	107,500
Total général des anim. connus.	107,500	

II. RÈGNE VÉGÉTAL.

Nombre connu du temps de Tournefort	6,000
Du temps de Linné et de Gmelin.	8,000
Du temps de Person en 1806. . .	17,000
Du temps de M. de Candolle, 1817	40,000
Du temps de M. Steudel, en 1823.	50,534
Nombre présumé maintenant, environ	80,000
Comme le nombre des végétaux qui existent sur le globe paraît être au moins de . . .	100,000
Il reste donc à découvrir.	20,000

Il faut encore ajouter à ces nombres, ceux fournis par les êtres microscopiques, soit animaux, soit végétaux, sur lesquels, on n'a pas encore porté une attention bien sérieuse, en sorte que l'on peut évaluer à environ 300,000 la totalité des êtres actuellement vivants, c'est-à-dire soit les animaux, soit les végétaux.

Ce nombre serait bien plus considérable encore, si l'on adoptait les prévisions de Linné, qui avait supposé qu'il existait sur le globe plus d'animaux que de végétaux, et que les premiers y étaient trois fois plus nombreux que les seconds.

Si l'on consulte maintenant le tableau des espèces fossiles et humatiles, publié en 1834 par M. Keferstein, nous trouvons que leur nombre total s'élève à 8,631. Depuis cette époque, des recherches nombreuses ont été faites de toutes parts, en sorte que ce nombre peut bien être porté à 9,000 espèces environ.

Voici du reste le tableau que nous devons à M. Keferstein.

I. ANIMAUX VERTÉBRÉS FOSSILES OU HUMATILES.

1° Mammifères.	Genres 86.	Espèces	270
2° Oiseaux.	Genres 19.	Espèces	19
3° Reptiles et amphibies.	Genres 36.	Espèces	120
4° Poissons.	Genres 88.	Espèces	287

Total des animaux vertébrés fossiles. 696

II. ANIMAUX INVERTÉBRÉS FOSSILES OU HUMATILES.

1° Insectes.	Genres 153.	Espèces	247
2° Malacostracés.	Genres 51.	Espèces	202
3° Mollusques	Genres 332.	Espèces	6,056
4° Annélides.	Genres 4.	Espèces	102
5° Échinodermes.	Genres 38.	Espèces	411
6° Polypiers.	Genres 113.	Espèces	997

Total des animaux invertébrés fossiles. 7,935

RÉCAPITULATION.

1° Animaux vertébrés.	696
2° Animaux invertébrés.	7,935
Total général.	8,631

Ainsi, le nombre des espèces fossiles et humatiles qui
nous sont connues, est bien inférieur à celui des espèces
vivantes. L'excès de celles-ci semble nous annoncer que
le globe s'est peuplé peu à peu d'animaux, ou qu'un assez
grand nombre d'espèces organisées ont existé sans laisser
la moindre trace de leur apparition.

Cependant les espèces qui ont vécu dans les temps
géologiques, ont pu se conserver plutôt que celles qui

périssent actuellement. Les dépôts abondants qui s'opéraient aux époques géologiques, ont dû les revêtir et les
préserver de l'influence des agents extérieurs. Cette cause
n'agissant presque plus dans les temps présents, nos races
actuelles ne laisseront probablement plus des traces de
leur existence. Leurs dépouilles disparaîtront ainsi d'une
manière complète pour les siècles à venir, comme celles
des êtres des temps géologiques, qui, n'ayant rien de solide
dans leur tissu, n'ont pu laisser des vestiges de leur existence, soit par leurs empreintes, soit par leurs moules inté-
rieurs. Néanmoins certains de ceux qui n'ont aucune sorte
d'enveloppe solide, ont été transformés en silex, en
tripoli ou en fer limoneux, de manière à ce que leur existence nous est démontrée de la manière la plus évidente.
Tels sont les nombreux zoophytes de l'ancien monde, et
particulièrement les infusoires découverts récemment par
M. Ehrenberg en si grand nombre, qu'ils composent presque à eux seuls entièrement certaines roches d'eau douce.

Les chances de conservation ont donc été plus favorables
pour les espèces fossiles et humatiles que pour nos races
actuelles. Dès lors, puisque l'on découvre si peu des pré-
mières en comparaison des secondes, cette différence
doit dépendre de ce que, dans les temps géoloqiquess, le
globe a possédé un moindre nombre d'animaux qu'actuellement.

Cette conclusion s'accorde du reste parfaitement avec
toutes les autres circonstances géologiques. Ces circonstances, comme les faits que nous avons rapportés plus
haut, annoncent en effet que la vie ne s'est établie que
par degré sur le globe, et que les animaux et les végétaux
y sont devenus de plus en plus nombreux, à mesure que
la terre parvenait ou s'approchait de l'état de stabilité
auquel elle est maintenant arrivée.

La comparaison de la flore de l'ancien monde avec celle
du monde nouveau, conduit également à la même consé-

quence. L'on évalue la totalité des végétaux fossiles et humatiles connus actuellement à environ 131 genres et à 807 espèces. D'un autre côté, nous avons vu que nous connaissions déjà à peu près 80,000 espèces végétales, en sorte qu'en portant à 1,000 la totalité des végétaux fossiles, le premier nombre serait toujours quatre-vingts fois plus considérable que le second.

Une pareille différence entre les rapports des deux végétations, tout extraordinaire qu'elle puisse paraître, est cependant bien réelle. Pour en être convaincu, il suffit de se rappeler l'uniformité qui règne dans les diverses formations végétales des temps géologiques relativement au nombre des espèces qu'on y découvre. Cette uniformité paraît avoir dépendu de l'égalité de température des régions les plus différentes. Par suite de l'universalité des anciens climats, la végétation des premiers temps était donc bien moins diversifiée que notre flore actuelle. Aussi son aspect devait être très-différent de celui que présente la nôtre, et son peu de variété lui donnait certainement une physionomie toute particulière, fatigante à la fois par sa tristesse et sa monotonie.

Enfin, à toutes les périodes que la terre a parcourues, le nombre des animaux paraît avoir été constamment supérieur à celui des végétaux, fait qui confirme puissamment les hautes prévisions de Linné. Il est cependant une exception à cette loi, cette exception est trop remarquable pour ne pas devoir être signalée. Lorsqu'on compare les animaux terrestres des anciennes époques avec les végétaux qui avaient le même genre d'habitation, on trouve que le nombre des derniers est bien supérieur aux premiers; en sorte que relativement aux animaux qui habitaient les terres sèches et découvertes, ils ne sont arrivés sur le globe que par degré et avec une extrême lenteur.

Il résulte de cette comparaison, que les circonstances

24

sous lesquelles les animaux et les végétaux des anciennes
périodes ont vécu, favorables au développement de la
végétation, ne l'étaient pas à la vie des animaux qui
respirent l'air en nature.

Ainsi, soit que l'on s'en tienne à la différence de nombre
ou de proportion que l'on observe entre les deux créations, ou à l'ensemble de leurs caractères zoologiques et
anatomiques, on arrive toujours à la même conséquence,
c'est-à-dire qu'aucun fait précis et positif ne peut nous
faire considérer les espèces anciennes comme la souche
des races vivantes.

Parmi tous les animaux que nous pouvons choisir pour
établir cette comparaison, il n'en est point de plus frappants que les poissons qui depuis l'apparition de la vie
sur la terre, n'ont jamais cessé d'y exister.

Quant aux poissons des temps géologiques, rien ne
prouve, malgré le long intervalle qui s'est écoulé depuis
leur apparition, qu'ils aient été les souches desquelles
seraient provenues nos races actuelles. La comparaison est
ici d'autant plus facile à faire, et d'autant plus complète,
que les poissons ont existé dès le moment où la vie s'est
manifestée, et ont constamment persisté depuis les terrains de transition jusqu'à l'époque actuelle.

Les poissons offrent donc sous le rapport de la géologie zoologique, l'immense avantage de s'étendre à travers
toutes les formations, et d'offrir dans une même classe
d'animaux vertébrés, un point de comparaison pour les
différences que peuvent présenter, dans le plus grand
laps de temps connu, des animaux construits en général
sur un même plan.

Cette comparaison offre d'autant plus d'intérêt, qu'elle
porte sur une classe d'animaux qui compte déjà un grand
nombre d'espèces fossiles, dont la plupart appartiennent à
des types qui n'existent plus, et dont par conséquent les
affinités avec les espèces vivantes sont des plus éloignées.

Ces affinités ne le sont pas moins que celles qui rattachent les crinoïdes aux échinodermes ordinaires, comme
les nautiles et les sepia aux belemnites et aux ammonites.
Elles le sont tout autant que les analogies que l'on pourrait trouver entre nos sauriens et les anciens ptérodactyles, ichtyosaures et plésiosaures. Elles sont surtout bien
éloignées, en comparaison des différences qui existent
entre les pachydermes vivants et ceux qui habitaient jadis le bord des lacs des plaines du Midi ou du Nord de
la France, ou qui fréquentaient les lieux marécageux de
la Sibérie.

Ainsi, les poissons fossiles comme les autres débris organiques, nous indiquent qu'aux différentes phases de la
terre, des créations nouvelles ont été successivement
produites, créations qui n'ont rien eu de commun avec
celles qui les avaient précédées comme avec les générations qui les ont suivies.

Tout ce que ces générations nous montrent dans leurs
développements successifs, c'est une tendance marquée
vers une plus grande complication d'organisation. Ainsi
les différentes classes d'un même ordre d'animaux n'ont
pas été créées d'une manière instantanée, mais après un
grand nombre de tâtonnements, lesquels sont surtout
sensibles chez les animaux vertébrés, dont l'organisation
est évidemment plus compliquée que celle des animaux
invertébrés.

En effet, les poissons des terrains de transition ont
quelques rapports avec les reptiles, tout comme les reptiles des formations jurassiques en ont avec les poissons
ainsi qu'avec les oiseaux et les mammifères marins. Il est,
en effet, un genre parmi ces étranges reptiles qui avait
quelque rapport avec les oiseaux et même avec certains
de nos mammifères terrestres. Ils pouvaient du moins,
comme eux, parcourir les vastes plaines de l'air, et s'y soutenir assez long temps, quoiqu'ils ne pussent voler qu'à

l'aide d'un seul doigt. Ainsi, tandis que les oiseaux volent avec leurs ailes, les chauve-souris avec leurs mains, leur pouce étant seul libre, les ptérodactyles voltigeaient à l'aide d'un doigt seulement, les autres garnis d'ongles de. meurant indépendants. C'est donc par de pareils tâtonnements et en donnant à certaines espèces, des modes d'organisation qui ne conviennent qu'à d'autres classes, que la nature a produit cette multitude d'êtres, dont les formes quoique très-variées, peuvent cependant être ramenées à un petit nombre de types fondamentaux.

Mais toutes ces créations, quelque grandes qu'aient été leurs différences, ont toujours présenté une organisation appropriée aux diverses conditions d'existence qui se sont réalisées à la surface du globe, à la suite des diverses modifications qui y ont eu lieu.

La première remarque que nous ferons relativement aux poissons des terrains de transition, c'est qu'ils n'ont rien de commun avec nos espèces vivantes. Ces poissons ont, en effet, participé à la fois du caractère des reptiles et des animaux de leur classe. Ce caractère mixte semble ne s'être perdu dans cet ordre de vertébré, qu'après l'apparition d'un grand nombre de reptiles; à peu près comme nous voyons les ichtyosaures et les plésiosaures participer par leur ostéologie aux caractères des cétacés. Les grands sauriens terrestres de la même époque ont certains des caractères des pachydermes, qui n'ont cependant été créés que beaucoup plus tard.

Indépendamment de ces rapports avec les reptiles, les poissons sauroïdes des plus anciennes époques géologiques, se font remarquer par une très-grande similitude dans leurs types et une très-grande uniformité dans les parties qui les composent. Cette uniformité est souvent si grande, qu'il est fort difficile de distinguer les écailles, les os et les dents, les uns des autres.

Enfin, c'est surtout par leurs caractères ostéologiques,

que ces singuliers poissons rappellent à tant d'égards les squelettes des sauriens. Cette analogie est annoncée par les sutures plus intimes de leurs os du crâne, et par leurs dents grandes, coniques et striées longitudinalement. Elle est encore sensible, par la manière dont les apophyses épineuses sont articulées avec les corps des vertèbres et les côtes à l'extrémité des apophyses transverses.

L'organisation intérieure des parties molles rapproche encore ce groupe de celui des reptiles. En effet, les espèces de ce groupe avaient une glotte analogue à celle des sirènes et des reptiles salamandroïdes, et de plus une vessie natatoire celluleuse, avec une trachée artère semblable au poumon des ophidiens. Les téguments de ces poissons ont souvent une apparence si conforme à celle des téguments des crocodiles, qu'il n'est pas toujours possible de les distinguer.

Les poissons des terrains de transition se rapportent uniquement aux ordres des placoïdes et des ganoïdes, ordres très-peu nombreux maintenant, mais qui ont existé seuls durant toute la période écoulée depuis que la terre a commencé d'être habitée, jusqu'au moment où les animaux du grès vert (*Green-Sand*) ont apparu. Du reste, on ne doit pas être surpris que les poissons placés plus haut dans la chaîne des êtres que les rayonnés, les crustacés et les mollusques, présentent par cela même des particularités d'organisation plus nombreuses et sujettes à des différentiations plus grandes, que les animaux invertébrés.

Aussi remarque-t-on chez eux, dans des limites géographiques plus étroites, des différences plus grandes et plus considérables que chez les animaux les plus inférieurs. L'on ne voit donc pas chez les poissons de l'ancien monde, des genres, ni même des familles, parcourir toute la série des formations, avec des espèces souvent très-peu différentes en apparence, comme cela a lieu pour les zoophytes et pour les mollusques.

Cette classe est au contraire représentée, d'une formation à l'autre, par des genres très-différents qui se rapportent à des familles, dont les races ont peu persisté sur
la scène de l'ancien monde. Il semble donc d'après ces faits,
que l'appareil compliqué d'une organisation supérieure ne
peut pas se perpétuer long-temps, sans modifications intimes. La vie animale tend plutôt à se diversifier dans les
ordres supérieurs du règne animal, que sur les échelons
placés le plus bas dans la série.

Il en est des poissons comme des mammifères et des
reptiles, dont les espèces peu étendues en général appartiennent, dans la série des formations même très-rappro-
chées en distance verticale, à des genres différents,
sans passer insensiblement d'une formation à l'autre. Il en
est de même d'un assez grand nombre de mollusques,
dont l'ancienne existence nous est connue par les coquilles qui nous en sont restées. Il ne paraît pas, en effet,
exister une seule espèce de poisson fossile qui se trouve
successivement dans deux formations différentes ; tandis
qu'il en est un grand nombre que l'on découvre sur une
étendue horizontale très-considérable.

Il y a donc une diversité totale entre les poissons d'une
formation et ceux d'une autre ; c'est en effet ce que l'observation nous démontre entre les espèces des terrains de
transition et celles des terrains houillers. Les premiers
semblent avoir été tous omnivores, à en juger par la
forme de leurs dents qui sont arrondies ou disposées
comme des brosses, tandis que les seconds étaient émi-
nemment carnivores, leurs dents étant grosses, coniques
et acérées.

On peut d'autant moins douter des habitudes particulières aux espèces du groupe carbonifère, que l'on reconnaît dans leurs coprolithes, les écailles des poissons qu'ils
mangeaient ; ces écailles sont même souvent déterminables. Il y a plus encore, certaines portions plus ou

moins considérables des intestins sont assez bien conservées, ainsi que parfois l'estomac avec ses différentes
membranes, pour juger des mœurs de ces poissons.

En considérant les poissons relativement aux diverses
séries géologiques dans lesquelles on observe ces animaux, on observe entre eux deux grandes divisions qui
ont leurs limites aux grès verts.

La première ou la plus ancienne ne comprend que des
ganoïdes et des placoïdes. La seconde, plus récente, est
aussi plus intimement liée avec les poissons actuellement
vivants, comprend des formes et des organisations beaucoup plus diversifiées. Ce sont surtout des cténoïdes, des
cycloïdes, avec un très-petit nombre d'espèces des deux
ordres précédents, lesquels disparaissent insensiblement
et dont les analogues vivants sont considérablement modifiés, eu égard aux espèces qu'ils rappellent.

Ainsi par exemple, quoique le petit nombre des poissons trouvés dans les terrains de transition ne permette
pas encore de leur assigner un caractère particulier, il
paraît pourtant que leurs espèces appartiennent à des
types qui n'arrivent pas même jusqu'aux terrains houillers. Ceci est du moins, sans exception, relativement
au même type spécifique qui est différent dans l'une
comme dans l'autre de ces formations.

Enfin, il n'est pas moins certain que les poissons de
l'ordre des ganoïdes et particulièrement ceux des familles
des lépidoïdes et des sauroïdes, n'ont été encore découverts que dans les terrains antérieurs à la formation du
lias. Cette circonstance ne peut être accidentelle. Du
moins nous la voyons se reproduire dans les mêmes limites et sur un nombre d'espèces presque aussi considérable dans la famille des sauroïdes, en même temps que
ceux de l'ordre des placoïdes qui les accompagnent dans
les mêmes terrains.

Ces poissons offrent tous cette particularité remarquable, d'avoir une structure semblable dans leur queue. Quelque condition d'existence a donc agi dans ces temps reculés sur le développement de la vie organique, et a déterminé une conformation aussi singulière et aussi générale. Il n'est pas possible de considérer des phénomènes dont la constance est des plus remarquable, comme de simples exceptions. La nature ne paraît pas du moins en admettre de pareilles dans ses productions sur une échelle aussi étendue.

On ne peut du reste considérer ces formes comme des antécédents de celles qui les ont suivies, ni les traits qui les caractérisent et les distinguent comme des différences résultant d'un développement progressif. Ces différences consistent surtout en une transition d'une structure non symétrique à une structure d'une symétrie de plus en plus parfaite, qui a prévalu dans les époques subséquentes, les formes non symétriques ayant successivement disparu.

Si maintenant nous jetons nos regards sur l'ensemble des êtres organisés qui ont vécu simultanément avec ces poissons, nous remarquerons que la plupart d'entre eux étaient fixés au fond des eaux. Ils y rampaient du moins sans pouvoir s'élever librement et à leur gré vers la surface et se transporter à de grandes distances. A l'exception d'un très-petit nombre d'insectes et de quelques reptiles, dont l'apparition est de beaucoup postérieure à celle des poissons, tous les premiers animaux vivaient essentiellement dans le sein des eaux.

Le sol ne portait encore que des végétaux analogues à ceux qui croissent maintenant dans les grands archipels, ou dans les plaines basses et humides des contrées les plus chaudes de la terre. Les poissons sont donc les premiers animaux auxquels il a été donné de franchir spontanément l'espace entre deux eaux dans toutes sortes de directions.

En effet, les mouvements des crustacés sont des mouvements irréguliers et peu soutenus. Parmi les mollusques, les céphalopodes sont les plus mobiles; aussi voguent-ils à la surface des eaux où ils deviennent le jouet des vents dans leurs ascensions aquatiques. Les gastéropodes sont déjà beaucoup plus liés au sol, et quant aux acéphales et aux branchiopodes, ils y sont le plus fréquemment fixés d'une manière constante.

Tous les polypes et les crinoïdes de ces temps anciens, étaient attachés également par leur base à différents corps solides, et par cela même, ils ne pouvaient pas se déplacer. D'un autre côté, les premiers poissons avec leur caudale non symétrique, ne pouvaient exécuter des mouvements aussi précis, que les poissons symétriques de l'époque suivante. Aussi leurs mouvements progressifs devaient être vacillants, excessivement bornés et restreints, comme tous ceux que pouvaient produire les animaux qui étaient leurs contemporains.

Mais ce que ce mode avait de singulier, c'est que les premiers des animaux qui ont habité cette terre d'abord vide d'habitants, respirant tous par des branchies, ne pouvaient encore proférer ni faire entendre le moindre cri. Ils vivaient tous dans le silence le plus absolu; et la nature était ainsi totalement muette. Combien ces temps sont éloignés de l'époque où la surface du globe s'est peuplée d'oiseaux et de mammifères, et où leurs chants ont animé cette terre, si long-temps privée des accents des êtres qui y avaient été jetés par une main toute puissante! Qu'il y a loin enfin, des premiers de ces temps, où la nature fut saluée par les voix nombreuses des oiseaux qui venaient de paraître, à ceux où l'homme apparaissant à son tour sur cette terre qu'il devait conquérir, a pu réfléchir sur les événements qui ont amené les divers changements par lesquels a passé la vie organique!

Les faits que nous venons d'exposer, suffiront sans doute, pour faire juger que malgré ces divers changements, les espèces n'ont jamais, à aucune époque, passé les unes dans les autres; mais qu'à chaque phase de la terre ont correspondu des créations diverses, qui tour à tour ont brillé plus ou moins long-temps, et ont remplacé les premières qui avaient été totalement anéanties, et dont il n'a plus existé de traces dans les époques suivantes.

Après ces faits, il ne nous reste donc plus qu'à démontrer que les circonstances géologiques bien étudiées s'opposent également à ce que l'on puisse admettre ces prétendus passages, ou ces transformations à l'aide desquelles on voudrait expliquer les différences qui existent entre les anciennes créations et celle dont nous sommes les témoins. Nous n'en citerons plus qu'un exemple, c'est celui qui nous est fourni par les *hipparums* ou les *hippotheriums*, ou les chevaux cerfs des derniers dépôts géologiques. Lorsque ces singuliers chevaux de l'ancien monde, qui ont des rapports avec les cerfs par leurs formes sveltes et élancées, et avec les *palæotheriums* par le nombre de leurs phalanges, ont été découverts, on a de suite supposé que les *hipparums* étaient les ascendants de nos chevaux actuels. Mais un fait bien simple s'opposait pour lors à cette supposition; les derniers avaient été rencontrés dans des terrains plus anciens que les premiers; dès lors l'inverse aurait pu seul être admis.

A la vérité, depuis cette époque M. Kaup a rencontré deux espèces d'*hippotheriums* dans les terrains d'eau douce tertiaires du bassin émergé d'Eppelsheim; mais il est encore douteux, même d'après nos observations récentes, que l'on en ait trouvé jusqu'à présent dans les terrains tertiaires des bassins immergés, où existent pourtant les débris des anciens chevaux.

Supposons cependant que l'on parvienne à en décou-

vrir dans ces terrains, confondus si l'on veut aux restes
des chevaux; comment même, dans cette supposition,
admettre que deux espèces qui auraient vécu simultanément ensemble, sous l'empire de circonstances analogues
ou semblables, elles aient pu passer plus tard l'une dans
l'autre. Ce passage aurait eu lieu, de manière que l'une
d'entre elles, les chevaux, se serait perpétuée jusqu'à
nous, et que l'autre, les *hipparinms*, aurait cessé de vivre
lors du dépôt des terrains quaternaires.

Cet exemple prouve donc, qu'en admettant que les
caractères des *hipparinms* fussent les mêmes que ceux des
chevaux, ce qui est loin d'être confirmé par les faits, les
circonstances géologiques s'opposent à ce que les uns puissent être considérés comme les ascendants des autres.

SECTION II.

EXISTE-T-IL DES RACES INTERMÉDIAIRES ENTRE NOS ESPÈCES ACTUELLES ET LES ESPÈCES DE L'ANCIEN MONDE.

Nous avons successivement étudié les différentes causes
qui peuvent avoir exercé quelque action sur les variations des espèces. L'examen de ces causes nous a prouvé
que toutes les variations possibles se bornaient au plus
ou au moins de volume dans les éléments organiques, et
à une altération dans la combinaison respective de chacun
d'entre eux.

Aussi il s'établit une compensation qui remédie à tous
les écarts. En effet, si des organes ou des matériaux organiques restent, quant au volume, en deçà d'un terme
moyen, d'autres sont extraordinairement accrus. Mais
l'observation des faits annonce-t-elle que ce jeu des variations se soit exercé avec plus de violence autrefois
que de nos jours. En un mot, ce jeu des variations a-t-il

été infini par suite de la plus grande activité des agents
extérieurs ou des milieux ambiants?

C'est ce que l'on ne saurait admettre que par induction ou en invoquant des hypothèses gratuites. Nous
avons déjà vu que probablement l'atmosphère des premières époques géologiques n'était pas composée des
mêmes éléments que ceux qui la forment aujourd'hui, et
que, par exemple, la proportion d'acide carbonique y
était pour lors plus considérable. Mais nous avons également fait sentir que toute l'influence de l'excès de cet
acide s'est bornée à donner aux végétaux la faculté de
produire une plus grande quantité de carbone, que celle
qu'ils sécrètent dans ce moment, à faciliter le développement des reptiles, dont la respiration incomplète y
trouvait un aliment approprié à leur constitution comme
à leurs besoins. Enfin elle a empêché l'apparition des animaux à respiration aérienne complète, tels, par exemple,
que les mammifères terrestres, et les oiseaux qui n'auraient pas pu vivre dans une pareille atmosphère.

Voilà tout ce que l'on peut raisonnablement admettre,
d'après ce que nous savons de l'ancien état du globe. Mais
dire que les anciennes fougères, les anciennes prêles,
et les anciens roseaux qui paraissent avoir formé les
dépôts houillers, modifiés par les changements survenus
dans la composition de l'atmosphère, ont produit nos
fougères, nos prêles et nos roseaux actuels, autant vau-
drait prétendre que nos reptiles vivants proviennent des
étranges et monstrueux *megalosaurus*, *ichtyosaurus*, *ple-*
siosaurus, *pterodactylus*, et tant d'autres non moins
extraordinaires, que nous pourrions signaler.

Pour rendre vraisemblable une pareille transformation, l'on devrait, avant tout, montrer quelque part
des espèces intermédiaires entre ces anciens ptérodactyles
et nos races vivantes. Nos chauve-souris seront-elles ces
tribus intermédiaires; mais il s'agit ici de reptiles et non

de mammifères. Nos dragons volants seront-ils enfin supposés former ce passage; remarquons, en faisant même abstraction de la différence dans les proportions de ces divers reptiles, que les dragons ne volent proprement pas, tandis que les ptérodactyles, à raison de leurs grandes ailes, volaient au contraire assez bien.

Leurs ailes, soutenues uniquement par le quatrième doigt ou l'externe, les trois premiers libres armés d'ongles crochus, leur servant probablement pour s'accrocher aux arbres, n'ont rien de commun ni d'analogue avec celles des dragons. En effet, l'organisation de ces derniers est totalement différente.

Les premières fausses côtes, au lieu de se contourner chez ces reptiles autour de l'abdomen, s'étendent au contraire en ligne droite, et soutiennent un prolongement de la peau qui forme une espèce d'aile analogue à celle de certains mammifères, mais qui ne se lie point avec les pattes.

Ce singulier prolongement ne sert donc point au vol, comme les ailes des ptérodactyles. Il pourrait, sous le rapport de son usage, être en quelque sorte comparé à celui du parachute. Aussi facilite-t-il les sauts de cet animal sur les arbres, parmi les rameaux desquels il circule avec une grande rapidité. D'après ces faits, il n'est donc pas possible d'établir aucune sorte de comparaison entre des animaux aussi différents par leur organisation que le sont les ptérodactyles et les dragons volants.

Les ptérodactyles ne sont point, comme on l'avait supposé au moment de leur découverte, des oiseaux, mais bien des reptiles ayant de grandes ailes soutenues ou formées par un seul doigt, le quatrième ou l'externe.

Si ces singuliers animaux avaient été des oiseaux, leurs côtes, plus larges, auraient été, chacune d'elles, munies d'une seule apophyse; leur métatarse ne formerait qu'un seul os, et ne serait pas composé d'autant d'os qu'il y a

de doigts; leurs ailes auraient trois divisions après l'avant-
bras, et non pas cinq; leur bassin aurait enfin une tout
autre étendue, et leur queue ne serait pas grêle et coni-
que; l'on ne verrait pas non plus de dents dans le bec.

Ces animaux paraissent avoir été nocturnes, à en juger
du moins par la grandeur de leurs yeux. Probablement
des ptérodactyles, plus grands que ceux que les fossiles
nous ont fait connaître, ont donné l'idée de ces anciens
dragons, considérés pendant long-temps comme fabuleux,
et dont le souvenir s'était probablement perpétué jusqu'aux premiers temps historiques. Du reste, le nombre
des espèces de ce genre singulier ne paraît pas avoir été
considérable; du moins, jusqu'à présent, les couches terrestres ne nous ont fait connaître que les *ptérodactylus
giganteus, antiquus* et *brevirostris*.

Il résulte enfin, des faits que nous avons déjà si-
gnalés, que les anciens climats ont dû avoir une température plus élevée et une humidité plus considérable
que nos climats; mais nous avons déjà fait observer les
effets de cette influence et ceux qu'elle opère encore
de nos jours. Ainsi, une température élevée favorise le
développement de certaines espèces; elle leur fait acquérir une plus grande taille et un plus grand volume, car
la chaleur a constamment favorisé l'action des forces vi-
tales. Mais, la plus grande chaleur qu'a eue la surface de
la terre aux époques géologiques a-t-elle jamais fait passer
les espèces les unes dans les autres? c'est ce qu'il est impossible de supposer, car aucun fait ne conduit à une
pareille conclusion.

Cette cause, toute puissante qu'elle est, s'est bornée à
faire vivre dans nos latitudes, aujourd'hui tempérées, des
espèces qui ne pourraient plus y exister maintenant. Ces
espèces y ont vécu tant que les milieux ambiants sous l'influence desquels elles se sont trouvées, ont convenu aux
besoins de leur organisation; mais aussi, dès que cette

température a éprouvé des changements considérables, elles ont entièrement succombé et se sont éteintes à jamais.

L'humidité plus grande qui régnait à la surface du globe a également produit des effets analogues. Ainsi, la quantité de vapeur aqueuse répandue dans l'atmosphère des temps géologiques, a favorisé le développement de l'ancienne végétation, ainsi que celui de certains animaux, et particulièrement celui des reptiles; mais là paraît s'être bornée à peu près toute son influence.

On voit bien les végétaux et les animaux des premières périodes géologiques, analogues à ceux que nous observons dans les temps présents dans les îles équatoriales, ainsi que dans les contrées les plus humides et les plus chaudes de la terre; mais cette analogie n'est pas telle, qu'il soit possible d'admettre que par des modifications successives ces espèces ont passé les unes dans les autres, de manière à être considérées comme la souche de laquelle les nôtres seraient provenues.

Tout ce que ces faits nous annoncent, c'est que les conditions de la vie ont changé à plusieurs reprises sur la surface du globe, à mesure que les milieux ambiants dans lesquels les êtres vivants étaient plongés, éprouvaient de grandes et de nombreuses variations. Ainsi, chaque âge, chaque phase de la terre a eu ses formes particulières et ses créations distinctes d'autant plus différentes de la nôtre, qu'elle se rapporte à des temps plus éloignés de nous.

Du reste, si les circonstances extérieures ou notre influence avaient été assez puissantes pour faire passer les espèces les unes dans les autres, nous trouverions quelques traces de cette singulière généalogie dans les entrailles de la terre, dans nos bois, dans nos champs, quelque part enfin sur la surface de la terre. Aucune trace de pareils êtres ne se rencontre dans les couches du globe, pas plus que nous ne trouvons dans nos campagnes des individus intermédiaires entre nos lièvres et nos lapins. Nous n'en découvrons pas davantage entre le cerf et le daim, comme entre la marte et la fouine, ainsi qu'entre le loup, le renard et le chien.

Ces faits doivent paraître aussi extraordinaires que singuliers à ceux qui supposent que le chien et le loup peuvent s'accoupler et produire des individus, qui, comme leurs parents, ont le pouvoir de se perpétuer à jamais. Sans doute ces animaux donnent des produits par leur réunion, mais ces métis n'ont pas plus que les autres les moyens de se reproduire d'une manière constante.

Hé quoi! les nombreuses variétés du chien, si différentes les unes des autres, telles, par exemple, que le dogue, le lévrier, le mâtin, le basset, l'épagneul et le barbet, seraient résultées de leur réunion, et de pareils effets n'auraient pu avoir lieu par l'accouplement de cette espèce avec le loup. Ainsi, il serait résulté de ces accouplements imitatifs, entre des races modifiées séparément par la domesticité, cette multiplicité de combinaisons, de formes et de couleurs diverses, et pas un seul individu intermédiaire entre les deux espèces n'aurait été produit.

L'absence d'un seul métis constant est d'autant plus remarquable, que les diverses variétés du chien sont presque infinies, par suite de notre influence continue sur cette espèce. Cette influence nous a fait mêler une race domestique à une autre, croisement dont les produits modifiés tantôt avec une variété sauvage, tantôt avec une autre, ont probablement amené les diversités si nombreuses dans la taille, la forme de la tête, la qualité des poils, la hauteur et la proportion des membres que l'on observe chez le chien. Ces variations sont devenues plus grandes encore par suite des influences simultanées du climat, du régime et de la nourriture.

Plusieurs zoologues, étonnés de voir que, malgré toute la puissance de ces influences, il ne se soit point opéré de race intermédiaire entre le chien et le loup, ont supposé que cette race était le chacal, et que c'était une bête entre loup et chien, pour nous servir des propres expressions de Belon.

Mais, le chien et le chacal sont-ils donc si rapprochés? Ce dernier n'est-il pas caractérisé par une queue touffue et courte, analogue à celle du renard? Sa robe n'est-elle pas formée en dessus par des poils fauves avec l'extrémité noire? Cette dernière nuance ne s'accroît-elle pas sans règle et ne forme-t-elle pas de nombreuses taches transversales irrégulières du dos aux côtés? La couleur de la tête est plus unie, par suite de ce que le fauve et le noir y sont mêlés plus uniformément.

Quant aux côtés, ils sont fauves, ainsi que les jambes et les cuisses. Deux taches noires se montrent sur le poignet comme chez le loup. La gorge est blanche, tandis qu'une ligne noire descend en avant des épaules de la partie supérieure du cou à la partie inférieure. Le chacal diffère encore du chien par la longueur, l'étroitesse et l'acuité de sa tête qui, sous ces différents rapports, est plus rapprochée de celle du renard que de celle du chien.

Le chacal ne se rapproche donc guère du chien que parce que, comme lui, il vit en troupe, se creuse des terriers, et chasse de concert, ce qui ne paraît être le partage d'aucune autre espèce sauvage du genre chien.

Mais ce qui prouve que le chacal est une espèce totalement différente du chien, c'est qu'il a constamment résisté à toutes sortes de tentatives pour l'amener à l'état domestique. Aussi, quoique fort répandu dans toutes les parties chaudes de l'Asie et de l'Afrique, il n'éprouve dans l'immense étendue des pays qu'il parcourt, aucune sorte de variation, pas même dans ses couleurs. L'on sait, en effet, que le chacal de l'Inde ne diffère pas de celui de Barbarie.

25

On a eu tout récemment l'occasion de s'assurer si le
chacal pouvait produire avec le chien. Ces deux animaux
n'ont pas même voulu se réunir. Il n'en a pas été également des deux variétés du chacal; celles-ci ont produit,
par leur accouplement, cinq petits qui n'ont rien présenté de particulier; mais nous ignorons si ces petits ont
pu ou non se perpétuer. Tout ce qu'il y a de certain,
c'est que les deux espèces ou les deux variétés du chacal
(c'est-à-dire le chacal et l'adive), n'ont pu se réunir que
parce que l'une et l'autre étaient privées de leur liberté.

Ce que nous venons d'observer à l'égard du chien, nous
pouvons également le faire remarquer relativement à
deux autres genres soumis depuis long-temps à notre
puissante influence. Ces deux genres sont ceux du cheval
et du chameau. Tous deux nous ont fourni de nombreuses races domestiques qui s'accouplent et produisent
ensemble.

Malgré cette circonstance et tous les avantages que
nous donne la domesticité, pour développer certaines
parties de l'organisation et former des variétés, nous ne
sommes point parvenus à transformer les espèces différentes de ces deux genres les unes dans les autres. Les
individus que les espèces diverses de ces deux genres
produisent en se réunissant, restent toujours les mêmes
et ne se reproduisent point. Il en est ainsi des métis de
l'âne et du cheval, malgré les nombreux rapports qu'offrent ces animaux qui ne diffèrent que par les proportions d'un petit nombre de leurs organes.

La petite dimension des sabots, du corps, des membres, de la queue, avec le grand développement des
oreilles et l'affaiblissement de quelques qualités intellectuelles, voilà les principales différences qui existent entre
l'âne et le cheval. Ces différences sont moins grandes que
celles qu'on observe entre le cheval sarde, si petit, si
ramassé, si nerveux, et le cheval hollandais, si grand,

si élancé et si mou. Il en est de même de celles que
l'on voit entre le cheval espagnol, qui joint à l'élégance
et à la beauté des formes, des mouvements si souples
et une intelligence si prompte, et nos chevaux de trait
dont le corps massif et lourd est en si parfaite harmonie
avec leur intelligence.

Cependant au milieu de toutes ces différences qui se
reproduisent chaque jour, on n'a jamais vu paraître une
race de chevaux avec les oreilles des ânes et bien moins
avec les qualités propres à cette espèce. Il en est également des résultats produits par l'accouplement de l'âne et
du zèbre, ou du cheval et du zèbre. Ces produits toujours
inféconds comme les premiers, ne peuvent donc donner
une nouvelle race intermédiaire entre ces deux espèces.

Après des faits aussi positifs, il ne paraît pas trop possible de supposer que les espèces aient jamais pu passer
les unes dans les autres, et à tel point que des genres
différents pourraient par leur réunion, donner le jour à
des êtres nouveaux et intermédiaires entre les formes qui
sont propres à chacun d'entre eux. Dans cette supposition,
les *palæotheriums* auraient produit nos tapirs; comme les
mastodontes, nos éléphants actuels. Nous avons vu ce qu'il
pouvait en être de cette supposition, et combien le type
essentiel et primitif de l'organisation résistait à toutes les
influences qu'on faisait agir sur lui, et tendait à rester
fixe et immuable; aussi voit-on les modifications que ce
type éprouve parfois, disparaître d'une manière complète lorsque ces influences viennent à cesser.

Enfin, il nous reste à déterminer comment les causes
qui auraient fait périr les espèces desquelles les nôtres
seraient provenues, auraient épargné celles-ci. Cette question découle si naturellement des faits que nous avons
déjà exposés, et d'ailleurs elle offre par elle-même trop
d'intérêt, pour ne pas devoir porter sur sa solution, toute
notre attention.

SECTION III.

EN SUPPOSANT QUE NOS ESPÈCES VIVANTES SOIENT LES DESCENDANTS
DE CELLES DE L'ANCIEN MONDE, PEUT-ON ADMETTRE QUE LES
CAUSES DE DESTRUCTION QUI AURAIENT ANÉANTI CES RACES PER-
DUES AURAIENT ÉPARGNÉ LES NÔTRES?

Si l'on suppose que nos espèces actuelles proviennent
des espèces de l'ancien monde, on ne le peut, ce semble,
qu'en admettant entre elles une assez grande conformité
dans leur organisation. Du moins nous voyons les enfants
avoir les plus grandes analogies et les plus grands rapports avec l'organisation de leurs parents. Les différences
qui existent entre les uns et les autres, sont tellement
légères, qu'elles n'empêchent jamais de reconnaître les
races dont les descendants sont provenus.

Or, si l'organisation des enfants est nécessairement relative à celle de leurs parents, cette similitude en entraîne
une autre non moins nécessaire, celle des conditions
d'existence ou du but identique que les uns et les autres
doivent remplir. D'un autre côté, ce même but ou de
pareilles conditions d'existence en ont exigé d'analogues
ou même de semblables dans le régime, l'air, la température et l'humidité. Comment donc, si ces conditions
sont venues à changer tout à coup, ou d'une manière
plus ou moins lente et graduée, les uns ou les enfants
ont-ils pu supporter ces changements brusques ou gradués,
tandis que leurs parents en ont été tellement affectés,
qu'ils ont tous succombé sous les effets de pareilles modifications.

Cependant, les parents sont généralement plus forts,
plus robustes que leurs descendants, surtout lorsque
ceux-ci n'ont pas acquis leur entier développement. Dès

lors, les causes de destruction qui ont agi sur les uns, devant avoir exercé leurs effets sur les autres, il est difficile de supposer, indépendamment des autres motifs que nous croyons avoir déjà suffisamment développés, que les espèces de l'ancienne création aient jamais pu être les souches ou les types de la nouvelle.

Il existe sans doute des espèces communes et semblables entre les deux créations; mais cette similitude, loin d'indiquer que les espèces ont passé les unes dans les autres, annonce seulement que parmi celles de l'ancienne création, certaines ont été assez robustes et assez fortement constituées, pour supporter les diverses causes de changement qui s'opéraient autour d'elles. Ce sont aussi les seules qui se sont perpétuées jusqu'à nous; les races délicates, ainsi que celles qui n'ont pu résister aux nouvelles modifications qu'éprouvait la surface du globe, ont au contraire succombé par l'effet de ces modifications.

S'il y avait jamais eu des passages insensibles et successifs d'une race à une autre, on retrouverait certainement, parmi les espèces fossiles et humatiles, non des espèces distinctes et toutes tranchées, comme celles que nous connaissons à l'état vivant; mais parfois de simples ébauches, ou des individus intermédiaires par leurs formes avec les nôtres, de manière à indiquer ce passage ou cette fusion successive des races.

Rien de semblable n'a apparu dans les siècles passés; nous ne savons que trop que rien d'analogue à de pareils passages, n'a eu lieu dans les temps présents. Nous avons vu, en effet, qu'il existe la plus parfaite identité entre les animaux actuels et les individus des mêmes espèces embaumés, il y a trois mille ans, et conservés dans les sépulcres égyptiens. Ainsi dans cet espace de trente siècles, il n'y a pas eu de changements appréciables dans les espèces.

Mais peut-être, dira-t-on, l'on n'a pas assez étendu le temps nécessaire pour reconnaître ces transformations; dès lors, on ne doit pas en conclure qu'elles n'ont pas eu réellement lieu. On peut également faire remarquer que ces changements ont dû être beaucoup moindres depuis l'apparition de l'homme, et que dès lors on ne doit point s'étonner que les effets en soient à peu près inappréciables.

Examinons ces objections, et voyons si elles peuvent faire admettre la proposition que nous combattons. Les temps que l'on a pu supputer, pour repousser des transformations des espèces les unes dans les autres, ont a-t-on dit, trop peu étendue pour en juger. Hé bien, supposons qu'il en soit ainsi pour admettre un pareil passage entre les espèces de notre monde actuel. Mais ce temps, si court pour celles-ci, a été évidemment assez long pour celles de l'ancien monde, et cependant rien n'annonce qu'il y ait eu la moindre transformation entre ces espèces.

Les faits zoologiques les mieux constatés sont, en effet, loin de faire supposer de pareilles transformations, et il ne nous reste plus maintenant qu'à reconnaître s'il en est de même des faits géologiques.

D'après ces faits, la terre d'abord inhabitable, a reçu successivement des êtres différents, suivant les changements qui avaient lieu dans les circonstances météorologiques, la composition de l'atmosphère, sa température et son état hygrométrique. Chaque âge, chaque phase de la terre a donc eu ses formes distinctes et particulières, et a été accompagné d'une création en grande partie différente de celle qui l'avait précédée ou suivie.

Ainsi, aux premières époques de la formation des terrains de sédiment, il n'a guère apparu que des animaux aquatiques; à peine y voit-on quelques espèces à respiration aérienne. La végétation de ces anciennes époques

se trouve également en harmonie avec la nature et l'espèce des animaux, qui y ont vécu. On y reconnaît en
effet des agames aquatiques ou des plantes monocotylédones, terrestres à la vérité, mais dont les analogues
ne se montrent plus actuellement que dans les lieux les
plus humides et les plus chauds de la surface du globe.

A cette période en a succédé une seconde, caractérisée également par des êtres nouveaux et totalement
différents des premiers, non seulement par leurs formes,
mais encore par leurs habitudes et leur genre de vie.
Des animaux à respiration aérienne y ont apparu presque pour la première fois; du moins, à cette époque,
ont vécu ces singuliers et nombreux reptiles, aussi remarquables par leurs dimensions, que par la bizarrerie de
leurs formes paradoxales. Quelques végétaux monocotylédones ont également prospéré à côté d'un assez grand
nombre de dicotylédones à peu près inconnus lors de la
première période.

Enfin, l'époque la plus récente et la plus rapprochée
de la nôtre, a été caractérisée par l'apparition des
mammifères; premièrement, ceux dont les analogues ne
vivent plus aujourd'hui que dans le bassin des mers, et
en second lieu par les espèces terrestres. Celles-ci se sont
composées d'abord de la grande famille des pachydermes,
tandis que la partie de cette période la plus rapprochée
des temps historiques, a été caractérisée par des solipèdes
et des ruminants, dont le nombre a été singulièrement
en excès sur celui des autres familles des mammifères
terrestres. Un certain nombre des espèces de ces familles,
et même de celles des carnassiers, ont évidemment été
contemporaines de l'homme; il y a d'autant moins de
doutes à se former à cet égard, que plusieurs de ces
solipèdes et de ces ruminants ont été modifiés par notre
influence; et les races distinctes et diverses qu'ils présentent, disent assez qu'ils ont dû être soumis antérieurement à notre empire.

Pendant la même période, une végétation de plus en plus analogue à notre végétation actuelle, s'est également développée ; les plantes dicotylédones s'y montrent à peu près dans les mêmes rapports avec les autres familles que dans les temps présents, en sorte que cette ancienne flore diffère peu de la nôtre, sous le rapport des proportions des familles.

Chaque période géologique a donc été caractérisée par des animaux et des végétaux particuliers et différents de ceux des périodes antérieures et subséquentes, à peu près comme dans l'état actuel du globe, chaque contrée ou chaque climat offre des espèces propres et distinctes de celles qui existent dans d'autres climats.

De même que nous ne voyons pas les espèces de l'ancien continent passer par des transformations successives en celle du nouveau continent et de la nouvelle Hollande, nous ne saurions en voir entre les races de l'ancien monde et celles du monde actuel. Ces transformations successives sont d'autant moins admissibles que la vie n'a pas paru à la fois sous toutes ses formes. Des êtres particuliers et totalement différents de ceux qui les avaient précédés, s'y sont tour à tour succédé dans des rapports nécessaires avec les changements qui avaient lieu dans la température de la surface du globe. L'organisation y est devenue d'autant plus variée, que les climats terrestres étaient plus différents entre eux, et à aucune époque, il n'y a eu, entre les espèces vivantes, des passages qui puissent faire supposer des transformations des unes dans les autres.

Ces faits nous annoncent donc que les différentes modifications que la surface du globe a éprouvées, à différentes époques, ont été tellement considérables, que la plupart des êtres vivants n'ont pu les supporter et y ont succombé. De nouvelles créations ont donc eu lieu successivement, en sorte que les espèces des anciennes pé-

riodes géologiques n'ont presque aucun rapport avec les
nôtres. Ce n'est que parmi les races humatiles que l'on
trouve quelque analogie avec les espèces vivantes; à
peine en existe-t-il entre celles-ci et les races fossiles.
Ainsi donc, lorsque toutes les circonstances sous l'influence desquelles existe une espèce, viennent à changer,
loin qu'elles puissent donner lieu à de nouveaux produits.
cette espèce succombe et s'éteint.

M. Geoffroy-Saint-Hilaire a cru cependant trouver une
preuve d'un pareil passage dans une variété du fraisier
commun (*fragaria esca*), qui, suivant lui, n'avait jamais
paru avant 1761, époque à laquelle Duschesne l'aperçut
pour la première fois.

Cette variété nommée à tort *fragaria monophylla*, fut
considérée par Linné comme une espèce distincte, tandis que Duchesne, qui l'avait reconnue, ne l'envisageait
que comme une variété du fraisier ordinaire, connue
avant Linné, par Haller. Ce dernier l'avait désignée sous
le nom de *fragaria unifolia*. Duhamel la décrivit également plus tard, en faisant remarquer que cette variété
du fraisier commun était caractérisée par cette particularité d'avoir les feuilles simples et non lobées, comme cela
arrive parfois au fraisier dont provient cette variété.

L'opinion de Linné ne fut point partagée par Lamark.
Ce savant fit observer que la plupart des observateurs
qui avaient cité le *fragaria monophylla*, ne le considéraient
pourtant que comme une variété du fraisier ordinaire à
une seule feuille.

Ce qui le prouve de la manière la plus évidente,
c'est que, sur la même plante, on voit des tiges qui
portent une seule feuille, et d'autres qui en ont jusqu'à
deux et même jusqu'à trois. Du reste, comme cette variété est généralement faible et chétive, c'est à cette
circonstance que l'on doit attribuer le peu de feuilles
qu'elle porte ordinairement.

Cette variété est loin d'avoir disparu, comme l'a supposé M. Geoffroy-Saint-Hilaire, car il est bien peu de jardins de botanique où elle n'existe pas.

Cette circonstance de varier dans le nombre de leurs feuilles, est commune à une infinité de végétaux. Ainsi, par exemple, le frêne commun a une variété qui n'offre qu'une seule feuille, tandis que l'espèce ordinaire (*fraxinus excelsior*) en a au moins neuf, ou présente du moins ses feuilles pinnées. Il en est de même du *broussonetia*, du *passiflora cærulea* et de beaucoup de papilionacées qui offrent tantôt leurs feuilles entières, et tantôt ces feuilles plus ou moins composées. Ces phénomènes paraissent dus au développement plus ou moins grand du parenchyme, ainsi qu'à l'écartement plus ou moins complet des fibres.

L'on se demandera certainement comment l'on a pu voir, dans des faits aussi simples, une preuve du passage des espèces les unes dans les autres. C'est cependant les seuls que M. Geoffroy-Saint-Hilaire ait pu citer pour faire admettre une pareille supposition.

Voici, en effet, comment il s'exprime à cet égard. « La « conquête de Duchesne, en 1760, était une origine d'es- « pèce. Linné a reconnu ce point en 1761, elle a cessé « en trente ans ; mais avant de succomber, elle a donné « lieu à une plante tenant du *fragaria vesca* et du *mo- « nophylla*, n'étant ni celle-ci, ni celle-là, mais une nou- « velle plante qui persistera peut-être davantage.

« Ainsi se sont passées les choses dans les âges anté-di- « luviens ; il y eut alors espèces produites, mais qui ne « durèrent pas ; avant de disparaître, elles ont donné « lieu à une descendance qui reproduit plusieurs traits, « mais non pas tous.

« Il n'y a qu'une différence dans le temps ; mais pour « la matière impérissable, éternelle, ce n'est ni par des « parcelles de jours, d'années, ni même par de grandes « époques séculaires que ces actes comptent et peuvent

« être appréciés , on doit les considérer dans leur
« essence. »

D'après M. Geoffroy-Saint-Hilaire, il faudrait donc pour
résoudre la question qui nous occupe, se transporter par
l'imagination, dans des temps et des espaces dont nous
n'aurons jamais d'idées positives; et ce serait ensuite sur
ces données vagues et arbitraires, que l'on voudrait tirer
des conclusions quelconques. Mais les détails dans lesquels nous sommes déjà entrés, ont assez prouvé, nous
le croyons du moins, qu'il est bien d'autres moyens
pour arriver à la solution de la question que nous nous
sommes proposée.

En effet, nous demanderons aux partisans des transformations successives, comment, si les êtres organisés
avaient jamais eu le pouvoir de passer les uns dans les
autres, pourquoi l'auraient-ils perdu? Serait-ce parce
qu'ils n'éprouveraient plus l'effet d'aussi grandes modifications; mais n'avons-nous pas transporté certaines espèces
dans les climats les plus divers et même dans des continents différents de ceux où elles avaient pris naissance.
Toutes les conditions ont donc été changées autour d'elles,
et si elles ont été impuissantes pour en faire naître des
races intermédiaires, il faut qu'elles aient été trop faibles
pour opérer une pareille transformation ou que de semblables mutations n'aient jamais eu lieu.

Mais comment admettre que le changement dans les
conditions, sous l'influence desquelles se sont trouvés ces
êtres vivants, a été trop faible pour opérer de pareils
résultats, lorsqu'il n'a pu être plus considérable pour les
espèces les plus récentes des derniers temps géologiques.

Celles-ci analogues et même souvent semblables à nos
races vivantes, en offrent cependant un assez grand
nombre de totalement perdues, en sorte que pour celles-ci aucune transformation ne peut être invoquée. Il y
a plus, il est des espèces qui se sont éteintes depuis les

temps historiques, et d'autres qui depuis cette époque
ont changé d'habitation. Si ces dernières n'avaient pas
trouvé ailleurs des conditions analogues à celles dont
elles avaient ressenti l'influence dans les lieux où elles
avaient primitivement fixé leur séjour, elles auraient
péri comme tant de races éteintes, ensevelies dans
les couches du globe, et comme celles enfin qui ont été
détruites depuis les temps historiques.

Les races transportées dans des climats différents et
soumises à l'empire de nouvelles influences, n'ont pas
été modifiées non plus dans un seul de leurs caractères
importants. Dès lors, n'est-il pas naturel de reconnaître
qu'il est dans les espèces une certaine fixité et une tendance à ne pas s'écarter de leur type primitif, qui les
fait résister à toutes les influences qui se pressent pour
les en écarter et les en faire dévier.

L'on a encore observé que pour admettre le contraire,
l'on était forcé de supposer des créations successives qui
ne sont guère conformes avec la marche simple de la
nature.

Sans doute il aurait été difficile de supposer, *à priori*,
que la terre eût reçu des animaux et des végétaux particuliers, souvent très-différents de ceux qui existaient
auparavant, et cela à chacune des diverses périodes de
sa formation. Mais ces difficultés n'empêchent point que
cette création successive ne soit bien constatée et bien
réelle.

Du reste, ces créations se montrent en harmonie avec
celles que l'on observe dans les temps présents entre les
divers continents. En effet, chaque continent a eu, du
moins pendant les époques les plus rapprochées de nous,
ses productions particulières et distinctes en harmonie
avec son climat, en sorte qu'il n'est rien de commun
entre les espèces de ces diverses parties du globe. Il y a
plus, l'on voit ces espèces différer d'autant plus entre

elles, qu'elles appartiennent à des continents de dates plus diverses.

Ainsi, les productions de la Nouvelle-Hollande ont beaucoup plus de rapports avec celles du nouveau monde, qu'elles n'en offrent avec celles de l'ancien, et cela par suite de sa nouveauté comparativement à ce dernier. Or, puisqu'à l'aide des créations nouvelles on peut assez bien démêler l'âge des continents où elles existent, pourquoi s'en étonner qu'il en soit de même des anciennes, qui ont subi les effets de plus grandes et de plus nombreuses modifications.

Du reste, si les êtres organisés fossiles ou humatiles servent de complément aux êtres actuels, en comblant les lacunes que l'on remarque entre certaines familles ou entre certaines classes, et donnant une symétrie plus complète au tableau maintenant irrégulier des affinités naturelles, si la période actuelle est un perfectionnement des êtres organisés antérieurs, on peut avec tout autant de raison, et en s'appuyant d'une probabilité fondée sur ce qui s'est passé, regarder les êtres vivants actuellement, comme une pierre d'attente pour des perfectionnements ultérieurs. Si ce qui est arrivé maintes fois se répète de nouveau, l'homme et toutes les espèces existantes feront place un jour à d'autres, dont quelques-unes seront organisées d'une manière plus complète, et dont l'ensemble sera supérieur à tout ce qui a existé auparavant.

Voilà cependant ce que l'analogie nous indique, si l'on adopte l'opinion que nous combattons; et en pareille matière, les prédictions fondées sur ce qui serait déjà arrivé, seraient sans doute les moins hasardées de toutes celles que l'on pourrait faire.

Du reste, les faits que nous venons de rapporter semblent amener aux conséquences suivantes :

1° Il est difficile d'asseoir l'espèce organique sur une

considération plus générale et plus importante que celle
de la génération , de quelque manière que s'exerce cette
fonction.

2° Les espèces organiques que l'on voit se succéder
les unes aux autres par la génération , éprouvent bien
des variations dans leurs caractères ; mais ces variations
ne portent leur action que sur les caractères les moins
importants, jamais sur les os et les dents , et encore
moins sur leurs relations.

3° Les causes les plus influentes sur les variations organiques, sont, sans contredit, l'action de l'homme qui
modifie à son gré les circonstances extérieures sous lesquelles vivent les espèces organisées.

4° Cette action, assez puissante pour réunir des espèces
différentes malgré leur répugnance , ne l'est pas assez
pourtant pour faire passer les espèces les unes dans les
autres ; car les produits de ces accouplements forcés
s'arrêtent à la troisième ou à la quatrième génération ,
et même le plus souvent ils sont tout à fait stériles.

5° Aussi voit-on les espèces livrées à elles-mêmes conserver l'uniformité de leur type primitif ; mais lorsque ,
modifiées par l'effet de notre influence , elles sont abandonnées à elles-mêmes, elles reviennent bientôt à leurs
caractères fondamentaux , dont elles s'étaient d'autant
plus écartées que leur esclavage avait été plus prolongé.

6° Dès lors, le premier effet du retour des espèces à
l'état sauvage est la disparition des caractères acquis ,
retour qui n'en développe pas cependant d'autres entièrement nouveaux et différents des premiers. Aussi, on
ne peut pas plus méconnaître ces races redevenues
sauvages, que les animaux domestiques dont elles sont
provenues.

7° Le temps est également sans effet pour faire passer
les espèces les unes dans les autres ; son influence est
même moins puissante que l'action de l'homme et des

agents extérieurs, ainsi que le démontrent les animaux
figurés sur les monuments de l'antiquité, et ceux conservés dans les anciennes catacombes de l'Égypte.

8° Les monstruosités sont également sans action sur
les variations des espèces; car elles ne produisent que
des êtres informes non viables, et qui loin de pouvoir se
perpétuer ne peuvent vivre eux-mêmes; du reste, ces
monstruosités sont à peu près inconnues chez les espèces
sauvages, étant bornées à l'homme ou aux êtres qu'il a
soumis à son empire.

9° Enfin, les différences qui existent entre les êtres de
l'ancienne création et ceux de la nouvelle, excluent
toute idée de rapprochement entre l'une et l'autre, ce
qui est encore confirmé par la diversité de proportion
que l'on remarque entre les genres des deux créations,
diversité si grande qu'il est impossible de supposer que
les premières aient été la souche des secondes; car pour
admettre une pareille supposition, il faudrait rompre
tous les rapports naturels, et n'avoir aucun égard aux
lois organiques qui nous sont connues.

10° Si jamais de pareilles transformations avaient réellement eu lieu, on devrait nécessairement trouver
quelque part des individus intermédiaires entre les races
anciennes et les races nouvelles, observation qui n'a
jamais été faite.

11° Si les espèces anciennes étaient véritablement la
souche des espèces nouvelles, on aurait à se demander
comment les causes de destruction qui auraient anéanti
les premières auraient été sans effet comme sans action
sur les secondes; on peut d'autant moins le supposer, que
dans leur jeune âge les êtres peu robustes sont aussi
moins susceptibles de supporter, sans périr, l'effet des
causes assez puissantes pour les modifier et leur faire
éprouver de grands et de notables changements.

12° En un mot, lorsqu'on étudie les lois qu'a suivies

l'organisation à ses différentes phases, ainsi que les faits
que nous démontre l'observation de l'ancienne comme
de la création actuelle, on reconnaît facilement qu'il
n'est aucune époque de l'histoire de la terre où les espèces vivantes aient jamais passé les unes dans les autres.
Dès lors, nos races actuelles ne peuvent point être considérées comme les descendants des espèces qui ont vécu
dans les temps géologiques, et dont les couches terrestres nous ont conservé la singulière et étonnante
généalogie.

Cette conclusion que l'on aurait pu déduire *à priori*,
en étudiant uniquement les lois de l'ancienne comme de
la nouvelle organisation, résulte également de l'ensemble
des faits que nous venons de rapporter; elle en est donc
l'expression exacte et fidèle. Aussi ne peut-on s'empêcher
de l'admettre, comme la seule qui puisse servir à expliquer l'ensemble des faits considérés à la fois sous leurs
rapports zoologiques et géologiques.

FIN.

NOTES SUPPLÉMENTAIRES.

I. NOTE SUR LES CAVERNES OU GROTTES DES TERRAINS GRANITIQUES.

Si nous n'avons rien dit des cavernes des terrains granitiques, c'est uniquement parce qu'il nous a paru fort
douteux qu'il en existât réellement dans les formations
primitives. On a été étonné cependant que nous n'ayons
rien dit de la célèbre grotte du Camoens à Macao. Mais la
raison en est bien simple.

Les environs de Macao et l'île de Hiang-Chang qui fait
partie du même archipel, sont composés par un vaste
terrain granitique. Des blocs granitiques arrondis et souvent incrustés d'hydrate de fer manganèse, se montrent
parsemés partout à la surface du sol, et paraissent le produit de la décomposition séculaire de la roche fondamentale. Le volume de ces blocs dépasse souvent deux
cents mètres cubes; mais ils sont parfois groupés et laissent
des vides entre eux. C'est à un de ces groupements, qu'est
due la célèbre grotte du Camoens à Macao; mais sa formation est tout à fait accidentelle et n'a rien d'analogue
aux causes qui ont produit les diverses cavités souterraines dont nous nous sommes occupés dans ce travail.
Dès lors, formée par un véritable entassement purement
fortuit des roches granitiques, ou pour mieux dire des
blocs roulés, résultat de la désagrégation et de la décomposition des roches dont ils sont provenus, elle n'a rien
de commun avec les véritables cavernes, si ce n'est de

26

présenter comme elles une cavité plus ou moins considérable.

Un des caractères de ces roches granitiques, consiste
en ce qu'elles empâtent assez fréquemment des fragments
de gneiss surmicacé. Cet accident, si important pour la
théorie de la formation des terrains granitiques, est, d'après
les observations récentes de M. Chevalier, beaucoup plus
commun à la baie de Touranne, sur la côte de la
Cochinchine et à l'île de l'Observatoire qui est voisine de
cette baie, que partout ailleurs. Ici le terrain granitique
est en partie recouvert par des assises de grès quartzeux,
vraisemblablement peu anciens, dont le ciment est ferrugineux et qui contiennent fréquemment des galets de
quartz.

Ces explications seront sans doute plus que suffisantes
pour faire comprendre pourquoi nous n'avons pas parlé
des cavernes des terrains granitiques, et entre autres de
celle du Camoens à Macao.

II. NOTE SUR UN SQUELETTE PRESQUE ENTIER DE MAMMOUTH
DÉCOUVERT DANS UNE CAVERNE DE L'ÎLE PODRÈSE, PRÈS DE LA
NOUVELLE ZEMBLE.

De nouveaux faits viennent sans cesse confirmer l'hypothèse que nous avons adoptée pour l'explication du phénomène du remplissage des cavernes à ossements. Nous
en citerons un nouveau dont l'annonce se trouve dans le
n° 19 du 12 mai 1838 de l'*Écho du monde savant*, et qui
est bien remarquable.

On a découvert dans une caverne de l'île Podrèse, près
de la Nouvelle Zemble, un squelette à peu près entier
de mammouth (*elephas primigenius*), espèce qui, d'après
ses dimensions et ses habitudes, ne peut pas certes avoir
vécu dans une caverne. Elle a donc dû y avoir été trans-

portée, comme la plupart des autres animaux dont on
y trouve les débris. Or, puisqu'il en a été ainsi de cette
espèce, comme du rhinocéros de Dream-Cave, pourquoi
ne pas admettre que les restes des animaux ensevelis avec
eux dans les mêmes limons ont dû également avoir été
transportés par une cause quelconque, cause qui, d'après
les cailloux roulés disséminés dans ces limons, semble
avoir été celle d'une violente inondation?

Du reste, le squelette de ce mammouth est destiné aux
collections du muséum d'histoire naturelle de Paris. Ce
sera le troisième que posséderont les divers musées. L'un
de ces squelettes d'éléphant d'espèce perdue, bien plus
semblable à l'espèce d'Asie qu'à celle d'Afrique, se
trouve dans les collections de Moscou, et l'autre dans
celles d'Alexandrie.

TABLE DES MATIÈRES.

LIVRE SECOND.

LIVRE TROISIÈME.

vantes soient les descendants de celles de l'ancien
monde, peut-on admettre que les causes de
destruction qui auraient anéanti ces races
perdues auraient épargné les nôtres? 388

NOTES SUPPLÉMENTAIRES.

Imprimé en France
FROC021524200120
23227FR00016B/160/P

9 782329 357539